Initiation

aux

MATHÉMATIQUES

CHEZ LE MÊME ÉDITEUR

GUERRIEN B., *La théorie néo-classique* (3e éd.).
Algèbre linéaire pour économistes (3e éd.).
Concurrence, flexibilité et stabilité.

GUERRIEN B./ARCHINARD G., *Analyse mathématique pour économistes* (3e éd.).

GUERRIEN B./NEZEYS B., *Microéconomie et calcul économique* (2e éd.).

Bernard Guerrien

Université de Paris I - Panthéon Sorbonne

Initiation aux MATHÉMATIQUES

Sciences économiques et sociales

Algèbre • Analyse • Statistique

2e édition

ECONOMICA

49, rue Héricart, 75015 Paris

Présentation

Les mathématiques ont littéralement envahi les sciences sociales, même si c'est à des degrés divers : sociologues et historiens suivent la voie ouverte par économistes, géographes et démographes.

On peut le regretter : la manie des modèles, de la formalisation à outrance, souvent peu appropriée, peut déformer les esprits, leur donner une vision trop réductrice de la réalité et faire perdre de vue ce qui est essentiel. Mais, par ailleurs, l'utilisation des mathématiques, là où cela a un sens, oblige à être rigoureux dans les formulations et à préciser les hypothèses faites, ce qui est très formateur.

Quoi qu'il en soit, toute personne qui entreprend aujourd'hui des études en économie, en gestion, en sociologie, etc., que ce soit à l'université, dans des IUT ou dans le cadre de la formation permanente, doit avoir certaines connaissances de base, en mathématiques et en statistique. Le propos de cet ouvrage est de les lui fournir, de la façon la plus simple possible, et indépendamment de la scolarité suivie auparavant.

Aucune connaissance préalable n'est requise

Cette scolarité ayant pu prendre des formes très diverses, bac A, B, G ou... pas de bac du tout !, la présentation adoptée « démarre à zéro », c'est-à-dire en ne supposant aucune connaissance préalable. Il est évident que, en première lecture, les choses seront plus faciles pour celui qui dispose déjà d'un certain bagage mathématique ; mais il n'est jamais inutile de faire des révisions ! Toutefois, cet ouvrage s'adresse en priorité « aux autres », c'est-à-dire à ceux qui, à un moment ou à un autre, ont « calé » sur les mathématiques, et se sont « braqués » sur cette matière. Notre expérience déjà longue d'enseignement des mathématiques aux étudiants qui commencent un DEUG d'économie, avec des formations de départ très diverses, nous montre qu'il n'existe pas de cas « irrécupérable ».

La plupart du temps, le rejet des mathématiques traduit le rejet d'une certaine forme d'enseignement, à l'école primaire ou dans le secondaire, avec un effet boule de neige (les retards pris s'accumulant). La lourdeur des programmes, une présentation souvent très abstraite, peuvent aussi être à l'origine d'un tel comportement. Enfin, il arrive souvent qu'un étudiant « se réveille », surmontant ce qu'il croyait être une aversion pour les mathématiques, s'y intéressant et y découvrant même un certain charme ! Il n'y a pas de fatalité à ce propos.

L'optique adoptée : le passage du concret à l'abstrait

La plupart des concepts mathématiques ont une origine « concrète » ; ils ont été élaborés en fonction de besoins précis, même si ensuite ils ont peu à peu conquis leur « autonomie ». C'est pourquoi nous essaierons de les introduire à travers des exemples simples et suggestifs.

Par ailleurs, nous détaillerons au maximum les diverses étapes des raisonnements, en utilisant le plus possible des formulations « littéraires ». Quelques exercices, avec corrigé, donnés à la fin de chaque chapitre, permettront au lecteur de « tester » les connaissances acquises, ou de mieux les assimiler.

Comprendre et savoir utiliser les symboles mathématiques

Celui qui utilise les mathématiques est, souvent, demandeur de « recettes », ou de formules toutes faites, qu'il peut appliquer sans trop se poser de questions à leur propos. On pourrait donc concevoir un ouvrage qui donne une liste de ces « recettes », le lecteur s'y reportant chaque fois qu'il sera en présence d'un problème précis. Mais un tel ouvrage serait d'un intérêt limité. En effet, il ne pourrait aborder tous les cas possibles en raison, notamment, des variations de notation et de présentation auxquelles le praticien est inévitablement confronté. Donc, il faut que ce dernier *puisse reconnaître, derrière les symboles, dans quel cas il se trouve*. Pour cela, il doit d'abord *s'habituer aux symboles mathématiques*, ce qui ne peut être fait que par leur utilisation systématique, à travers des démonstrations, des exercices, des applications diverses.

Le passage des nombres « concrets » à des lettres qui les représentent, sans les préciser, est un saut dans l'abstraction nullement évident ; d'ailleurs, il a fallu attendre le XVIIe siècle pour que les mathématiciens prennent l'habitude de traiter les problèmes en utilisant systématiquement des lettres (en dehors du x, représentant l'« inconnue », auquel les grecs faisaient déjà appel), au lieu de traiter au cas par cas. Par exemple, mieux vaut résoudre l'équation en x, $ax + b = 0$, puis « remplacer » a et b par des nombres précis, que de résoudre successivement les équations $2x - 3 = 0$, $5x + 7 = 0$,

$18x - 2 = 0$, etc. Cela peut sembler « évident » de nos jours, tellement l'habitude a été prise de procéder ainsi. Mais *une habitude s'acquiert* : tant mieux pour ceux qui l'ont, courage pour les autres ! (que cet ouvrage se propose d'aider).

La place des démonstrations

Comme pour les symboles, la meilleure façon de comprendre la signification d'un concept mathématique, c'est de l'utiliser dans des contextes divers, et donc de voir son intérêt (et son origine). L'établissement d'un certain nombre de théorèmes permet de mieux saisir une telle signification. C'est pourquoi il nous a semblé indispensable de donner les démonstrations des principales propositions avancées dans cet ouvrage ; il est bon que le lecteur réfléchisse sur ces démonstrations, car cela devrait lui permettre d'acquérir la démarche mathématique de base. En réalité, ces démonstrations ne sont pas très nombreuses, certaines ayant été reportées en fin de chapitre (en « annexe »), afin de ne pas trop alourdir la présentation... et de ne pas décourager les débutants. C'est également pour cette raison que nous avons « glissé » sur certaines difficultés, ou cas particuliers, importantes pour le mathématicien (qu'il nous pardonne !), mais dont l'économiste, ou la praticien des sciences sociales, se soucie fort peu. Cela se traduit, notamment, dans l'énoncé de quelques théorèmes, par des hypothèses un peu plus fortes que nécessaire.

L'objectif de ce livre étant d'initier le lecteur aux mathématiques appliquées aux sciences sociales, rien n'empêche à ceux qui veulent approfondir tel ou tel point de se reporter à d'autres ouvrages. Pour notre part, nous avons publié deux manuels, *Algèbre Linéaire pour Économistes* et *Analyse Mathématique pour Économistes* (avec G. Archinard) qui reprennent de façon plus détaillée, mais avec la même présentation, la plupart des thèmes traités ici.

Programme traité et plan de l'ouvrage

Notre objectif est de fournir un certain nombre d'éléments mathématiques de base à ceux qui abordent les sciences sociales. Mais, dans la mesure où les besoins peuvent varier d'un lecteur à l'autre, en fonction des études poursuivies, nous avons décomposé cet ouvrage en de nombreuses parties, relativement, ou totalement, indépendantes les unes des autres. Soit :

— *une partie concernant l'algèbre de base,* où prime l'aspect « calculatoire », qu'il est indispensable de bien dominer ;

— *une partie introduisant la notion de fonction,* à travers les quelques fonctions habituelles (linéaire, puissance, exponentielle, logarithme), abondamment utilisées dans les applications ;

— *une partie consacrée à la notion de limite,* notion centrale de l'analyse mathématique moderne ; cette partie est, probablement, la plus difficile, en raison de son caractère très conceptuel et abstrait ;

— *une partie donnant des applications particulièrement importantes de la notion de limite,* à travers celles de dérivée et d'intégrale, instruments privilégiés de l'analyse mathématique et de l'économie formalisée ;

— *une partie introduisant à l'étude des fonctions de plusieurs variables,* tout en établissant certains résultats essentiels concernant ces dernières.

L'ensemble de ces 5 parties, qui occupent plus de la moitié de l'ouvrage, relèvent de l'*analyse mathématique*. La partie suivante traite de l'*algèbre linéaire,* plus simple sur le plan théorique et très « opérationnelle », notamment grâce au calcul matriciel.

Enfin, la dernière partie est consacrée à la *statistique descriptive,* si importante pour le praticien. Y est également présentée la méthode de base de l'économétrie, celle des *moindres carrés* (ou de la *régression linéaire*).

Quelques notations classiques

Comme nous l'avons dit, la question des notations peut être une source de difficultés en mathématiques : c'est pourquoi nous introduirons progressivement les diverses notations, en les explicitant.

Toutefois, rappelons ici le sens des symboles les plus usuels :

— $a \in A$: a est un élément de A ;

— $\{a \in A ; a > 3\}$: ensemble des éléments de A supérieurs à 3 ;

— $\{a_1, a_2, ..., a_n\}$: ensemble formé par $a_1, a_2, ..., a_n$ (donc : *les accolades désignent toujours des ensembles*) ;

— $\Rightarrow$: implique que

— $\Leftrightarrow$: implication « dans les deux sens » (« si et seulement si »).

PREMIÈRE PARTIE

Les nombres et leurs propriétés

Les nombres ont constitué la « matière première » à partir de laquelle se sont construites les mathématiques (en dehors de la géométrie) ; il est donc important de bien savoir s'en servir. Nous entendons par là non pas le calcul avec des chiffres (qu'il faut connaître, bien entendu, même si l'existence de « calculettes » simplifie beaucoup la vie), mais l'utilisation et la combinaison des diverses opérations, y compris la relation d'ordre, définies sur les ensembles de nombres. D'où la représentation des nombres par des lettres, ce qui permet d'établir des résultats généraux ; l'un des objectifs de ce chapitre est de familiariser le lecteur avec ce type d'écriture, ainsi qu'avec un certain vocabulaire relatif aux propriétés des opérations utilisées.

Il nous a semblé intéressant de montrer comment les divers ensembles de nombres se construisent à partir de celui dit « naturel », qui est le seul qui soit vraiment directement accessible à l'intuition. Cette construction a d'ailleurs mis des siècles ; ainsi, des mathématiciens célèbres des XVIe et XVIIe siècles, tels Cardan, Viète, Descartes et Fermat, refusaient de se servir de nombres négatifs, en raison de leur caractère « anti intuitif », alors que maintenant tout le monde les utilise, sans ce soucier de leur « sens profond », car cela est très pratique. Pourtant, il ne faut pas oublier que les nombres négatifs sont des « objets » complètement abstraits, créés pour pouvoir résoudre certains problèmes théoriques (cf. chapitre I).

Il en est de même en ce qui concerne l'ensemble de nombres le plus riche, celui des nombres réels, même si le type de problème qui a amené à l'« inventer » est bien plus complexe que celui qui est à l'origine des autres ensembles de nombres. D'ailleurs, la caractérisation des nombres réels est loin d'être aisée, puisqu'elle fait appel aux fondements mêmes des mathématiques modernes. Mais elle est très importante : nous verrons dans les chapitres ultérieurs que c'est à partir d'elle que l'on établit certains des résultats fondamentaux de l'analyse mathématique.

Hormis les difficultés inhérentes à la construction de l'ensemble des nombres réels, cette partie ne devrait pas poser de difficulté majeure au lecteur, même si l'utilisation de fractions, d'inégalités et de la valeur absolue demande quelques précautions ; mais, chaque fois qu'il aura un doute à ce propos, le lecteur pourra toujours se reporter au chapitre II.

CHAPITRE I
Nombres et opérations

Nous allons voir comment on peut construire progressivement les divers ensembles de nombres, en partant du plus simple, celui des nombres naturels, pour arriver au plus compliqué, celui des nombres réels[1].

Notons que le plan utilisé ne suit pas exactement l'ordre d'apparition « historique » de ces divers ensembles ; ainsi, l'ensemble des rationnels a été utilisé bien avant celui des entiers négatifs, même si il nous semble, maintenant, bien plus naturel d'introduire celui-ci en premier.

I. LES NOMBRES NATURELS

Comme leur nom l'indique, ce sont les nombres qui apparaissent comme les plus « naturels », car accessibles à l'intuition, même si le passage de la vision de 3 pommes ou 4 arbres aux nombres 3 et 4 constitue, déjà, une opération d'abstraction importante.

C'est donc l'ensemble, noté $\mathbb{N}$:

$$\{0, 1, 2, 3, 4, ...\}$$

Quelques remarques peuvent être faites à son propos :

— cet ensemble est défini selon le *principe de récurrence*, chaque nombre se déduisant de celui qui le précède (sauf pour le premier d'entre eux) en lui rajoutant une unité ; soit, plus précisément, le n-ième nombre naturel se déduit du $(n-1)$-ième selon la relation :

---

1. Il existe un ensemble dont nous ne parlerons pas ici, celui des nombres complexes. Nous n'en parlerons pas car il occupe une place relativement peu importante en économie (on s'en sert surout lors de l'étude des modèles dynamiques) et parce que, malgré son nom, il est moins « complexe » que celui des réels (un nombre complexe étant un couple de réels, l'ensemble des complexes étant muni d'un produit ayant une forme particulière).

$$n = (n - 1) + 1$$

— les symboles utilisés pour caractériser les nombres naturels sont les chiffres arabes, construits sur une base *décimale*, dont l'origine est très concrète : les dix doigts de la main. Chaque doigt représente un nombre (sauf le zéro), l'ensemble des doigts une dizaine, etc.

— l'ensemble des nombres naturels comporte *une infinité d'éléments* ; en effet, quel que soit le nombre n de cet ensemble, n pouvant être pris « aussi grand que l'on veut », il existe un nombre naturel qui lui est supérieur, $n + 1$, par exemple. Donc, la liste des nombres naturels « ne s'arrête jamais ». La numérotation décimale tient compte de ce fait, car elle permet de construire des nombres « aussi grands que l'on veut ».

Opérations sur les naturels

L'opération « de base » sur les naturels, c'est l'*addition*, caractérisée par le symbole +. C'est une opération qui est :

— *associative* ; soit, si a, b et c sont trois nombres naturels quelconques :

$$(a + b) + c = a + (b + c)$$

— *commutative* :

$$a + b = b + a$$

Ces deux propriétés peuvent être résumées, de façon un peu vague, en disant que lorsqu'on additionne plusieurs nombres naturels, l'ordre dans lequel sont additionnés ces nombres ne change pas le résultat final.

Comme, par définition du nombre zéro, on a :

$$a + 0 = 0 + a$$

quel que soit le nombre naturel a, on dit que 0 est l'*élément neutre* de l'addition dans $\mathbb{N}$.

La *multiplication*, que l'on note $a \times b$ ou $a \cdot b$, représente une succession d'additions. Ainsi, $a \cdot b$ est obtenu en additionnant a fois le nombre b, ou en additionnant b fois a. Par exemple :

$$4 \cdot 3 = 3 + 3 + 3 + 3 = 4 + 4 + 4.$$

La multiplication est, comme l'addition, associative et commutative ; soit :

$$(a \cdot b) \cdot c = a \cdot (b \cdot c)$$

$$a \cdot b = b \cdot a$$

quels que soient a, b et c appartenant à $\mathbb{N}$.

On pose :

$$0 \cdot a = a \cdot 0 = 0.$$

Enfin, on voit facilement qu'il résulte de la définition même de la multiplication en tant que succession d'additions que :

$$a \cdot (b + c) = a \cdot b + a \cdot c.$$

On dit que la multiplication est *distributive* par rapport à l'addition.

Remarque : par la suite, nous noterons les produits « sans le point », soit : ab, abc, $a\,(b + c)$, etc. sauf dans le cas où il est nécessaire (par exemple : $2 \cdot 3$, à ne pas confondre avec 23 !).

II. LES NOMBRES ENTIERS

Considérons l'équation :

$$a + b = c.$$

Si a et b sont des nombres naturels quelconques, alors on obtient le nombre naturel c en additionnant a et b.

Supposons maintenant que l'on connaisse a et c et que l'on veuille déterminer b. Si c est supérieur à a, alors on peut trouver b (nombre naturel tel que, s'il est ajouté à a, on obtienne c). Par exemple, si $c = 7$ et $a = 4$, alors $b = 3$ puisque :

$$\underset{a}{4} + \underset{b}{3} = \underset{c}{7}$$

Par contre, si c est inférieur à a, alors l'équation : $a + b = c$ *n'a pas de solution dans* $\mathbb{N}$; autrement dit, il n'existe pas de nombre *naturel* b tel que $a + b = c$.

C'est pour pouvoir faire face à de telles situations que l'on est amené à introduire les nombres négatifs. Pour cela, on se donne un ensemble, formé par $\mathbb{N}$ et par des « symboles » notés $-n$, où n peut prendre n'importe quelle valeur dans $\mathbb{N}$, et tels que :

$$n + (-n) = 0.$$

($-n$ est appelé l'*opposé* de n, pour l'addition. On montre facilement — cf. exercice 1, chapitre XVI — qu'il est *unique*).

Cet ensemble, noté $\mathbb{Z}$, et appelé *ensemble des nombres entiers*, s'écrit :

$$\{\ldots\ldots, -4, -3, -2, -1, 0, 1, 2, 3, 4, \ldots\ldots\}$$

les pointillés traduisant le fait qu'il comporte une infinité d'éléments.

Dans ces conditions, on voit immédiatement que l'équation : $a + b = c$ a une solution dans $\mathbb{Z}$, quels que soient a et c. Pour le voir, il suffit d'additionner $-a$ aux deux membres de cette équation, soit :

$$a + b + (-a) = c + (-a)$$

puis de se servir de la commutativité de l'addition ; soit :

$$a + (-a) + b = c + (-a)$$

Comme, par définition de $-a$: $a + (-a) = 0$, il s'ensuit que :

$$b = c + (-a).$$

Ce résultat apparaît comme « évident » : si nous avons décomposé les étapes correspondant à son obtention, c'est pour montrer comment il fait intervenir les propriétés de l'addition et des nombres négatifs. Bien entendu, « dans la pratique », on procède « directement ». En particulier, pour simplifier les écritures, on pose :

$$c + (-a) = c - a.$$

En outre, il résulte de la définition des nombres négatifs que $-(-n) = n$. En effet, comme :

$$n + (-n) = 0 \Rightarrow (-n) + n = 0 \text{ (commutativité de l'addition)}$$

en voit que n est l'*opposé* de $-n$; donc, en raison de nos conventions d'écriture : $n = -(-n)$.

Quelques remarques pour terminer sur les entiers, positifs ou négatifs :

— dans les formules ci-dessus, nous avons mis des parenthèses autour des symboles $-n$ ou $-a$: c'est là une question de convention car on n'a pas l'habitude d'écrire $c + -a$. Mais, comme nous l'avons dit précédemment, chaque fois que cela sera possible, on cherchera à se débarrasser des parenthèses en posant : $c + (-a) = c - a$;

— dans les raisonnements précédents, nous avons implicitement supposé que les propriétés de l'addition et du produit dans $\mathbb{N}$ (associativité, commutativité, distributivité) étaient également valables dans l'ensemble $\mathbb{Z}$, ensemble pourtant bien moins « naturel » que lui ; en procédant ainsi, nous avons fait un grand pas dans l'abstraction, en utilisant et en faisant des opérations avec des objets, les nombres négatifs, non accessibles à l'intuition (construits comme solutions d'équations, donc pour résoudre des problèmes de calcul). Ce type de démarche caractérise la construction de *tous* les ensembles de nombres autres que l'ensemble « naturel » $\mathbb{N}$, comme nous allons maintenant le voir pour les rationnels et les réels.

III. LES NOMBRES RATIONNELS

Cet ensemble se construit à partir de celui des entiers, de la même façon que celui des entiers a été construit à partir de celui des nombres naturels, mais en se plaçant du point de vue de la multiplication (au lieu de l'addition).

Pour cela, on considère l'équation :

$$ab = c$$

et on s'intéresse à la valeur que peut prendre b lorsque a et c sont donnés. Dans $\mathbb{Z}$, cette valeur n'existera que si c est un multiple (positif ou négatif) de a (par exemple, si $c = 18$ et $a = 3$, alors : $b = 6$). Évidemment, cela n'est pas toujours le cas. C'est pour surmonter cette difficulté que l'on considère des nombres, notés $\frac{1}{q}$ ou $1/q$, où q est un élément quelconque de $\mathbb{Z}$, différent de 0, tels que :

$$q\,\frac{1}{q} = 1.$$

Ainsi, si on reprend l'équation $ab = c$, et si $a \neq 0$, alors on obtient sa solution b en la « prémultipliant » par $1/a$; soit :

$$\frac{1}{a}\,ab = \frac{1}{a}\,c$$

et, par conséquent, en raison de la définition de $1/a$:

$$b = \frac{1}{a}\,c.$$

Pour simplifier, on note : $\frac{1}{a}\,c = \frac{c}{a}$.

L'ensemble des nombres rationnels est donc l'ensemble des nombres, appelés parfois « fractions », de la forme p/q, où p et q sont des entiers, q étant nécessairement différent de zéro.

Il résulte du raisonnement précédent que ce qui caractérise de tels nombres c'est la relation :

$$\frac{p}{q}q = p. \tag{1}$$

Évidemment, les nombres naturels, ou entiers, sont des nombres rationnels (cas où $q = 1$).

L'ensemble des nombres rationnels est noté $\mathbb{Q}$.

Opérations sur les fractions

Considérons la somme des deux fractions ayant même dénominateur ; soit :

$$\frac{p}{q} + \frac{p'}{q}.$$

Multiplions cette expression par q ; on a (en supposant qu'il y a distributivité du produit par rapport à la somme, dans $\mathbb{Q}$) :

$$q\left(\frac{p}{q} + \frac{p'}{q}\right) = q\frac{p}{q} + q\frac{p'}{q} = p + p'.$$

en raison de la relation (1), caractérisant les rationnels.

Soit, en « prémultipliant » par $1/q$ le membre de gauche et le membre de droite de l'égalité ci-dessus :

$$\frac{p}{q} + \frac{p'}{q} = \frac{p + p'}{q}. \tag{2}$$

Cette formule permet d'établir la règle à adopter lorsqu'on additionne deux fractions quelconques. Considérons deux fractions : p/q et p'/q'. Pour se ramener au cas de la formule (2) ci-desssus, on va les « réduire au même dénominateur ». Pour cela on remarque que : $p/q = pq'/qq'$ et $p'/q' = p'q/q'q$. Par conséquent :

$$\frac{p}{q} + \frac{p'}{q'} = \frac{pq'}{qq'} + \frac{p'q}{q'q}$$

Les deux fractions se trouvant dans le membre de droite de l'équation ci-dessus ayant le même dénominateur, il résulte de (2) que :

$$\frac{p}{q} + \frac{p'}{q'} = \frac{pq' + p'q}{qq'}.$$

Ce qui nous donne la formule d'addition de deux fractions quelconques. Bien entendu, c'est là une formule générale ; selon les cas, la réduction au même dénominateur peut être plus simple que celle consistant à multiplier ces dénominateurs (on tient compte des « facteurs communs » à q et q').

Intéressons-nous maintenant au produit de deux fractions quelconques, p/q et p'/q'. Remarquons que l'on a, si on suppose que le produit est commutatif :

$$qq'\left(\frac{p}{q}\frac{p'}{q'}\right) = \left(q\,\frac{p}{q}\right)\left(q'\,\frac{p'}{q'}\right) = pp'.$$

Par conséquent, si on « prémultiplie » par $1/qq'$ le membre de droite et le membre de gauche de cette expression, on trouve la formule recherchée :

$$\frac{p}{q}\frac{p'}{q'} = \frac{pp'}{qq'}$$

On montre, de façon similaire, que :

$$\frac{p}{q} = \frac{p'}{q'} \Rightarrow pq' = p'q$$

et que :

$$\frac{p}{q} = \frac{p'}{q'} \Rightarrow \frac{p}{q} = \frac{p'}{q'} = \frac{p + p'}{q + q'}$$

Notons, pour terminer, que ce qui a été dit sur la construction de $\mathbb{Z}$ à partir de $\mathbb{N}$ peut être répété à propos de la construction de $\mathbb{Q}$ à partir de $\mathbb{Z}$, notamment en ce qui concerne les propriétés des opérations dans ce nouvel ensemble.

Remarque : l'ensemble $\mathbb{Q}$, muni de l'addition et de la multiplication telles que nous les avons définies, a une structure de *corps*, ces opérations étant associatives, commutatives, distributives et ayant chacune un élément neutre, 0 pour l'addition, 1 pour la multiplication.

IV. LES NOMBRES RÉELS

Le problème des nombres réels est apparu, notamment, lors de la recherche de la solution de l'équation :

$$x^2 = 2.$$

Problème qui se pose lorsqu'on cherche à déterminer la longueur de la diagonale d'un carré de côté 1, puisqu'il découle du théorème de Pythagore que, si on appelle x cette longueur, on doit avoir :

$$1 + 1 = x^2$$

soit :

$$x^2 = 2.$$

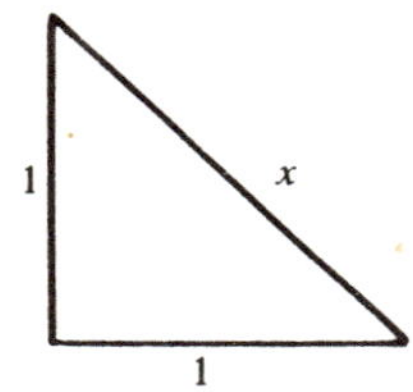

Or, les grecs ont montré, il y a fort longtemps, qu'une telle équation n'a pas de solution dans $\mathbb{Q}$; autrement dit, il n'existe pas de nombre du type p/q, où p et q sont des entiers, et tel que $(p/q)^2 = 2$ (proposition démontrée à la fin de ce chapitre, en annexe).

Ceci étant, en raison de l'importance pratique d'une telle équation et, plus généralement, des équations de la forme, $x^2 = a$, où a est positif, les grecs et leurs sucesseurs ont été amenés à supposer l'existence d'un nouveau nombre, noté $\sqrt{2}$ ou, plus généralement, de nombres notés $\sqrt{a}$, tels que : $(\sqrt{a})^2 = a$. Ils les ont qualifiés d'*irrationnels*, les considérant, du moins pour certains d'entre eux, comme étant des sortes de cas aberrants.

En réalité, il s'est avéré par la suite que ce type de nombres était bien plus important qu'on ne le pensait ; par exemple, des nombres tels que π (intervenant dans le calcul du périmètre et de la surface d'un cercle) et e (servant de base aux logarithmes naturels) en font partie. Or, il a également été démontré que ces derniers, ainsi que d'autres, n'étaient pas des racines d'une équation (on parle, à ce propos, de *nombres transcendants*) ; par conséquent, définir les nombres réels grâce à des radicaux, donc des sigles de la forme $\sqrt{\ }$, n'aurait pas été suffisant pour tenir compte de *tous* les types de nombres que l'on peut rencontrer, notamment lors de la recherche de limites (cf. chapitre IV).

En fait, il a fallu attendre la seconde moitié du dix-neuvième siècle pour voir apparaître une définition rigoureuse de la notion de nombre réel. Celle-ci peut prendre plusieurs formes différentes, mais équivalentes (coupures de Dedekind, suites de Cauchy, existence d'une borne supérieure pour tout ensemble majoré). Nous allons ici évoquer celle, probablement la plus simple, faisant appel à la notion de *borne supérieure*. Pour cela, revenons à notre équation $x^2 = 2$ et considérons l'ensemble des nombres rationnels x dont le carré est inférieur ou égal à 2. Soit :

$$E = \{x \in \mathbb{Q};\ x^2 \leq 2\}$$

Cet ensemble est *majoré* ; en effet, tous ses éléments sont inférieurs à 2, par exemple, puisque si x était supérieur à 2, son carré serait supérieur à $2^2 = 4$, et, par conséquent, supérieur à 2. En fait, on voit que 2 est un majorant « trop grand ». Ainsi, 1,5 est aussi un majorant de E, puisque $(1{,}5)^2 = 2{,}25 > 2$. Mais il est possible de trouver un majorant inférieur à 1,5 ; ainsi, 1,45 est également un majorant de E, puisque $(1{,}45)^2 = 2{,}1025$. En réduisant légèrement ce dernier majorant, on constate que 1,42 est également un majorant de E, puisque $(1{,}42)^2 = 2{,}0164$: ce dernier chiffre nous montre d'ailleurs qu'on « n'est pas loin » du plus petit des majorants de E. Toute la question est de savoir si on peut atteindre celui-ci ; or, nous avons vu précédemment qu'*il n'existait pas* de nombre rationnel, c'est-à-dire appartenant à $\mathbb{Q}$, tel que son carré soit égal à 2. Comme un tel nombre serait justement le plus petit des majorants de E que nous recherchons, il s'ensuit que *E n'a pas de plus petit majorant dans* $\mathbb{Q}$. Et cela bien qu'on puisse s'en approcher d'« aussi près que l'on veut » ; par exemple, si on prend : 1,41422, on a : $(1{,}41422)^2 = 2{,}0000182...$ ce qui est une bonne approximation ; mais on peut encore améliorer cette dernière en prenant 1,4142137 (dont le carré est 2,0000003...), etc.

L'ensemble des rationnels, $\mathbb{Q}$, ne comportant pas d'élément dont le carré est « juste » égal à 2, on va donc le « compléter », en lui rajoutant un « nombre », noté $\sqrt{2}$, que l'on ne pourra jamais connaître exactement (tout en pouvant s'en rapprocher « autant que l'on veut »), ni mettre sous la forme d'une fraction. Mais il est évident que le problème risque de se représenter avec les racines d'autres nombres, ainsi qu'avec des racines « cubiques » (solutions de l'équation $x^3 = a$), etc. Afin d'éviter de raisonner ainsi au « point par point », on préfère donner une définition générale qui recouvre tous ces cas. Pour cela on s'inspire de la discussion précédente, en se servant de la définition suivante :

Définition (borne supérieure)

On appelle *borne supérieure* d'un ensemble de nombres *le plus petit* de ses majorants.

Ainsi, nous avons vu que $E = \{x \in \mathbb{Q};\ x^2 \leq 2\}$ n'a pas de borne supérieure (dans $\mathbb{Q}$). On va donc « compléter » $\mathbb{Q}$ en lui « rajoutant » les bornes supérieures de toutes ses parties (formées de nombres) qui sont majorées, de façon à obtenir un ensemble « plus large », appelé *ensemble des nombres réels* et noté $\mathbb{R}$, que l'on munira de deux opérations, l'addition et la multiplication (ainsi que de leurs « inverses », la soustraction et la division), que l'on supposera associatives, commutatives, distributives, avec les éléments neutres 0 (pour l'addition) et 1 (pour la multiplication), comme cela était le cas pour l'ensemble des rationnels $\mathbb{Q}$[1] Cet ensemble sera donc doté d'une autre propriété, que ne possède pas $\mathbb{Q}$, qui découle du raisonnement précédent et qui servira à le caractériser (relativement à $\mathbb{Q}$). Soit :

Propriété fondamentale de l'ensemble des nombres réels, $\mathbb{R}$

Toute partie majorée de $\mathbb{R}$ possède une borne supérieure.

Remarquons qu'il découle de cette propriété que :

Toute partie minorée de $\mathbb{R}$ possède une borne inférieure (la borne inférieure étant le plus grand des minorants de l'ensemble considéré). Pour le montrer, il suffit de se rapporter à la propriété fondamentale, en raisonnant sur les *éléments opposés* de la partie considérée (si x est un élément de celle-ci, on raisonne sur $-x$).

Comme nous l'avons vu précédemment, la propriété fondamentale permet de définir des nombres du type « racine », mais aussi d'autres, comme π et e (cf. chapitre IV), qui ne peuvent être considérés comme des racines d'une équation à coefficients rationnels[2]

En fait, il a été montré, par Dedekind, que l'ensemble $\mathbb{R}$ tel qu'il a été défini ci-dessus, en s'appuyant sur la propriété fondamentale que nous venons d'énoncer, était « complet », dans le sens où il intègre tous les types de nombres que l'on peut trouver (notamment, les limites de suites ou de fonctions, dont nous parlerons de façon plus détaillée dans la IIIe partie).

Ainsi, nous avons achevé notre parcours en ce qui concerne la construction des ensembles de nombres, partant du plus simple, l'ensemble des nombres naturels, connu depuis l'Antiquité, pour arriver au plus élaboré, celui des nombres réels, « mis au point » sur le plan théorique seulement dans la deuxième moitié du dix-neuvième siècle (même s'il était déjà largement utilisé auparavant). En fait, nous avons vu que chaque passage d'un ensemble de nombres à un autre, englobant le précédent, nécessite un progrès dans l'abstraction même si, l'habitude aidant, on ne s'en rend généralement pas compte (comme lorsqu'on utilise des nombres négatifs où des fractions, dont le sens « intuitif » est

1. Ces propriétés font de $\mathbb{R}$ un *corps*, comme $\mathbb{Q}$

2. A propos de π, le fait de savoir s'il est ou pas « du type racine » a longtemps préoccupé les mathématiciens (c'était le problème dit « de la quadrature du cercle ») ; jusqu'à ce qu'il soit démontré, au XIXe siècle, que cela n'est pas le cas (c'est un nombre « transcendant »).

loin d'être évident). Cependant, le passage aux réels est le plus abstrait, puisque ce sont là des nombres, tout au moins en ce qui concerne les « irrationnels », qui sont en quelque sorte « inaccessibles », ne pouvant être qu'approchés. Il est vrai que cela est également le cas pour certaines fractions, mais celles-ci peuvent toujours s'écrire sous forme décimale, avec des « cycles », c'est-à-dire des chiffres qui reviennent régulièrement après la virgule, ce qui n'est pas le cas pour les irrationnels (pour plus de détails, voir la note se trouvant au bas de la page 20).

Enfin, pour terminer sur l'ensemble des nombres réels, et donc ce chapitre, nous allons brièvement aborder la question de la « continuité » de la droite réelle.

Droite réelle et continuité

Considérons un axe orienté et gradué, tel celui tracé ci-dessous, où on a porté quelques nombres entiers :

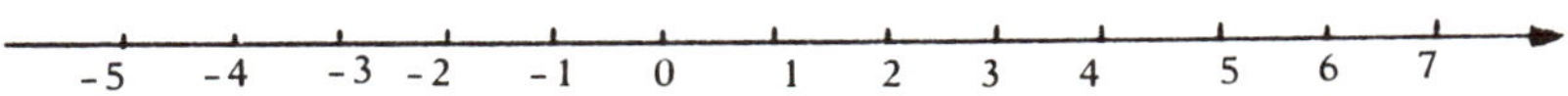

Prenons un intervalle quelconque, celui compris entre 0 et 1, par exemple. Son milieu est donné par 1/2, le milieu de [0, 1/2] est donné par 1/4, le milieu de [0, 1/4] est 1/8, etc. On peut ainsi « fractionner » indéfiniment cet intervalle, comme l'illustre le dessin ci-dessous, où on a « agrandi » l'intervalle [0, 1] :

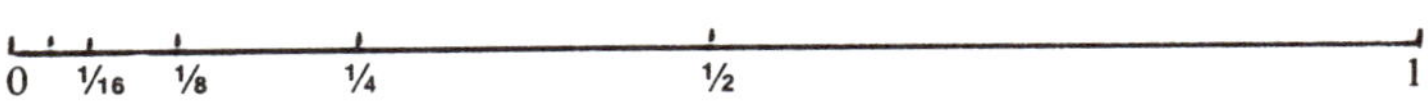

Plus généralement, si on considère deux points quelconques de la droite orientée ci-dessus, points correspondants à des nombres rationnels, il existe toujours au moins un point compris entre ces deux points, même si ces derniers sont « aussi proches que l'on veut ». En fait, il existe « une infinité » de ces points, puisque l'intervalle séparant deux points donnés peut être divisé indéfiniment, comme on l'a vu dans le cas de [0, 1].

Par conséquent, il semble naturel de dire que l'ensemble des rationnels « recouvre » complètement la droite de référence. Pourtant, compte tenu de ce qui a été dit précédemment, cette intuition s'avère être trompeuse. Pour le montrer, considérons la représentation suivante : élevons au point 1 une perpendiculaire, de hauteur 1. Si on joint le point ainsi obtenu, A, à l'origine 0, on obtient un segment de droite de longueur $\sqrt{2}$ (théorème de Pythagore). Si on reporte 0A sur l'axe donné, grâce à un compas, alors on obtient un point C, qui ne peut correspondre à une fraction, puisque la longueur de 0C est $\sqrt{2}$, nombre non rationnel.

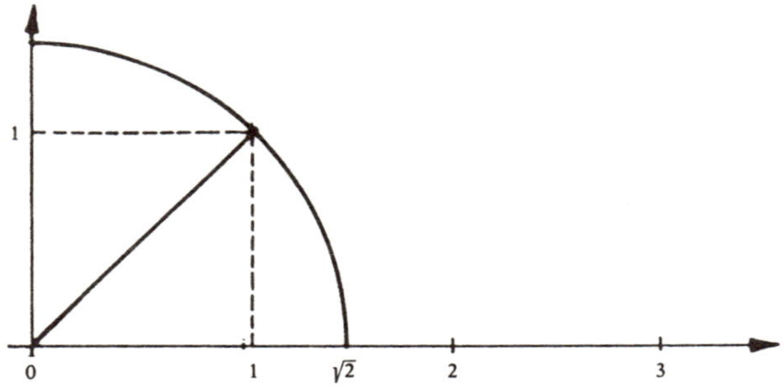

Par conséquent, on considérera que la droite de référence est formée non seulement par les éléments de $\mathbb{Q}$, mais aussi par les nombres réels non rationnels, tels $\sqrt{2}$, π, e, etc. Une droite ainsi « complétée » sera dite *droite réelle*. Elle est « continue », car elle ne comporte pas de « trous », de par la construction même de l'ensemble des réels (à partir de la borne supérieure — cf. propriété fondamentale énoncée plus haut).

Une dernière remarque à propos des nombres réels. Comme nous l'avons dit, ces derniers sont (dans les cas des « irrationnels ») des objets très abstraits (même si on les appelle « réels »), construits pour faire face à certains problèmes, du type résolution d'équations et recherche de limites. Plus « concrètement », ce qui différencie les irrationnels des rationnels c'est que ces derniers peuvent s'écrire sous une forme décimale « cyclique »[1] certains nombres revenant régulièrement et indéfiniment, après la virgule (par exemple : 3,247247247......), alors que les irrationnels n'ont pas cette propriété, les chiffres après la virgule ne présentant pas chez eux une telle régularité (par exemple : $\pi = 3{,}1415927...$, $\sqrt{2} = 1{,}4142136...$).

Remarque : par la suite, nous noterons $\mathbb{R}_+$ l'ensemble des réels positifs, et $\mathbb{R}_-$ celui des réels négatifs.

ANNEXE
Racine carrée et nombres réels

• Montrons que l'équation $x^2 = 2$ n'a pas de racine rationnelle. Pour cela, supposons, a contrario, qu'il existe une fraction

1. Cela découle de ce que lorsqu'on divise deux nombres entiers, alors le reste est forcément inférieur au diviseur ; par conséquent, ce reste ne peut prendre qu'un nombre limité de valeurs ; si on continue suffisamment longtemps la division, en rajoutant des décimales, on tombera forcément, « au bout d'un certain temps » (si le diviseur est q, au maximum au bout de q termes après la virgule), sur un reste déjà rencontré, d'où l'apparition d'un « cycle ».

p/q telle que $(p/q)^2 = 2$, et telle que p et q soient premiers entre eux (il n'est pas possible de les « simplifier »).

Comme $(p/q)^2 = 2$, il s'ensuit que $p^2 = 2q^2$. Par conséquent, p doit être pair (s'il était impair, de la forme $2n + 1$, son carré, $4n^2 + 4n + 1$, serait également impair). On peut donc poser : $p = 2n$. Mais alors, comme $p^2 = 2q^2$, on aurait : $4n^2 = 2q^2$, soit : $q^2 = 2n^2$. Par conséquent, q serait également pair, en contradiction avec le fait que p et q ont été choisis premiers entre eux.

Donc, il n'existe pas de fraction p/q telle que $(p/q)^2 = 2$.

• Montrons maintenant que l'équation $x^2 = a$, avec $a \geq 0$, a une solution dans $\mathbb{R}$. Rappelons que ce qui nous a servi à définir $\mathbb{R}$, en tant que « prolongement » de $\mathbb{Q}$, c'est la propriété fondamentale (existence d'une borne supérieure pour tout ensemble majoré). Cette propriété est à la base de la démonstration.

Considérons l'ensemble :

$$A = \{x \in \mathbb{R} \,;\, x^2 \leq a\}.$$

Cet ensemble est majoré : par 1 si $0 \leq a < 1$, par a sinon. Il a donc une borne supérieure, que nous noterons b. Montrons que $b^2 = a$, autrement dit, que b est la racine recherchée.

Supposons que $b^2 < a$. Soit h tel que $0 < h \leq 1$. On a :

$$\begin{aligned}(b + h)^2 &= b^2 + 2hb + h^2 \\ &= b^2 + h\,(2b + h)\end{aligned}$$

Or, comme $0 < h \leq 1$, $2b + h \leq 2b + 1 = (b + 1)^2 - b^2$. D'où :

(1) $$(b + h)^2 \leq b^2 + h\,((b + 1)^2 - b^2).$$

Choisissons h strictement inférieur à $\dfrac{a - b^2}{(b + 1)^2 - b^2}$ (c'est ici qu'intervient l'hypothèse $b^2 < a$, de façon que $a - b^2 > 0$).

Par conséquent, il résulte de l'inégalité (1) que :

$$(b + h)^2 < b^2 + \frac{a - b^2}{(b + 1)^2 - b^2}\,((b + 1)^2 - b^2) = \text{a}.$$

On a donc montré que $(b + h)^2 < a$, ce qui contredit le fait que b est la borne supérieure de A (puisque $b + h \in A$ et $b + h > b$). Donc, on ne peut avoir $b^2 < a$.

On montre de façon similaire qu'on ne peut avoir $b^2 > a$. Pour cela on développe $(b - h)^2$, avec $0 < h \leq 1$, qui est supérieur à $b^2 - h\,((1 + b)^2 - b^2)$, on prend $h < \dfrac{b^2 - a}{(1 + b)^2 - b^2}$ et on déduit qu'on ne peut avoir $b^2 > a$.

Donc, forcément, $b^2 = a$.

Remarques :

— le résultat précédent est, évidemment, valable pour $a = 2$: il s'ensuit que $\sqrt{2}$ est bien un réel ;

— ce résultat nous permet de dire que la fonction $\sqrt{a}$ existe pour tout $a \geq 0$;

— en fait, on établit de la même façon que $x^n = a$ a une solution ; pour cela on utilise la formule du binôme (donnée dans le prochain chapitre), appliquée à $(b + h)^n$ puis à $(b - h)^n$. Il s'ensuit que la fonction $\sqrt[n]{a}$, ou $a^{1/n}$, est définie pour tout $a \geq 0$.

Nous reviendrons sur ce point au chapitre III.

CHAPITRE II

Identités remarquables Inégalités Valeur absolue

I. LES IDENTITÉS REMARQUABLES

On entend par « identités remarquables » un certain nombre de relations simples, vérifiées par les nombres d'un ensemble quelconque, et qui sont souvent utilisées dans les calculs et les démonstrations. Nous allons en énumérer quatre, dont nous nous servirons par la suite, les deux premières, qui sont particulièrement simples, étant les plus importantes.

• $(a + b)(a - b) = a^2 - b^2$.

Démonstration : en raison de la distributivité du produit par rapport à la somme, on a :

$$(a + b)(a - b) = a(a - b) + b(a - b) = a^2 - ab + ba - b^2$$

Le produit de deux nombres étant commutatif, on a $ab = ba$ et, par conséquent :

$$(a + b)(a - b) = a^2 - b^2$$

Application : *la quantité conjuguée.* Lorsqu'on est en présence d'une expression de la forme $\sqrt{x} - \sqrt{y}$, alors, souvent, on la multiplie et la divise par sa *quantité conjuguée,* $\sqrt{x} + \sqrt{y}$. D'où, en se servant de la formule ci-dessus (avec $a = \sqrt{x}$ et $b = \sqrt{y}$) :

$$\sqrt{x} - \sqrt{y} = (\sqrt{x} - \sqrt{y})\frac{\sqrt{x} + \sqrt{y}}{\sqrt{x} + \sqrt{y}}$$

$$= \frac{(\sqrt{x} - \sqrt{y})(\sqrt{x} + \sqrt{y})}{\sqrt{x} + \sqrt{y}}$$

$$= \frac{x - y}{\sqrt{x} + \sqrt{y}}.$$

Donc : $\sqrt{x} - \sqrt{y} = \dfrac{x-y}{\sqrt{x} + \sqrt{y}}$.

Cette formule sert notamment lorsqu'on cherche à calculer des limites faisant intervenir des racines carrées.

• $(a + b)^2 = a^2 + 2ab + b^2$.

Démonstration : on a, pour les mêmes raisons que dans la démonstration précédente :

$$(a + b)^2 = (a + b)(a + b) = a(a + b) + b(a + b) = a^2 + ab + ba + b^2$$

$$= a^2 + 2ab + b^2.$$

• $(a - b)^2 = a^2 - 2ab + b^2$.

Cette formule est un cas particulier de la précédente, où on a changé b en $-b$.

Les formules qui suivent sont, en quelque sorte des généralisations des précédentes. Elles nous seront quelquefois utiles par la suite, mais il n'est pas indispensable de les connaître par cœur.

Formule du binôme de Newton

Cette formule s'écrit, pour a et b quelconques et n entier positif :

$$(a + b)^n = a^n + na^{n-1}b + \frac{n(n-1)}{2} a^{n-2} b^2 + \ldots$$

$$+ \frac{n(n-1)}{2} a^2 b^{n-2} + nab^{n-1} + b^n.$$

Pour la démontrer, on remarque que :

$$(a + b)^n = (a + b)(a + b) \ldots\ldots (a + b)$$

n fois

Le terme a^n est obtenu en multipliant le a du premier terme par le a de tous les termes suivants ; comme il n'y a qu'une seule façon de procéder ainsi, il s'ensuit qu'il n'y a qu'un seul terme de la forme a^n.

Le terme suivant, $na^{n-1}b$, s'explique ainsi : on choisit un b parmi les n apparaissant dans les n termes $(a + b)$ du produit, puis on le multiplie par les a des $n - 1$ termes restants ; on obtient donc

$a^{n-1}b$; mais, comme il y a n façons de choisir b dans les n termes $(a + b)$, le produit comportera n termes de la forme $a^{n-1}b$.

On procède de même avec le terme suivant, correspondant au choix de deux b parmi les n termes $(a + b)$, et donc de $n - 2$ nombres a dans les autres termes, etc.[1]

En particulier, quand $n = 3$, on a :

$$(a + b)^3 = a^3 + 3a^2b + 3ab^2 + b^3.$$

• $a^n - b^n = (a - b)(a^{n-1} + a^{n-2}b + a^{n-3}b^2 + ... + a^2 b^{n-3} + ab^{n-2} + b^{n-1})$.

Pour démontrer cette formule, contentons-nous de développer son membre de droite. Soit, en multipliant par a, puis par $-b$, le deuxième facteur :

$$a^n + a^{n-1}b + a^{n-2} b^2 + ... + a^3 b^{n-3} + a^2 b^{n-2} + ab^{n-1}$$

$$- ba^{n-1} - a^{n-2}b^2 - a^{n-3} b^3 - ...... - a^2 b^{n-2} - ab^{n-1} - b^n.$$

On voit que tous les termes s'éliminent par soustraction, deux à deux, sauf les termes « extrêmes », a^n et $-b^n$. D'où le résultat annoncé.

II. RELATION D'ORDRE DANS L'ENSEMBLE $\mathbb{R}$

On sait que les nombres naturels et entiers sont ordonnés de manière « naturelle » : ainsi 2 est plus petit que 4, -1 est plus petit que 2 et -5 est plus petit que -1. Ce qui s'écrit $2 < 4$, $-1 < 2$ et $-5 < -1$; on remarque que c'est équivalent aux relations respectives : $4 - 2 > 0$, $2 - (-1) > 0$ et $-1 - (-5) > 0$.

De manière générale, on définit dans $\mathbb{R}$ une *relation d'ordre* de la façon suivante :

Définition : Soit a et b deux réels ; alors :

$$a \leqslant b \Leftrightarrow b - a \in \mathbb{R}_+.$$

Remarquons que si $b - a = 0$ (ce qui est possible, puisque $0 \in \mathbb{R}_+$), on a $a = b$. La relation $a \leqslant b$ se lit « a plus petit ou égal à b ». Lorsque $a \leqslant b$ et $a \neq b$ (c'est-à-dire lorsque $b - a \in \mathbb{R}_+^*$) on écrit $a < b$ et on lit « a strictement plus petit que b ». Remarquons

1. Pour ceux qui ont fait un peu de combinatoire, rappelons que le nombre de façons de choisir p éléments parmi n est donné par :

$$\frac{n(n-1)(n-2) .... (n-p+1)}{p(p-1)(p-2).... 2 \cdot 1},$$

ce qui s'écrit C_n^p. Donc $(a + b)^n$ est la somme de termes de la forme $C_n^p a^{n-p} b^p$, p variant de 0 à n.

aussi que si a et b sont deux réels quelconques, on a $b - a \in \mathbb{R}_+$ ou $b - a \in \mathbb{R}_-$ (si $b - a$ n'est pas positif, il est négatif ou nul), c'est-à-dire que pour deux nombres réels quelconques a et b, on a forcément $a \leqslant b$ ou $b \leqslant a$: la relation est *totale*.

La relation « $\leqslant$ » vérifie aussi les trois propriétés suivantes, caractéristiques des relations d'ordre :

1. $a \leqslant a$ (reflexivité)
2. $(a \leqslant b$ et $b \leqslant a) \Rightarrow a = b$ (antisymétrie)
3. $(a \leqslant b$ et $b \leqslant c) \Rightarrow a \leqslant c$ (transitivité)

On a, en outre :

4. $a \leqslant b \Rightarrow a + c \leqslant b + c$ pour tout c (l'ordre est stable pour l'addition)
5. $(a \leqslant b$ et $0 \leqslant c) \Rightarrow ac \leqslant bc$
6. $(a \leqslant b$ et $c \leqslant 0) \Rightarrow bc \leqslant ac$

La propriété 5 montre que l'ordre est stable pour la multiplication par un nombre positif et la propriété 6 qu'il est « inversé » par la multiplication par un nombre négatif.

En faisant $c = -1$ dans 6, on obtient :

7. $a \leqslant b \Leftrightarrow -b \leqslant -a$.

Les autres propriétés se démontrent aisément à partir de la définition.

On a, par exemple, pour la propriété 6 :

$$(a \leqslant b \text{ et } c \leqslant 0) \Rightarrow (b - a \in \mathbb{R}_+ \text{ et } -c \in \mathbb{R}_+) \Rightarrow (b - a)(-c)$$

$$= ac - bc \in \mathbb{R}_+ \Rightarrow bc \leqslant ac.$$

Intervalles - Voisinage d'un point

Considérons deux nombres réels quelconques a et b, avec $a < b$. Alors l'ensemble :

$$\{x \in \mathbb{R} \,;\, a < x < b\}$$

est noté $]a, b[$ (ou (a, b)) et est appelé *intervalle ouvert* compris entre a et b ; tandis que l'ensemble :

$$\{x \in \mathbb{R} \,;\, a \leq x \leq b\}$$

est appelé *intervalle fermé* compris entre a et b ; on le note $[a, b]$.

Donc : *un intervalle fermé contient ses extrémités* (ici, a et b), *alors qu'un intervalle ouvert ne les contient pas.*

Considérons maintenant un point quelconque x de l'intervalle ouvert $]a, b[$. Évidemment, x se trouve « à l'intérieur » de cet intervalle, puisque ce dernier ne contient pas ses extrémités.

Par conséquent, x peut se déplacer, au moins « légèrement », sans sortir de $]a, b[$; c'est pourquoi on dit que x est *intérieur* à $]a, b[$ et que $]a, b[$ est un voisinage de x. Par la suite, lorsque nous parlerons du « voisinage » d'un point, nous entendrons par là un intervalle ouvert contenant ce point.[1]

Représentation « paramétrique » d'un intervalle

On peut représenter les points d'un intervalle par une formule, comme nous allons maintenant le voir. Considérons, par exemple, l'intervalle ouvert $]a, b[$ ci-dessus, et soit x un de ses points. Comme $a < x < b$, le rapport $(b - x) / (b - a)$ est toujours positif. En outre, comme $b - x < b - a$, puisque $x < b$, ce rapport est inférieur à 1. En résumé : $x \in]a, b[\Rightarrow 0 < (b - x) / (b - a) < 1$. Soit, si on pose $(b - x) / (b - a) = \lambda$, $x \in]a, b[\Rightarrow 0 < \lambda < 1$.

Or, de l'égalité $\lambda = (b - x) / (b - a)$, on tire :

$$x = b + \lambda (a - b)$$

ou encore, en écrivant de façon différente le membre de droite de cette égalité :

$$x = \lambda a + (1 - \lambda)b.$$

Soit : tout nombre de l'intervalle $]a, b[$ peut s'écrire sous la forme $\lambda a + (1 - \lambda)b$ (ou $b + \lambda (a - b)$), *à condition* que $0 < \lambda < 1$.

Réciproquement, toute expression de la forme $\lambda a + (1 - \lambda)b$ représente, si $0 < \lambda < 1$, un point de l'intervalle $]a, b[$. En effet, comme $a < b$ et comme $0 < 1 - \lambda < 1$, on a :

$$\lambda a + (1 - \lambda)b > \lambda a + (1 - \lambda)a = a$$

et

$$\lambda a + (1 - \lambda)b < \lambda b + (1 - \lambda)b = b.$$

L'expression $\lambda a + (1 - \lambda)b$ est appelée *représentation paramétrique* de l'intervalle ouvert $]a, b[$, si $0 < \lambda < 1$. Dans le cas où $0 \leq \lambda \leq 1$, elle représente l'intervalle *fermé* $[a, b]$.

1. De façon plus générale, on dit qu'une partie de $\mathbb{R}$ est un voisinage d'un point $x \in \mathbb{R}$ si elle contient un intervalle ouvert qui contient x. Donc, un voisinage d'un point peut être très grand, mais, lorsqu'on parle de voisinage, on pense pour l'essentiel à de « petits voisinages » (soit : de « petits » intervalles ouverts).

III. LA VALEUR ABSOLUE

La notion de valeur absolue sera surtout utilisée lors de l'étude des limites des suites et des fonctions, dans le chapitre VIII. Nous allons établir ici quelques propriétés simples, qui nous seront alors utiles.

Définition : On appelle *valeur absolue* d'un nombre a le nombre $|a|$ tel que :

$$|a| = a \qquad \text{si } a \geq 0$$

$$|a| = -a \qquad \text{si } a < 0$$

Il résulte de cette définition que :

- $|a| \geq 0$
- $|ab| = |a|\ |b|$
- $|a| \leq b$ est équivalent à $-b \leq a \leq b$.

Pour établir cette dernière équivalence, commençons par montrer que :

$$|a| \leq b \Rightarrow -b \leq a \leq b$$

Étudions le cas où a est positif, puis celui où il est négatif :

— si $a \geq 0$, alors $|a| = a$ et donc : $|a| \leq b \Rightarrow a \leq b$. En plus, comme b est positif (puisque supérieur à a), $-b$ est négatif et donc : $-b \leq a$. On a ainsi établi que : $-b \leq a \leq b$;

— si $a \leq 0$; alors $|a| = -a$ et donc $|a| \leq b \Rightarrow -a \leq b \Rightarrow -b \leq a$ (propriété 7. des inégalités). Par ailleurs, comme a est négatif et b positif, on a forcément : $a \leq b$. On a établi, dans ce cas aussi, que $-b \leq a \leq b$.

Montrons maintenant que :

$$-b \leq a \leq b \Rightarrow |a| \leq b.$$

C'est immédiat : si $a \geq 0$, alors $|a| = a$ et $a \leq b \Rightarrow |a| \leq b$. Si $a \leq 0$, alors $|a| = -a$. Or, comme $-b \leq a \Rightarrow -a \leq b$, il s'ensuit, dans ce cas aussi, que : $|a| < b$.

Cette démonstration, pourtant simple, nous montre le côté « pénible » de la valeur absolue, qui oblige à travailler, lorsque le nombre n'est pas spécifié, au « cas par cas » (selon les divers signes possibles).

Le résultat suivant découle du précédent.

• $|a-b| \leq c$ est équivalent à $b-c \leq a \leq b+c$.

En effet, $|a-b| \leq c$ est équivalent à $-c \leq a-b \leq c$ (propriété précédente), donc à : $b-c \leq a \leq b+c$.

• $|a+b| \leq |a|+|b|$.

Pour montrer cette inégalité, importante, étudions les divers cas possibles, concernant le signe de a et de b :

— si $a \geq 0$ et $b \geq 0$, alors $|a| = a$, $|b| = b$ et $|a+b| = a+b$. Donc : $|a+b| = a+b = |a|+|b|$.

— si $a \leq 0$ et $b \leq 0$, alors $|a| = -a$, $|b| = -b$ et $|a+b| = -(a+b)$.

Donc : $|a+b| = -(a+b) = -a-b = |a|+|b|$.

— si $a \geq 0$ et $b \leq 0$, alors $b \leq 0 \Rightarrow a+b \leq a$ (propriété 4 des inégalités). A plus forte raison : $a+b \leq a+|b|$ et donc $a+b \leq |a|+|b|$ puisque a est supposé positif.

De même : $-a-b \leq -b = |b| \leq |a|+|b|$.

On a donc montré que :

$$a+b \leq |a|+|b|$$

et

$$-(a+b) \leq |a|+|b|$$

Par conséquent :

$$|a+b| \leq |a|+|b|.$$

— si $a \leq 0$ et $b \geq 0$: on applique le résultat précédent, en permutant les rôles de a et b.

ANNEXE
Racines d'une équation du 2e degré

Ces racines sont obtenues en se servant de la première identité remarquable. Dans cet ouvrage nous ne nous servirons pas des formules ci-dessous, mais elles sont d'un usage relativement fréquent, surtout dans les exercices.

On recherche donc les racines de l'équation :

$$ax^2 + bx + c = 0 \qquad (a \neq 0).$$

Pour simplifier les calculs, divisons par a les deux membres de cette équation ; celle-ci s'écrit alors :

$$x^2 + px + q = 0 \qquad (1)$$

où $p = b/a$ et $q = c/a$.

Les deux premiers termes du membre de gauche font penser à ceux du développement de

$$\left(x + \frac{p}{2}\right)^2 = x^2 + px + \frac{p^2}{4}.$$

Donc : $x^2 + px = \left(x + \frac{p}{2}\right)^2 - \frac{p^2}{4}.$

En reportant dans (1), on a :

$$\left(x + \frac{p}{2}\right)^2 - \frac{p^2}{4} + q = 0$$

et donc :

$$x + \frac{p}{2} = \pm \sqrt{\frac{p^2}{4} - q} \qquad (2)$$

à condition que $\frac{p^2}{4} - q \geq 0$, donc que, en revenant aux coefficients initiaux : $\frac{b^2}{4a^2} - \frac{c}{a} \geq 0$. Soit : pour que les racines existent, il faut que : $b^2 - 4ac \geq 0$. Si cette condition est vérifiée, il résulte de (2) que les racines sont :

$$\frac{-b \pm \sqrt{b^2 - 4ac}}{2a}$$

DEUXIÈME PARTIE
Les fonctions usuelles

Les fonctions sont, par excellence, des « objets » particulièrement abstraits, difficilement accessibles à l'intuition, car traduisant des *relations* entre les éléments d'ensembles donnés. En fait, il a fallu attendre le XIXe siècle pour que l'habitude soit prise de travailler avec ces « objets » en tant que tels, sans en préciser la forme par une formule précise ; c'est sur cette base que s'est construite l'analyse mathématique moderne.

Auparavant, l'usage était de :

— soit de considérer des fonctions « au cas par cas » ;

— soit de considérer des *types* de fonction, ayant la même forme mais pouvant différer selon la valeur de certains coefficients, souvent désignés par des lettres et appelés des *paramètres.*

Dans cette partie, nous allons procéder un peu de la même façon, en étudiant des fonctions précises, avec ou sans paramètres, définies donc par une « formule ». Cela nous permettra :

— de nous familiariser avec l'idée de fonction ;

— d'introduire certaines notions « qualitatives » importantes, telle la croissance ou la décroissance.

Mais, *surtout,* les types de fonction présentés (un par chapitre) sont, en quelque sorte, les fonctions « de base », dont il est *indispensable* de connaître les principales propriétés, car elles sont souvent utilisées, y compris dans les applications, comme nous le verrons dans les prochains chapitres.

Notons que nous préférons introduire directement les fonctions exponentielle et logarithme, à partir de leurs propriétés fondamentales, plutôt qu'à partir de la primitive de $1/x$, comme cela est habituellement fait dans les manuels, car cela permet de mieux caractériser ces fonctions (même si, sur le plan mathématique, le passage aux réels n'est pas immédiat).

Après avoir présenté les fonctions usuelles, nous aborderons, dans la prochaine partie, l'étude générale des fonctions.

CHAPITRE III

Les fonctions linéaire et affine (« La Droite »)

La fonction affine, dont la fonction linéaire est un cas particulier, occupe une place importante en mathématique, en raison de son caractère extrêmement simple. Simplicité qui se traduit au niveau graphique, puisqu'elle est représentée par une droite, « courbe » de base de la géométrie (avec le cercle).

I. LA FONCTION LINÉAIRE

Nous allons commencer par un exemple simple, et concret, permettant de se familiariser avec la notion de fonction, et les notations correspondantes.

Un exemple simple

On considère un quartier d'une ville, dans lequel le prix du m^2 des logements est 1000 F. Dans ces conditions, le prix d'un logement ayant une surface de 50 m^2 est égal à $50 \cdot 1000 =$ 50.000 F; celui d'un logement de 100 m^2 étant $100 \cdot 1000 =$ 10.000 F, etc. Plus généralement, le prix d'un logement dont la surface, en mètres carrés, est égale à x, est donné par 1000 x.

Ce que l'on peut écrire :

$$f : x \rightsquigarrow 1000\,x$$

ou encore :

$$f(x) = 1000\,x$$

La fonction symbolisée par la lettre f associe ici à la surface x d'un logement quelconque le prix de ce logement, noté $f(x)$. L'avantage de cette écriture est de permettre de déterminer le prix de *n'importe quel logement*, à condition de connaître sa surface, sans avoir à décrire chaque cas possible (du genre : table associant à des surfaces données les prix correspondants).

L'*ensemble de départ* est ici celui des nombres positifs, naturels ou rationnels, selon l'unité de mesure retenue (mètres carrés, décimètres carrés, etc.). De même en ce qui concerne l'ensemble d'arrivée (nombre de francs, ou centimes).

Lorsqu'on écrit une expression de la forme : $f(x)$, on dit que x est *la variable*, qui *prend ses valeurs* dans l'ensemble de départ de la fonction.

Si cette dernière est de la forme $1000x$, alors on dit que le nombre 1000 est un *paramètre*, qui sert à la caractériser. Ceci étant, si on s'intéresse, par exemple, aux prix des logements d'un autre quartier, où le m^2 coûte 1500 F, alors on sera en présence d'une nouvelle fonction, $1500x$, qui diffère seulement de la précédente par la valeur prise par le paramètre (ici, le prix du m^2).

Plus généralement, plutôt que de procéder ainsi au cas par cas, en donnant des valeurs successives au prix du m^2, selon les quartiers, on définit la fonction

$$f : x \dashrightarrow px$$

ou

$$f(x) = px$$

où p est le prix du m^2.

Il est important de voir que même si les lettres p et x peuvent prendre des valeurs diverses (mais positives), elles ne jouent pas ici le même rôle. En effet, en posant $f(x) = px$, on signifie que x est la *variable* (pouvant donc « varier ») tandis que p est le *paramètre*, considéré comme donné. Si on avait écrit : $f(p) = px$, cela aurait voulu dire qu'on considérait que p est la variable et x le paramètre, et donc que l'on s'intéressait aux variations selon les quartiers du prix d'un logement *d'une surface donnée, x*.

Représentation graphique

La fonction $f(x)$ définie par $f(x) = px$ est représentée par une droite, passant par l'origine. Voyons cela de plus près. Considérons un système d'axes (dit *repère orthonormé*), dans lequel l'axe « horizontal » (dit *des abscisses*) donne les valeurs possibles de la variable x, l'axe « vertical » (dit *des ordonnées*) donnant les valeurs prises par la fonction f, pour chaque valeur de x. Dans le cas où $f(x) = px$, on voit que si $x = 0$, alors $f(0) = 0$. Autrement dit, la courbe représentant $f(x)$, on l'appelle parfois son *graphe*, passe par le point $x = 0$, $y = 0$, « *origine* » du système d'axes.

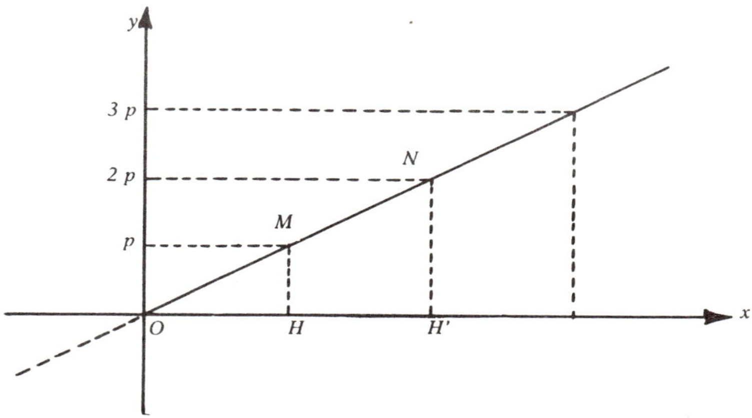

Si on fait $x = 1$, alors $f(x) = p \cdot 1 = p$ (point M). Si on fait $x = 2$, alors $f(x) = p \cdot 2 = 2p$ (point N), et ainsi de suite. En faisant varier x entre 0 et l'infini, on obtient ainsi une infinité de points, qui sont sur une même droite. Ici, on ne considère que des valeurs positives de x, qui représente des surfaces, mais si on prenait en compte aussi des valeurs négatives alors cette droite se prolongerait, selon la ligne de pointillés tracée dans la figure ci-dessus.

Revenons à cette figure. Si on fait $x = 1$, on a $f(1) = MH = p$, où MH est la longueur du segment joignant les points M et H. La *pente* de la droite étant donnée par le rapport de MH et $0H$, comme ici $0H = 1$, il s'ensuit que cette pente est égale à p. On constate que la pente d'une droite est partout la même, quelle que soit la valeur prise par la variable (par exemple, en N, cette pente est donnée par $NH' / 0H' = 2p/2 = p$). On peut donc dire que c'est là une propriété qui caractérise les droites.

Questions de notation

Il est de tradition de caractériser l'axe des abscisses par la lettre x, et celui des ordonnées par la lettre y. C'est pourquoi la valeur prise par $f(x)$ est souvent notée, de façon un peu vague, y. Soit : $y = f(x)$. Ainsi, la droite étudiée précédemment est habituellement représentée par l'équation :

$$y = ax$$

(a « jouant le rôle » de paramètre ; auparavant, nous avions noté p ce paramètre, en raison de l'exemple particulier choisi, p symbolisant alors un prix unitaire). Plus généralement, il est d'usage de représenter les variables par les dernières lettres de l'alphabet, x,

y, z, t, ... et les paramètres par les premières lettres : a, b, c, d, ... (ou des lettres grecques α, β, γ, ...). Par la suite, nous nous conformerons à cette règle, chaque fois que cela sera possible.

II. LA FONCTION AFFINE

Elle se déduit de la précédente en rajoutant une constante au terme ax. Elle fait donc correspondre à la variable x le nombre $ax + b$ (a et b sont donc ici des paramètres). Ce que l'on peut écrire, si on appelle f cette fonction :

$$f : x \rightsquigarrow ax + b$$

ou encore :

$$f(x) = ax + b.$$

Remarquons que l'on peut se ramener au cas linéaire en considérant la fonction $f(x) - b$, puisque :

$$f(x) - b = ax.$$

Par conséquent : *la courbe représentant la fonction affine est une droite,* qui ne passe pas par l'origine, si $b \neq 0$, puisqu'elle coupe l'axe des ordonnées en $y = b$ (c'est comme si on avait déplacé l'origine (0, 0) en (0, b)).

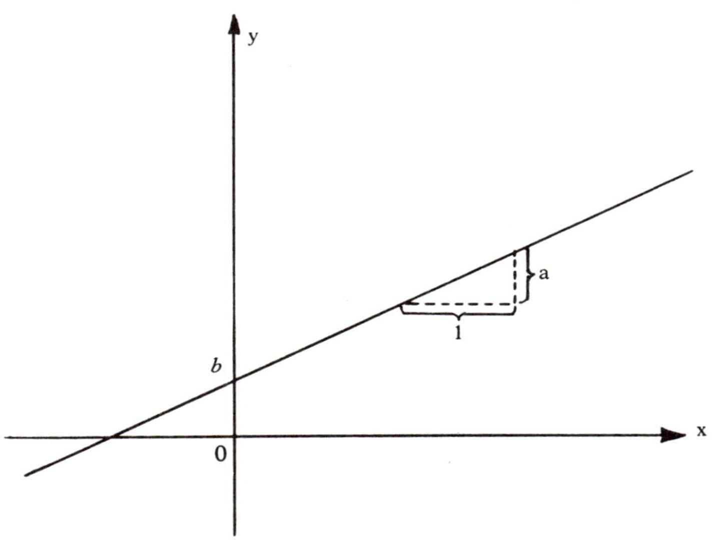

La pente de cette droite est évidemment, comme précédemment, donnée par le paramètre a.

Remarquons qu'il existe plusieurs façons de déterminer l'équation d'une droite, en fonction de l'« information » dont on dispose à son propos.

Ainsi, on peut la déterminer :

— si on connaît *la pente* de cette droite et *un point* par lequel elle passe. En effet, la pente donne le paramètre a ; reste à déterminer le paramètre b. Mais si la droite passe par le point $M_1 = (x_1, y_1)$, alors on a, puisque M_1 doit vérifier l'équation caractérisant cette droite : $y_1 = ax_1 + b$. Donc : $b = y_1 - ax_1$, et la droite est déterminée ;

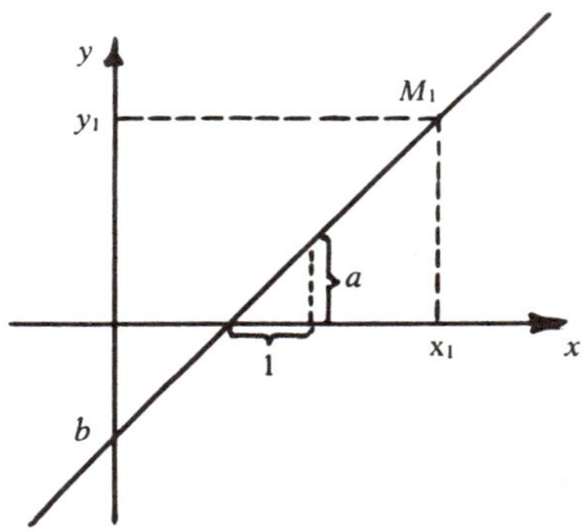

— si on connaît *deux points* par lesquels passe cette droite. Appelons $M_1 = (x_1, y_1)$ et $M_2 = (x_2, y_2)$ ces deux points. Si l'équation de la droite est : $y = ax + b$, alors on doit avoir :

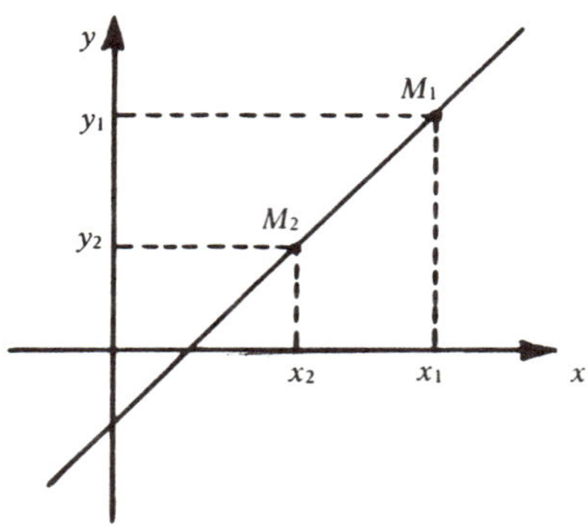

$$y_1 = ax_1 + b$$

$$y_2 = ax_2 + b$$

En soustrayant ces deux équations, membre à membre, on élimine b. Soit :

$$y_1 - y_2 = a\,(x_1 - x_2).$$

Par conséquent, si $x_1 \neq x_2$:

$$a = \frac{y_1 - y_2}{x_1 - x_2}$$

On obtient donc la pente de la droite, à partir des coordonnées des points donnés. On déduit la valeur de b comme dans le cas précédent ($b = y_1 - ax_1$ ou, ce qui est équivalent, $b = y_2 - ax_2$).

Exemple :

Déterminons l'équation de la droite passant par les points (1,2) et (3,8). Ici, la différence des ordonnées, $y_1 - y_2$, est égale à $2 - 8 = -6$, celle des abscisses à $1 - 3 = -2$. Par conséquent, la pente de la droite est : $-6/-2 = 3$. Comme cette droite passe par le point (1,2), les paramètres a et b qui la caractérisent doivent donc vérifier l'équation :

$$2 = a \cdot 1 + b.$$

Comme on a montré que $a = 3$, il s'ensuit que $b = 2 - 3 = -1$.

Cas général

Lorsqu'on écrit l'équation d'une droite sous la forme $y = ax + b$, on ne fait pas jouer le même rôle aux deux variables x et y, l'idée sous-jacente à une telle relation étant que x « explique », ou « détermine », y, et non le contraire.

Or, souvent en économie, on est en présence de relations où les deux variables jouent un rôle symétrique. Ainsi, si x mesure la quantité d'un bien dont le prix unitaire est p_1 et si y mesure la quantité d'un bien dont le prix unitaire est p_2, alors la dépense d résultant de l'achat de x et y sera :

$$p_1x + p_2y = d$$

Si on suppose que p_1, p_2 et d sont donnés, alors la relation précédente est l'équation d'une droite. Si $p_2 \neq 0$, on peut l'écrire :

$$y = -\frac{p_1}{p_2}x + \frac{d}{p_2}$$

équation d'une droite, de pente $-p_1/p_2$ et coupant l'axe des ordonnées en d/p_2.

Remarquons que comme la pente de cette droite est $-p_1/p_2$, cela veut dire qu'elle est perpendiculaire à la droite de pente p_2/p_1 qui passe par l'origine. C'est là un résultat « géométrique » qui est parfois utile, surtout lorsqu'on s'intéresse aux variations de la pente d'une droite.

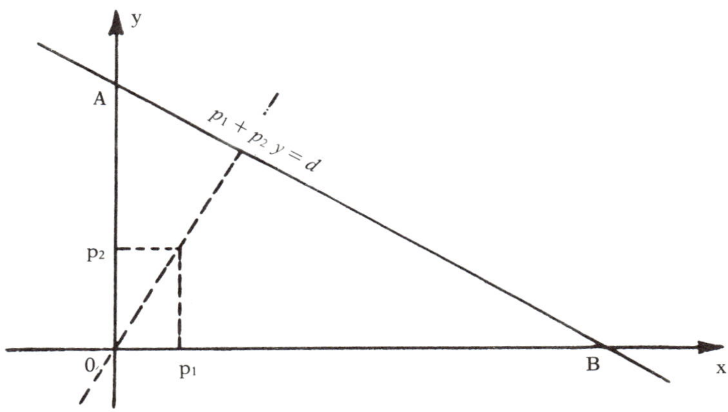

Si le revenu d'un ménage est égal à d, et si le ménage consacre tout son revenu à l'achat des deux biens, alors le segment de droite AB représente sa *contrainte budgétaire*, l'ensemble du triangle 0AB donnant le *domaine des consommations réalisables du ménage*, pour les prix et le revenu donné (les points de ce domaine vérifiant donc les inégalités : $p_1x + p_2y \leq d$, $x \geq 0$, $y \geq 0$).

Croissance ou décroissance de la fonction affine

Soient deux valeurs de x, x_1 et x_2, telles que $x_1 > x_2$; alors :

— si $a > 0$, $ax_1 > ax_2$, et donc $ax_1 + b > ax_2 + b$ (propriétés des inégalités, chapitre II) ; autrement dit, quand x augmente, $ax + b$ augmente également : on dit que la fonction affine est *croissante* (strictement) ;

— si $a < 0$, $ax_1 < ax_2$ (« renversement » de l'inégalité, puisqu'on la multiplie par un nombre négatif), et donc $ax_1 + b < ax_2 + b$; autrement dit : quand x augmente, $ax + b$ diminue : on dit que la fonction affine est *décroissante* (strictement).

En résumé : la fonction affine sera croissante ou décroissante selon que sa pente est positive ou négative.

Plus généralement une fonction $f(x)$ et un intervalle I sur lequel $f(x)$ existe ; alors on dit que :

— f est *croissante* sur I si $f(x_1) \geq f(x_2)$ (*strictement croissante* si $f(x_1) > f(x_2)$) pour tous $x_1 \in I$ et $x_2 \in I$ tels que $x_1 > x_2$;

— f est *décroissante* sur I si $f(x_1) \leq f(x_2)$ (*strictement décroissante* si $f(x_1) < f(x_2)$) pour tous $x_1 \in I$ et $x_2 \in I$ tels que $x_1 > x_2$.

Représentation paramétrique d'un segment de droite

Nous avons vu au chapitre II que tout point d'un intervalle $[a, b[$ de la droite réelle peut se mettre sous la forme $\lambda a + (1 - \lambda)b$, si $0 < \lambda < 1$. On établit un résultat similaire lorsqu'on s'intéresse à des segments de droite du plan, tel celui représenté ci-dessous.

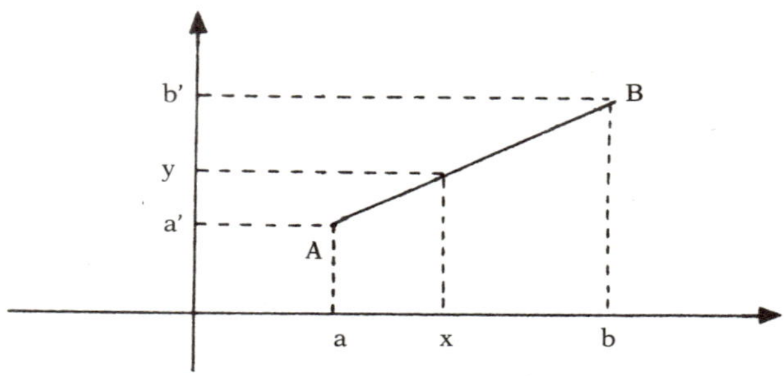

En effet, un résultat élémentaire de géométrie (théorème de Thalès) permet de dire que : $(b - x) / (b - a) = (b' - y) / (b' - a')$. Soit, en appelant λ ces rapports (cf. chapitre II) :

$$x = \lambda a + (1 - \lambda)b \qquad \text{et} \qquad y = \lambda a' + (1 - \lambda)b'$$

où λ est *le même* dans ces deux expressions. Par conséquent, tout point (x, y) du segment AB peut s'écrire sous la forme $(\lambda a + (1 - \lambda)b, \lambda a' + (1 - \lambda) b')$ ou, encore, (cf. chapitre XVI) : $\lambda (a, a') + (1 - \lambda) (b, b')$. Soit, en posant $A = (a, a')$ et $B = (b, b')$, la *représentation paramétrique* du segment AB :

$$\lambda A + (1 - \lambda)B, \text{ avec } 0 < \lambda < 1 \ (0 \leq \lambda \leq 1 \text{ si } A \text{ et } B \text{ inclus}).$$

Notons, pour terminer, que si un ensemble contient le segment de droite joignant deux quelconques de ses points, alors on dit qu'il est *convexe*.

CHAPITRE IV
La fonction puissance

Après les fonctions linéaire et affine, la fonction puissance est celle qui apparaît comme la plus « naturelle », tout au moins si on considère des puissances entières, car ne faisant appel qu'à des sommes et des produits. Nous allons donc commencer avec la fonction la plus simple, la fonction puissance deux, représentée par une parabole, puis traiter des fonctions dont la puissance est un entier, positif, puis négatif ; enfin, nous aborderons le cas général, où la puissance est un nombre réel.

La fonction puissance deux (parabole)

Considérons un carré dont le côté a une longueur x, où x est un nombre positif quelconque. La surface de ce carré étant donnée par le produit de ses côtés, elle est donc égale à x^2. Ainsi, la fonction qui associe à un carré de côté x sa surface est de la forme :

$$f : x \rightsquigarrow x^2$$

ou

$$f(x) = x^2.$$

Cette fonction est une fonction *puissance deux,* puisque la variable x est multipliée par elle-même, d'où l'*exposant* égal à 2, qui traduit ce fait.

Plus généralement, on appelle *fonction puissance deux* toute fonction de la forme :

$$a \cdot x^2$$

où a est un nombre quelconque, donné. Donc, dans cette fonction, *x est la variable, a étant un paramètre.*

Comme on peut donner à x n'importe quelle valeur réelle, le *domaine de définition* de cette fonction est l'ensemble $\mathbb{R}$ tout entier.

Posons, pour simplifier les notations, $a = 1$, et montrons le résultat suivant :

la fonction x^2 est strictement croissante pour $x > 0$ et strictement décroissante pour $x < 0$.

— *cas où* $x > 0$. Il faut montrer que si x_1 et x_2 sont deux valeurs de x strictement positives telles que $x_1 > x_2$, alors $x_1^2 > x_2^2$ (définition même de la croissance stricte).

Pour le faire, on pose $h = x_1 - x_2$; comme $x_1 > x_2$, il s'ensuit que $h > 0$.

Par conséquent, on a :

$$x_1 = x_2 + h \qquad \text{avec } h > 0.$$

En élevant au carré les deux membres de cette égalité, on obtient :

$$x_1^2 = (x_2 + h)^2 = x_2^2 + 2x_2h + h^2.$$

Comme x_2 et h sont strictement positifs, par construction, il s'ensuit que :

$$x_1^2 - x_2^2 = 2x_2h + h^2 > 0$$

donc que :

$$x_1^2 > x_2^2.$$

C'est le résultat recherché, dans le cas où $x > 0$.

— pour traiter du cas où $x < 0$, on se sert du résultat précédent. Pour cela on part du fait que l'inégalité $x_1 > x_2$ est équivalente à l'inégalité : $-x_2 > -x_1$. Or, comme ici x_1 et x_2 sont supposés négatifs, il s'ensuit que $-x_1$ et $-x_2$ sont positifs. On peut donc leur appliquer le résultat précédent ; soit :

$$-x_2 > -x_1 \Rightarrow (-x_2)^2 > (-x_1)^2 \Rightarrow x_2^2 > x_1^2.$$

Comme : $x_1 > x_2 \Rightarrow -x_2 > -x_1$, il s'ensuit que :

$$x_1 > x_2 \Rightarrow x_2^2 > x_1^2$$

ce qui montre que la fonction x^2 est strictement décroissante pour des x négatifs.

Remarque : La démonstration très simple précédente est un bon exercice, permettant de revenir sur les notions de croissance et de décroissance d'une fonction (sur des intervalles), ainsi que de travailler un peu avec les inégalités, notamment en faisant attention avec les signes des expressions considérées (il faut « changer le sens » d'une inégalité lorsqu'on multiplie ses deux membres par un nombre négatif : cf. chapitre II).

Compte tenu du résultat que nous venons d'établir, nous pouvons représenter la courbe représentative de x^2.

Représentation graphique de la fonction x^2

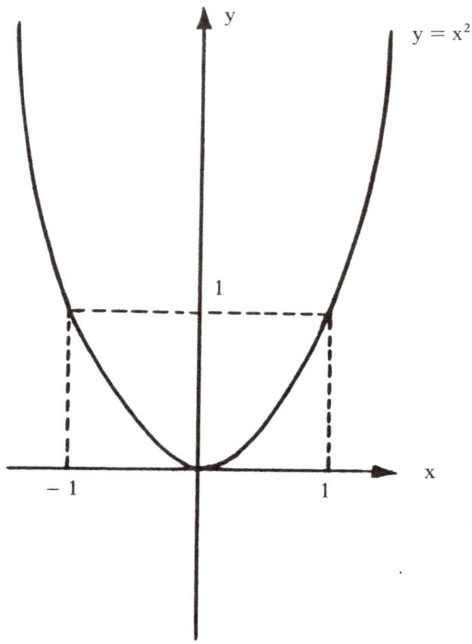

Cette représentation est simplifiée par le fait que cette courbe a l'axe des ordonnées comme axe de symétrie ; en effet, on a $f(x) = x^2 = (-x)^2 = f(-x)$: la valeur de l'ordonnée est la même en x et en $-x$. On en déduit que cette fonction n'*est pas injective* sur $\mathbb{R}$, puisqu'à une valeur positive de y correspondent deux valeurs de x (y est l'image de deux x différents). Notons également que lorsque x devient de plus en plus grand (« tend vers l'infini »), il en est de même pour x^2, qui « augmente encore plus fort » ; d'où la forme (convexe) des branches de la courbe représentant cette fonction, courbe que l'on appelle une *parabole*.

Cas général

Revenons à la fonction $a \cdot x^2$ (ou ax^2). Si $a > 0$, les raisonnements précédents demeurent inchangés, notamment en ce qui concerne la croissance stricte sur $\mathbb{R}_+$ et la décroissance stricte sur $\mathbb{R}_-$. Le graphe de la fonction sera une parabole similaire à la précédente, qui sera plus « resserrée » si $a > 1$, plus « ouverte » si $0 < a < 1$. Si $a < 0$, le résultat est en quelque sorte « renversé » : la fonction est strictement croissante sur $\mathbb{R}_-$ et strictement décroissante sur $\mathbb{R}_+$, ses valeurs étant toujours négatives, sauf en $x = 0$. Son graphe est le symétrique, par rapport à l'axe des abscisses, de celui de ax^2, pour $a > 0$. Nous l'avons tracé ci-dessous, pour $a = -1$.

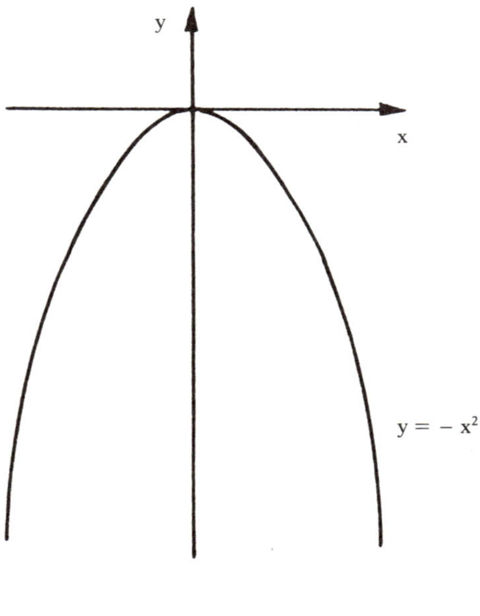

Fonction puissance paire

Considérons la fonction ax^4 (fonction puissance 4). On voit immédiatement qu'elle est symétrique par rapport à l'axe des ordonnées (car $ax^4 = a(-x)^4$), strictement croissante sur $\mathbb{R}_+$, strictement décroissante sur $\mathbb{R}_-$, si $a > 0$. Elle « ressemble » donc fortement à la fonction puissance deux, tout en croissant, pour des x positifs, beaucoup plus vite. Son graphe sera aussi du type « parabole », mais beaucoup plus « resserré » (ainsi, si $a = 1$, pour $x = 2$ on aura $y = 16$ au lieu de $y = 4$).

On peut faire le même raisonnement lorsqu'on a les fonctions puissance 6, ax^6, puissance 8, ax^8 et, plus généralement, puissance $2p$ (puissance paire), où p est un nombre entier positif.

Soit : *la fonction puissance paire, ax^{2p}, est « de type parabolique », les branches de son graphe étant d'autant plus « resserrées » que p est grand.*

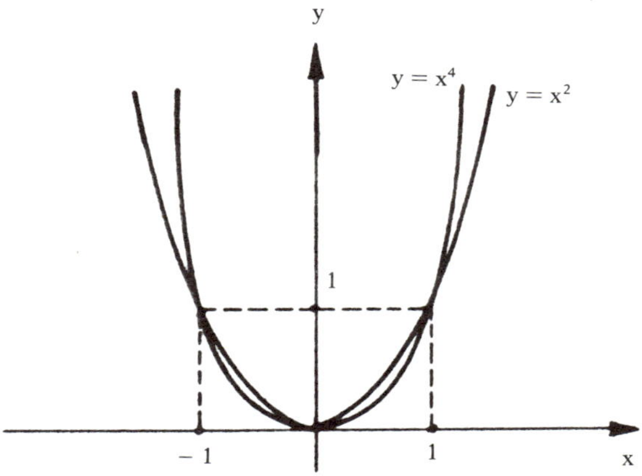

Fonctions puissance impaire

Considérons maintenant la fonction ax^3. Lorsqu'on fait $-x$ à la place de x, on obtient $a(-x)^3 = -ax^3$, c'est-à-dire le même y, mais de signe opposé. La fonction admet donc l'origine comme centre de symétrie. Par ailleurs, on démontre de la même façon que dans le cas de la fonction puissance deux, que cette fonction est strictement croissante sur $\mathbb{R}_+$ si $a > 0$. D'où son graphe, donné à la page suivante pour $a = 1$ (il est formé de deux « branches paraboliques », symétriques par rapport à l'origine).

Pour les mêmes raisons, la fonction puissance 5, ax^5, aura un graphe semblable, mais plus « resserré », en raison de sa croissance plus rapide. Cela sera également vrai pour les fonctions puissance impaire, du type ax^{2p+1}, où p est un entier positif quelconque.

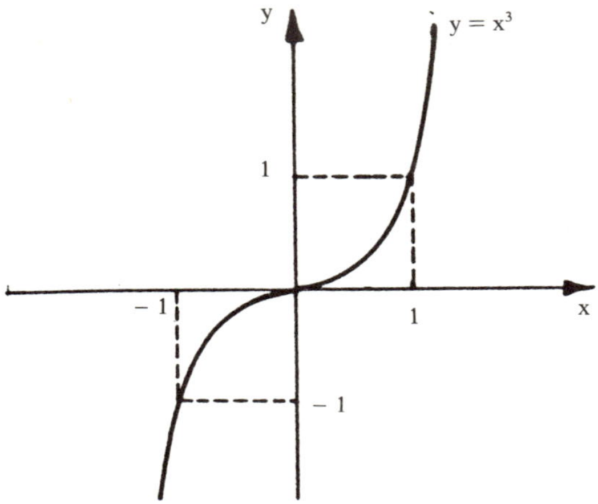

Après avoir étudié la fonction puissance de la forme ax^n, où n est un entier quelconque positif, et vu que sa forme dépend de la parité de n, nous allons maintenant traiter du cas où n est un entier négatif.

Fonctions puissance négative

Par convention, on écrit :

$$\frac{1}{x^n} = x^{-n} \qquad (n \text{ entier positif}).$$

Commençons par le cas où $n = 1$, donc par la fonction x^{-1}, c'est-à-dire : $1/x$. On voit qu'elle n'est pas définie pour $x = 0$, qu'elle devient « aussi grande que l'on veut » (en valeur absolue) lorsqu'on se rapproche de 0 et qu'elle tend vers 0 lorsque x tend vers l'infini.

Par ailleurs, elle est strictement décroissante sur $\mathbb{R}_+ - \{0\}$ et sur $\mathbb{R}_- - \{0\}$. En effet, on a, *si x_1 et x_2 sont tous deux de même signe :*

$$x_1 > x_2 \Rightarrow 1/x_2 > 1/x_1$$

(on passe de la première inégalité à la seconde en la divisant par le nombre positif x_1x_2).

En fait, comme lorsqu'on change x en $-x$, la valeur de la fonction est la même, au signe près (on passe de $1/x$ à $-1/x$), son graphe admet l'origine comme centre de symétrie. En tenant compte de toutes ces observations, on peut tracer ce graphe, comme cela a été fait en haut de la page suivante.

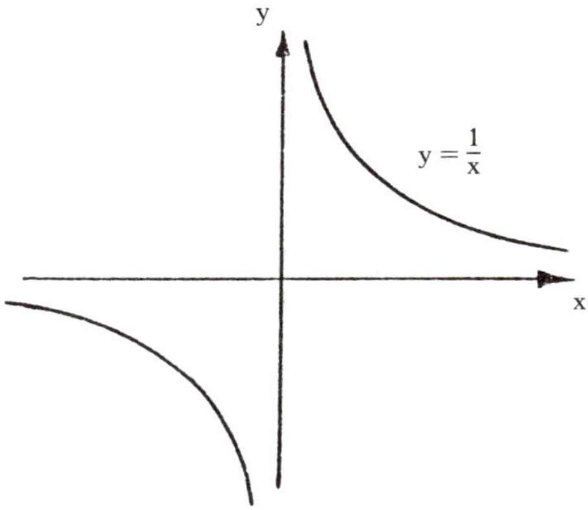

Remarquons que les courbes tracées, des *hyperboles,* ne coupent jamais les axes, tout en « s'en rapprochant de plus en plus » : on dit qu'*elles admettent les axes pour asymptotes.*

Les graphes des fonctions x^{-3} (soit : $1/x^3$), x^{-5} (soit : $1/x^5$) et plus généralement, des fonctions $c \cdot x^{-(2p+1)}$ (soit : c/x^{2p+1}), où p est un entier positif, seront du même type que le précédent, comme dans le dessin ci-dessous (si $c > 0$).

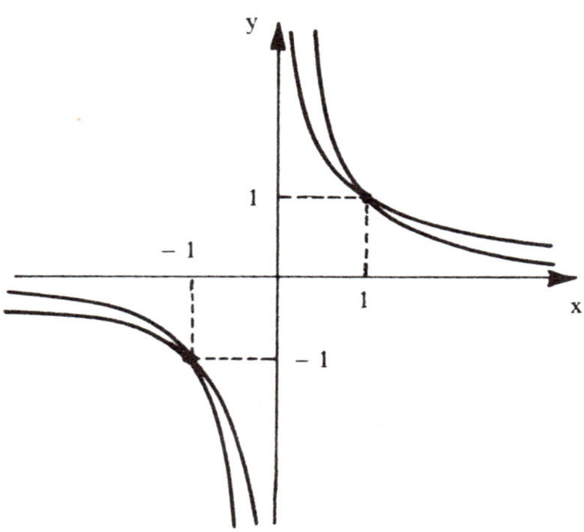

Dans le cas où la fonction est de la forme x^{-2p}, où p est un entier positif, alors son graphe admet l'axe des ordonnées comme axe de symétrie. En effet, si on change x en $-x$, l'ordonnée ne change pas (puisque $1/x^{2p} = 1/(-x)^{2p}$).

Pour x < 0, cette fonction est strictement croissante ; pour x > 0 elle est strictement décroissante ; elle admet, comme précédemment, les axes pour asymptotes. Nous avons tracé ci-dessous, à titre d'illustration, le graphe de la fonction x^{-2} ($= 1/x^2$).

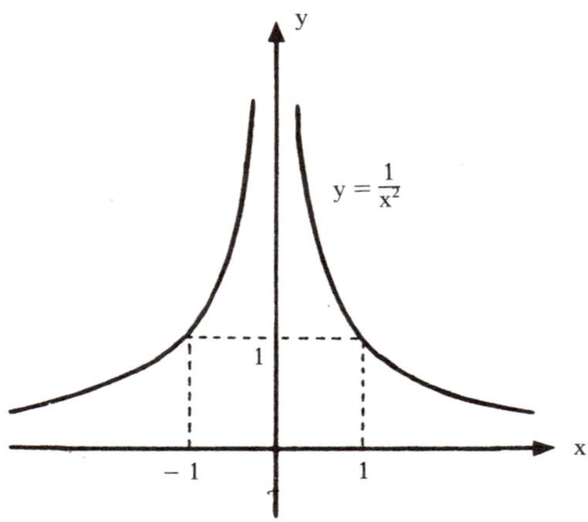

Nous avons donc étudié toutes les fonctions « puissance entière », de la forme :

$$a \cdot x^n \qquad \text{où } n \in \mathbb{Z}.$$

L'étape suivante consiste à passer au cas où l'exposant est un nombre rationnel, non entier. Nous allons maintenant aborder cette étape, d'un traitement mathématique plus délicat.

Puissances non entières

On s'intéresse donc aux fonctions de la forme :

$$a \cdot x^{p/q}$$

où p et q sont des entiers, premiers entre eux, et que nous supposerons, pour commencer, positifs. Pour simplifier les notations, nous poserons $a = 1$.

Pour mieux voir les choses, nous allons d'abord traiter le cas le plus simple, celui où $p = 1$ et $q = 2$; autrement dit, nous allons étudier la fonction racine.

La fonction racine

C'est la fonction $x^{1/2}$, souvent notée $\sqrt{x}$. Son point de départ se trouve dans la définition suivante :

Définition : On appelle *racine carrée* de x un nombre tel que son carré soit égal à x. On note ce nombre : $x^{1/2}$ ou $\sqrt{x}$. On a donc : $(x^{1/2})^2 = x$.

Commençons par remarquer que rien ne nous assure de l'existence de ce nombre. Ce qui ne sera pas le cas si, par exemple, x est négatif![1] Nous avons même vu dans le chapitre I comment il a fallu « inventer » un ensemble de nombres particulier, et très abstrait, celui des nombres réels, pour s'assurer qu'un nombre aussi simple que 2 a une racine.

D'un autre côté, il existe des méthodes permettant d'« extraire la racine » d'un nombre positif quelconque, même si le résultat obtenu peut n'être qu'une valeur approchée (sauf pour certains cas, où on « tombe pile »). Mais cette dernière peut être « aussi bonne que l'on veut », à condition d'avoir la patience, ou la volonté, de continuer les calculs suffisamment longtemps : il existe des formules mathématiques — que nous donnerons dans un chapitre ultérieur — qui le permettent. Il est évident que le niveau d'approximation retenu dépend du problème étudié : il ne sera sûrement pas le même lors d'une étude économique et lors de la détermination de la trajectoire, très précise, d'un satellite ! Ainsi, certains se contentent de prendre pour $\sqrt{2}$, 1,14, d'autres « allant plus loin », prenant 1,141, etc. Une étude graphique va peut-être permettre de mieux comprendre comment se pose, d'un point de vue mathématique, le problème de l'existence de la fonction racine.

Pour la faire, partons de la courbe représentant la fonction $y = x^2$, telle que nous l'avons tracée précédemment, *mais en ne nous intéressant qu'aux valeurs positives de x*. On voit que si cette courbe est « continue », c'est-à-dire si on peut le tracer « d'un seul trait » (sans faire de « saut »), alors à toute valeur de y, par exemple y_0, on peut faire correspondre un x_0 tel que $x_0^2 = y_0$. Autrement dit, x_0 est la racine carrée de y_0 : $x_0 = y_0^{1/2}$ (ou $\sqrt{y_0}$). Et cela pour tout y_0 positif (cf. figure de la page suivante).

Mais un tel raisonnement nous donne la fonction « à l'envers » puisqu'on a : $x = y^{1/2}$ (sur le graphique, la flèche va de y à x).

Pour se ramener au cas habituel, on peut permuter l'axe des x avec celui des y, de façon à avoir une relation « dans le bon sens ».

1. C'est pour surmonter ce problème qu'ont été introduits les *nombres complexes*, dont nous ne traiterons pas ici.

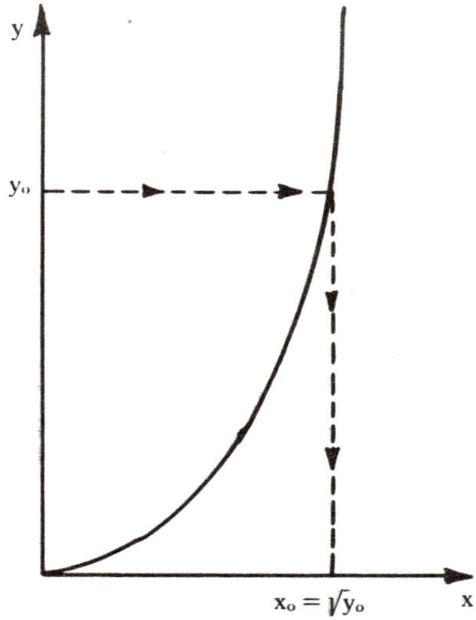

On peut également faire tourner ces deux axes de 90°, vers la gauche, comme ci-dessous :

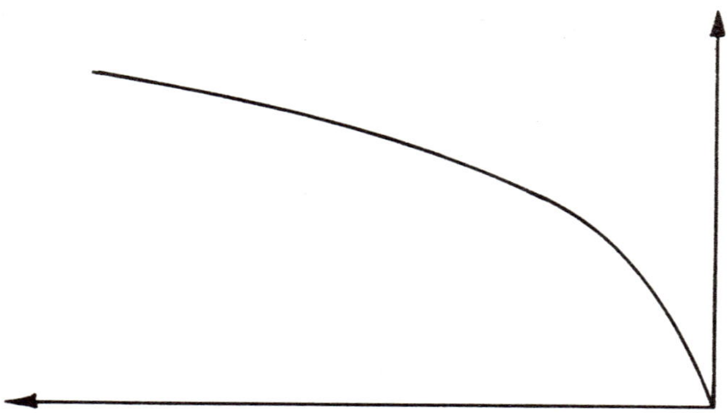

Mais la direction de l'axe horizontal est alors dans le sens opposé au sens habituel ; en retournant la feuille, pour que la flèche horizontale aille de gauche à droite, on voit apparaître (à condition que la feuille utilisée soit transparente) la figure recherchée.

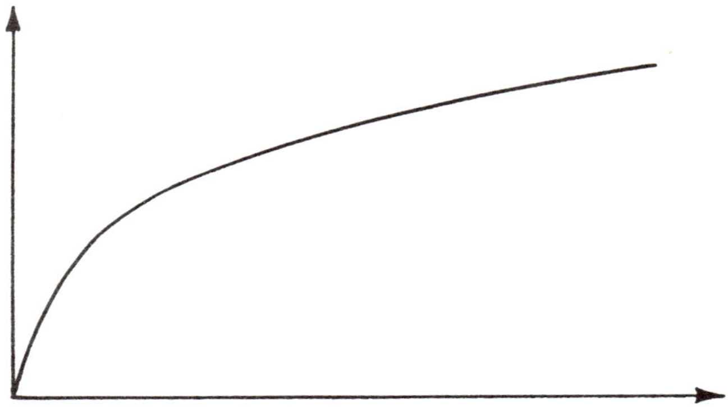

(on peut aussi voir que le graphe de la fonction racine est le symétrique, par rapport à la dissectrice, de celui de la fonction puissance 2).

On a ainsi construit le graphe de la fonction racine, ce graphe ayant une forme parabolique, mais « dans le sens horizontal ». Il apparaît que la fonction racine est une fonction strictement croissante mais, à la différence de la fonction puissance entière (positive), sa croissance est « de plus en plus lente », même si elle ne s'arrête jamais, $x^{1/2}$ tendant vers l'infini lorsque x tend vers l'infini.

La construction précédente est basée sur le fait que la fonction racine est la fonction *réciproque*, ou *inverse*, de la fonction puissance deux (« parabole »). Elle s'appuie, en réalité, sur les deux propriétés suivantes :

— la fonction puissance deux est *strictement monotone* (ici, croissante) sur l'intervalle retenu (c'est pourquoi on n'a considéré que des x positifs) ; ce qui assure l'unicité de la racine et permet donc de définir la fonction racine[1] ;

— la fonction puissance deux est telle que tout $y > 0$ de son ensemble d'arrivée est l'image, par cette fonction, d'un x de son ensemble de départ, ce qui assure l'*existence* de la racine de n'importe quel y non négatif.

La fonction racine q-ième

On peut définir de la même façon la fonction racine troisième, notée $x^{1/3}$ ou $\sqrt[3]{x}$, en tant que réciproque de la fonction puissance 3, x^3. Le graphique ci-dessous illustre un tel cas. Notons que,

1. Évidemment à un nombre x on peut associer deux racines, $-\sqrt{x}$ et $\sqrt{x}$, mais il faut en exclure une si on veut être en présence d'une fonction.

comme à tout x^3 correspond un, et un seul, x, il s'ensuit que la fonction $x^{1/3}$ est définie sur $\mathbb{R}$ tout entier. On voit, cependant, que, sur $\mathbb{R}_+$, elle a la même forme que la fonction racine carrée, tout en croissant encore plus lentement qu'elle.

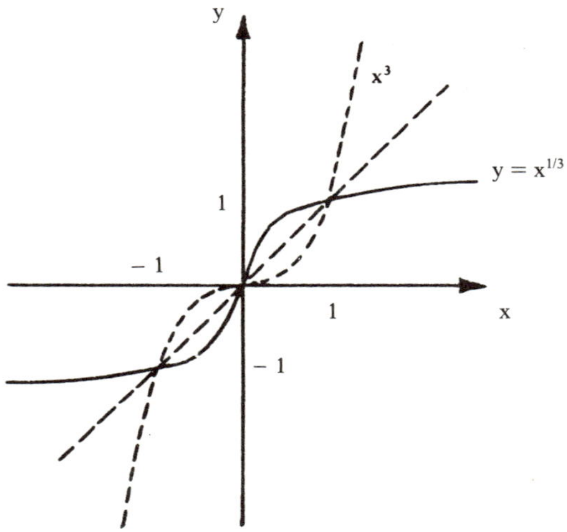

Le raisonnement précédent est en fait valable pour toute fonction de la forme $x^{1/q}$, ou $\sqrt[q]{x}$ (avec $q > 0$), en tant que réciproque de la fonction x^q, comme nous le montre l'étude que nous avons faite précédemment sur cette fonction (en tenant compte de la parité de q).

Notons que l'on a, par définition de la fonction $x^{1/q}$:

$$(x^{1/q})^q = x$$

ce qui nous rappelle, d'ailleurs, que les fonctions racine q-ième et puissance q sont réciproques (on « part » de x et on « arrive » au même x, après application successive de ces deux fonctions).

De même :

$$(x^q)^{1/q} = x.$$

Plus généralement, on définit $x^{p/q}$ comme étant la puissance p-ième de la racine q-ième de x, pour x positif ; soit :

$$x^{p/q} = (x^{1/q})^p.$$

Mais on peut aussi écrire :

$$x^{p/q} = (x^p)^{1/q}$$

les deux formules étant équivalentes.

Enfin, si x est différent de 0, on pose :

$$x^{-p/q} = 1/x^{p/q}.$$

Fonctions dont la puissance est un réel

Nous avons vu au chapitre I que les nombres réels sont une construction abstraite, permettant, en quelque sorte, de tenir compte de tous les points de la droite. Comme on peut les considérer comme des limites de suites de nombres rationnels, on définit, en partant de cette constatation, la fonction x^a, où a est un nombre réel quelconque, en se servant de fonctions de la forme $x^{p/q}$, où p/q tend vers a. Mais ce passage d'exposants rationnels à un exposant réel demande de revenir au cœur même de la théorie des nombres réels, ce qui n'est pas très aisé ; nous n'insisterons donc pas sur ce point délicat.

FORMULES A RETENIR

$$(x^a)^{a'} = x^{aa'} \qquad \text{pour } x \geq 0$$

$$x^{-a} = 1/x^a \qquad \text{pour } x > 0$$

CHAPITRE V

Progression géométrique et fonction exponentielle

La fonction exponentielle, dont la progression géométrique est un cas particuler fort important, apparaît fréquemment dans les problèmes d'économie, comme le montrent les exemples suivants.

La « loi de Malthus »

On se situe à un instant donné, que l'on peut considérer comme l'« instant initial », et que l'on note $t = 0$ (la lettre t caractérise le temps) ; on considère une population formée de n individus. On suppose que cette population double entre l'instant $t = 0$ et l'instant $t = 1$. Autrement dit, en $t = 1$ la population comporte $2n$ individus. Si elle continue à doubler entre $t = 1$ et $t = 2$, alors elle comportera en $t = 2$: $2 \cdot 2n = 2^2 n$ individus. Plus généralement, si on suppose que la population continue à doubler à chaque période, si elle comporte 2^{t-1} individus en $t - 1$, alors elle en comportera $2 \cdot 2^{t-1}\ n = 2^t n$ en t.

Dans ce cas, on dit que le nombre d'individus évolue comme une *progression géométrique de raison* 2 *et de premier terme n.*

Dans cet exemple, n est un paramètre (c'est une donnée) alors que le temps t joue le rôle de la variable (notée x dans les pages précédentes).

Si on pose $n = 1$ et si on note a, au lieu de 2, le paramètre de la fonction ci-dessus, alors on peut noter celle-ci :

$$f : t \leadsto a^t$$

ou, en résumé ;

$$f(t) = a^t.$$

Cette fonction est appelée *fonction exponentielle*, de base a. En fait, dans le cas présent, il n'y a pas de différence entre progression géométrique et fonction exponentielle (la raison de l'une étant la base de l'autre). Nous verrons plus loin que la première n'est qu'un cas particulier de la seconde : dans la progression géométrique, la variable ne prend que des valeurs entières, alors que dans la fonction exponentielle elle peut prendre n'importe quelle valeur réelle.

Mais, pour le moment, nous ne considérons que des t entiers.

Remarque : Nous avons évoqué la « loi de Malthus » à propos de l'exemple précédent, car c'est Malthus qui avait avancé l'idée que la population croissait « exponentiellement », les ressources ne croissant qu'à un rythme bien plus lent (ici l'intervalle séparant deux « instants » correspond à la durée de temps nécessaire au passage d'une génération à l'autre).

Intérêt et capitalisation

On suppose qu'un individu dispose d'une somme S, qu'il place à la caisse d'épargne au taux d'intérêt annuel i. Au bout d'un an, il disposera donc de la somme initiale S, plus les intérêts versés, iS. Donc, au total, il disposera d'une somme : $S + iS$, que l'on peut écrire :

$$S\,(1) = (1 + i)\,S.$$

Si l'individu place $S\,(1)$ à nouveau, toujours au taux i, au bout d'un an il disposera de :

$$S\,(2) = (1 + i)\,S\,(1) = (1 + i)\,(1 + i)\,S = (1 + i)^2\,S.$$

Plus généralement, si l'individu continue à replacer, au même taux d'intérêt, la somme capitalisée aux périodes précédentes, alors il disposera à la t-ième année de la somme[1] :

$$S\,(t) = (1 + i)^t S.$$

On est donc en présence d'une progression géométrique de premier terme S et de raison $1 + i$. On dit que *la somme capitalisée croît exponentiellement*, au taux i. Notons que, par rapport à l'exemple précédent, la croissance est bien plus faible (sauf si le taux d'intérêt est très élevé).

1. Par récurrence : on a vu que $S\,(1) = (1 + i)\,S$. Supposons que l'on ait (hypothèse de récurrence) : $S\,(t-1) = (1 + i)^{t-1}S$. Placée au taux i, la somme $S\,(t-1)$ deviendra, en t : $S\,(t) = (1 + i)\,S\,(t-1)$. Donc, en raison de l'hypothèse de récurrence : $S\,(t) = (1 + i)\,(1 + i)^{t-1}\,S = (1 + i)^t S$; c'est la relation donnée.

La fonction exponentielle associée à ce processus de capitalisation est (à une constante multiplicative près) :

$$f(t) = (1 + i)^t$$

mais, comme dans le cas précédent, elle ne s'applique qu'à des t entiers.

Valeur actuelle d'un échéancier de recettes et de dépenses

On s'intéresse maintenant au problème inverse du précédent. Au lieu de se placer du point de vue de l'épargnant, on adopte celui de l'investisseur. Supposons que celui-ci prévoit qu'il recevra, à l'instant t, une recette résultant de son investissement (par exemple : construction d'une usine, ou achat d'une machine, pour produire des biens). Il est évident que cela n'est pas pareil que de disposer d'une somme maintenant ou de la même somme dans le futur. Ainsi, si on se sert du même raisonnement que dans le paragraphe précédent, on peut dire que $R(1)$, par exemple, est équivalent à une somme R disponible en $t = 0$ (moment de l'investissement), telle que :

$$R(1) = (1 + i)\, R$$

En effet, R placée au taux i, devient, en $t = 1$, $(1 + i)R$ (d'où l'égalité ci-dessus). On dit que R est la *valeur actuelle* de la somme $R(1)$ disponible en $t = 1$. Soit, comme $R = R(1) / (1 + i)$:

$$\text{valeur actuelle de } R(1) = \frac{R(1)}{1 + i}$$

Si le taux d'intérêt est positif, ce que l'on peut supposer, on voit que la valeur actuelle de $R(1)$ est inférieure à sa valeur courante, ce que l'on peut considérer comme normal : mieux vaut disposer tout de suite, plutôt que dans le futur, d'une somme donnée ; car cette somme peut toujours être placée, et donc rapporter un intérêt (d'où le terme $1 + i$ apparaissant dans la définition ci-dessus).

Plus généralement, la valeur actuelle d'une somme $R(t)$ disponible en t, le taux d'intérêt annuel i étant constant entre 0 et t, sera donnée par :

$$\frac{R(t)}{(1 + i)^t}$$

Si on suppose que les recettes futures sont constantes, soit $R(t) = R$ pour tout t, alors la valeur actuelle de la recette R disponible en t est :

$$\frac{R}{(1+i)^t}$$

Cette valeur actuelle suit donc une progression géométrique de premier terme R et de raison $1/(1 + i)$.

Mais, dans le cas présent, l'investisseur cherchera à *additionner* ces valeurs actuelles de ses recettes futures, afin de comparer la somme obtenue à la valeur de l'investissement qu'il envisage de faire. Nous allons donc nous intéresser maintenant au problème de la somme des termes d'une progression géométrique.

Somme des termes d'une progression géométrique

Considérons la progression géométrique définie par :

$$f(t) = a^t \qquad \text{où } t \in \mathbb{N}.$$

On cherche à déterminer la valeur de la somme :

$$s(t) = 1 + a + a^2 + a^3 + ... + a^t.$$

Pour cela, on fait le produit de $s(t)$ par a ; soit :

$$as(t) = a + a^2 + a^3 + ... + a^t + a^{t+1}.$$

Si on fait la différence entre $s(t)$ et $as(t)$, on voit que tous les termes intermédiaires (a, a^2, ..., a^t) disparaissent : seuls les termes « extrêmes », 1 et a^{t+1}, demeurent. Soit :

$$s(t) - as(t) = 1 - a^{t+1}.$$

Donc,

$$s(t)\,(1 - a) = 1 - a^{t+1}.$$

Soit, si a est différent de 1 :

$$s(t) = (1 - a^{t+1})/(1 - a).$$

Si $a = 1$, on a :

$$s(t) = 1 + 1 + 1 + ... + 1 = t + 1.$$

Ainsi, si on revient à l'exemple précédent, somme des recettes actualisées :

$$\underset{\text{recette actualisée de la première période}}{\frac{R}{1+i}} + \underset{\text{recette actualisée de la deuxième période}}{\frac{R}{(1+i)^2}} + \dots + \underset{\text{recette actualisée de la t-ième période}}{\frac{R}{(1+i)^t}}$$

Soit :

$$\frac{R}{(1+i)}\left(1+\frac{1}{1+i}+\dots+\frac{1}{(1+i)^{t-1}}\right).$$

D'où, en se servant de la formule établie précédemment, la raison a étant ici égale à $1/(1+i)$:

$$\frac{R}{1+i}\left(\frac{1-\dfrac{1}{(1+i)^t}}{1-\dfrac{1}{1+i}}\right)$$

Soit, en simplifiant :

$$\frac{R}{i}\left(1-\frac{1}{(1+i)^t}\right).$$

Comme $1/(1+i)$ est strictement inférieur à 1 (si i est strictement positif), alors $1/(1+i)^t$ tend vers 0 lorsque t tend vers l'infini — nous le montrerons dans un chapitre ultérieur, même si cela est très « intuitif » — et, par conséquent, la somme des recettes actualisées, si celles-ci existent indéfiniment, tend vers R/i. Par exemple, si $i = 10\,\%$, alors cette somme est égale à $R/10\,\% = 10R$. La valeur actuelle d'un flux de revenu constant, et sans date limite, est donc égale à *10 fois* ce flux annuel, lorsque le taux d'intérêt est de 10 % (plus généralement, il est multiplié par $1/i$ lorsque le taux d'intérêt est i).

Le passage à la fonction exponentielle

Considérons la fonction $f(n)$ définie par :

$$f(n) = a^n$$

où $n \in \mathbb{N}$. Ici, n joue le rôle de la variable t précédente : nous changeons de notation, la lettre n étant d'un usage plus courant.

On voit que :

$$a \cdot a^n = a^{n+1},\; a \cdot a^{n+1} = a \cdot a \cdot a^n = a^2 a^n = a^{n+2}$$

soit, plus généralement :

$a^m a^n = a^{m+n}$, où m et n sont des entiers strictement positifs.

Ce qui peut s'écrire :

$$f(m)\, f(n) = f(m+n).$$

C'est là *la propriété fondamentale de la fonction exponentielle,* qui sert à la caractériser.

Pour le moment, nous nous sommes cantonnés au cas où m et n sont strictement positifs. Abordons maintenant le cas général, en commençant par nous intéresser à ce qui se passe lorsque l'exposant est négatif.

Comme nous l'avons vu lors de l'étude de la fonction puissance, on pose :

$$1/a^n = a^{-n}.$$

Par conséquent, on a : $a^m/a^n = a^m a^{-n} = a^{m-n}$ et donc :

$$f(m)\, f(-n) = f(m-n).$$

En particulier : $f(n)\, f(-n) = f(0)$. Comme $f(n)\, f(-n) = a^n/a^n = 1$, il s'ensuit que $f(0) = 1$. Ce qui justifie l'écriture :

$$a^0 = 1.$$

Considérons maintenant le cas où on a a^x, x étant rationnel. On peut donc écrire $x = p/q$, où p et q sont des entiers. Comme $a^{p/q} = (a^{1/q})^p$, tout le problème se ramène à celui de l'existence de la « racine q-ième » de a, $a^{1/q}$, ce dont nous avons traité lors de l'étude de la fonction puissance.

Montrons que si x et x' sont deux nombres rationnels, alors

$$f(x)\, f(x') = f(x+x').$$

x et x' étant des rationnels, on a : $x = p/q$ et $x' = p'/q'$, où p, p', q et q' sont des entiers. On a donc :

$$f(x) = f(p/q) = a^{p/q} \text{ et } f(x') = f(p'/q') = a^{p'/q'}.$$

Par conséquent :

$$f(p/q)\, f(p'/q') = a^{p/q} a^{p'/q'}.$$

Soit, en réduisant au même dénominateur les deux fractions, p/q et p'/q':

$$f(p/q)\, f(p'/q') = a^{pq'/qq'}\, a^{p'q/q'q} = (a^{1/q'q})^{pq'}\, (a^{1/q'q})^{p'q}.$$

En posant $a^{1/qq'} = b$, on a:

$$f(p/q)\, f(p'/q') = b^{pq'}\, b^{p'q}.$$

Comme pq' et $p'q$ sont des entiers, on peut appliquer la formule établie dans le cas des entiers:

$$f(p/q)\, f(p'/q') = b^{pq' + p'q}$$

Soit, en tenant compte du fait que $a^{1/qq'} = b$:

$$f(p/q)\, f(p'/q') = a^{(pq' + p'q)/qq'} = a^{p/q + p'/q'} = f(p/q + p'/q').$$

Comme $p/q = x$ et $p'/q' = x'$, on a bien montré que: $f(x)\, f(x') = f(x + x')$.

Reste le cas où x est réel. Cas qui se traite de la façon habituelle, en se servant de la définition des nombres réels, en tant que limites de nombres rationnels.

En résumé:

la fonction exponentielle est caractérisée par les relations:

— $f(x)\, f(x') = f(x + x')$ pour tout x et tout x' réels

— $f(0) = 1$

— $f(1) = a$ où a est la *base* de l'exponentielle.

Sur le plan pratique, il est indispensable que le lecteur se souvienne des propriétés « opératoires » suivantes (pour tout $a > 0$):

— $a^x a^{x'} = a^{x+x'}$ ou $a^{x+x'} = a^x a^{x'}$

— $(a^x)^{x'} = a^{xx'}$ ou $a^{xx'} = (a^x)^{x'}$

— $a^x/a^{x'} = a^{x-x'}$ ou $a^{x-x'} = a^x/a^{x'}$

— $a^0 = 1$

— $a^x > 0$ pour tout $x \in \mathbb{R}$

Courbe représentative de la fonction exponentielle

La fonction exponentielle est strictement croissante si $a > 1$, strictement décroissante si $0 < a < 1$. En effet, supposons que $a > 1$ et montrons que la fonction a^x est strictement croissante. Considérons pour cela deux nombres x et x', tels que $x > x'$ et étudions le signe de la différence $a^x - a^{x'}$. Soit:

$$a^x - a^{x'} = a^x\,(1 - a^{x'-x}) \qquad \text{(puisque } a^x a^{x'-x} = a^{x+(x'-x)} = a^{x'}\text{)}.$$

Or, comme $x > x'$, $x' - x < 0$ et, par conséquent, $a^{x'-x} = 1/a^{x-x'}$ est inférieur à 1 si a l'est (la puissance positive d'un nombre supérieur à 1, soit $a^{x-x'}$, ne peut être inférieure à 1).[1] Donc, $a^{x'-x} < 1$ et $a^x > a^{x'}$ pour tout $x > x'$: la fonction est strictement croissante. Dans le cas où $0 < a < 1$, on voit, en posant $a' = 1/a$ et en se servant de résultat précédent (puisque $0 < a < 1$ implique que $a' > 1$), que la fonction est strictement décroissante.

A partir des diverses propriétés de la fonction exponentielle que nous avons établies, on peut construire son graphe (ou courbe représentative) :

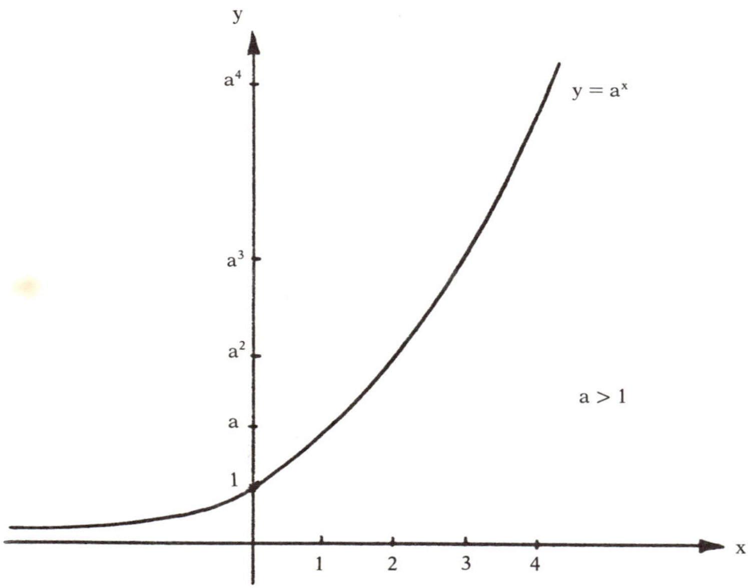

Notons, à propos de ce graphe :

— qu'il se trouve complètement au-dessus de l'axe des abscisses (la fonction exponentielle ne s'annulle pas et ne prend pas de valeur négative),

— qu'il coupe l'axe des ordonnées en $x = 0$ (avec $y = 1$, quel que soit a),

— que sa croissance est, pour $x > 0$, « rapide », tout en dépendant de la valeur de a (nous reviendrons sur ce point au chapitre VIII).

1. Pour plus de précisions, voir l'étude de $a^{1/n}$ faite au chapitre VIII.

CE QU'IL FAUT RETENIR DE CE CHAPITRE

Les formules :

$$a^x a^{x'} = a^{x+x'}$$

$$a^x / a^{x'} = a^{x-x'}$$

$$a^0 = 1$$

$$a^x > 0 \qquad \text{pour tout } x \in \mathbb{R}$$

la fonction exponentielle de base a n'étant définie que si $a > 0$. Elle est strictement croissante si $a > 1$, strictement décroissante si $0 < a < 1$.

Se rappeler de la forme de sa courbe représentative (pour $a > 1$).

Exercices (pour le corrigé, voir page 343)

1. Mettre sous la forme d'un produit de facteurs : $a^{u+v} - a^{u-v}$. Résoudre : $a^{u+v} - a^{u-v} = 0$.

2. Écrire sous une forme plus simple : $x^{1/2}\ x^{1/3}$; $x^{1/4}/x^2$; $(x^y)^z$; $(x^z)^y$.

3. Déterminer les racines des équations :

$$a^{2x} - 2a^x + 1 = 0$$

$$a^{4x} - a^9 = 0$$

4. Une somme de 1.000 F est placée pendant 4 ans au taux d'intérêt annuel $i = 5\,\%$. Quelle est sa valeur au bout de 4 ans ?

5. L'achat d'une machine coûte 10.000 F. Sachant que cette machine peut procurer une recette annuelle de 3.000 F pendant 5 ans, cet investissement est-il rentable si le taux d'actualisation est de 10 % ?

CHAPITRE VI

La fonction logarithme

La fonction logarithme est la dernière des fonctions importantes dont il est indispensable de connaître les principales propriétés. C'est peut-être celle qui apparaît comme la moins « naturelle » — ce qui explique les frissons qu'elle provoque à certains, dès qu'ils entendent parler d'elle... — mais il faut savoir que si elle a été construite, c'est avant tout pour des raisons pratiques, pour faire face à des *problèmes concrets* (notamment, pour les besoins de l'astronomie et, en particulier, pour la détermination des routes maritimes).

En ce qui nous concerne, nous allons voir comment la fonction logarithme s'introduit naturellement à partir de la fonction exponentielle, dont elle est la réciproque, comme nous le montre l'exemple suivant.

Retour à la capitalisation

Supposons que l'on place une somme S au taux d'intérêt i, pendant t années. Si le taux d'intérêt demeure constant pendant toute cette période, la somme capitalisée en t sera :

$$S\,(1 + i)^t$$

Le problème que l'on se pose est alors le suivant : au bout de combien de temps la somme ainsi placée aura-t-elle doublé ? Ce qui revient à déterminer t tel que :

$$S\,(1 + i)^t = 2S$$

donc, si $S \neq 0$, tel que :

$$(1 + i)^t = 2.$$

On voit qu'ici l'*inconnue du problème est l'exposant* t d'une fonction exponentielle. Si t est tel que :

$$(1+i)^t = 2$$

on dit que t est *le logarithme, base* $1+i$, de 2.

Remarquons que, en général, la solution t de l'équation précédente ne sera pas un nombre entier, ce qui correspond à une situation nouvelle en ce qui concerne le problème de la capitalisation (celle-ci devant tenir compte non seulement des années, mais des mois, des jours, etc.). Nous ne nous occuperons pas ici de cette question. Si on reprend les notations plus générales concernant la fonction exponentielle, on a donc la définition suivante :

Définition

On appelle *logarithme, base a,* d'un nombre b, le nombre c tel que :

$$a^c = b.$$

On note : $c = \log_a b$.

Ainsi, le logarithme base 2 de 8 est égal à 3, puisque l'on a : $2^3 = 8$. Le problème qui se pose, dans le cas général, c'est celui de savoir si le logarithme d'un nombre quelconque existe, pour une base a donnée. Nous allons donc traiter de ce problème.

La fonction logarithme de base a

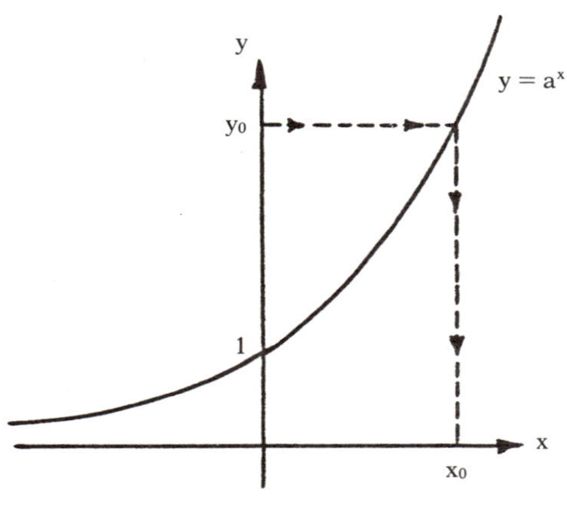

Considérons un nombre réel a, que nous supposerons strictement supérieur à 1. Représentons la fonction exponentielle a^x, étudiée dans le chapitre précédent. On voit que la courbe obtenue est strictement croissante, et qu'à tout point $y_0 > 0$ de l'axe des ordonnées on peut faire correspondre un, et un seul, x_0 tel que

$a^{x_0} = y_0$. Donc, le logarithme, base a, de y_0 est donné par x_0. Comme cela est vrai pour tout $y_0 > 0$, nous en déduisons :

tout nombre strictement positif a un, et un seul, logarithme, dans une base donnée

et

il n'existe pas de logarithme de 0 ou d'un nombre négatif

Une étude graphique, basée sur la figure précédente, permet de déduire certaines propriétés importantes de la fonction logarithme. Ainsi :

— la courbe représentative de la fonction exponentielle, base a, coupant l'axe des ordonnées en $y = 1$, il s'ensuit que :

$$\log_a 1 = 0.$$

C'est une conséquence de l'égalité : $a^0 = 1$.

— lorsque y est compris entre 0 et 1, le logarithme correspondant est négatif. Soit :

le logarithme d'un nombre compris (strictement) entre 0 et 1 est négatif.

— lorsque y « tend vers 0 », le logarithme correspondant « tend vers moins l'infini ». Soit :

le logarithme d'un nombre tendant vers 0 tend vers $-\infty$.

L'étude graphique précédente, qui a permis d'établir certaines des propriétés fondamentales des logarithmes, s'est en quelque sorte faite « à l'envers », à partir de l'étude du graphe d'une fonction exponentielle. Nous allons maintenant déterminer celui de la fonction logarithme.

Le logarithme base a, réciproque de l'exponentielle base a.

Nous avons vu que, par définition, c est le logarithme de b (à condition que $b > 0$) si :

$$a^c = b.$$

Comme on note $c = \log_a b$, en reportant dans l'égalité ci-dessus, on obtient la première *relation fondamentale* :

$$a^{\log_a b} = b$$

qui montre que *la fonction exponentielle est la réciproque de la fonction logarithme* (puisque, si on « applique » le logarithme, base a, à b, on obtient $\log_a b$ et si on « applique » ensuite l'exponentielle base a à $\log_a b$, on obtient la valeur « de départ », b).

Des deux formules apparaissant dans la définition du logarithme : $a^c = b$ et $c = \log_a b$, on tire *la deuxième relation fondamentale :*

$$\log_a a^c = c$$

qui montre que *la fonction logarithme est la réciproque de la fonction exponentielle* (puisque si on « applique » l'exponentielle base a à c et si on « applique » à a^c le logarithme base a, on obtient la valeur « de départ », c).

Ainsi, de la même façon que la fonction « racine » est la réciproque de la fonction puissance, la fonction logarithme est la réciproque de la fonction exponentielle, pour une base donnée.

Autrement dit, le passage de la fonction exponentielle à la fonction logarithme n'est pas plus difficile à comprendre, et à réaliser, que le passage de la fonction puissance à la fonction racine[1]

Graphiquement, on déduit la courbe représentative de la fonction logarithme à partir de celle de la fonction exponentielle, dans la même base, de la même façon que cela a été fait lors de l'étude de la fonction racine (symétrie par rapport à la première bissectrice).

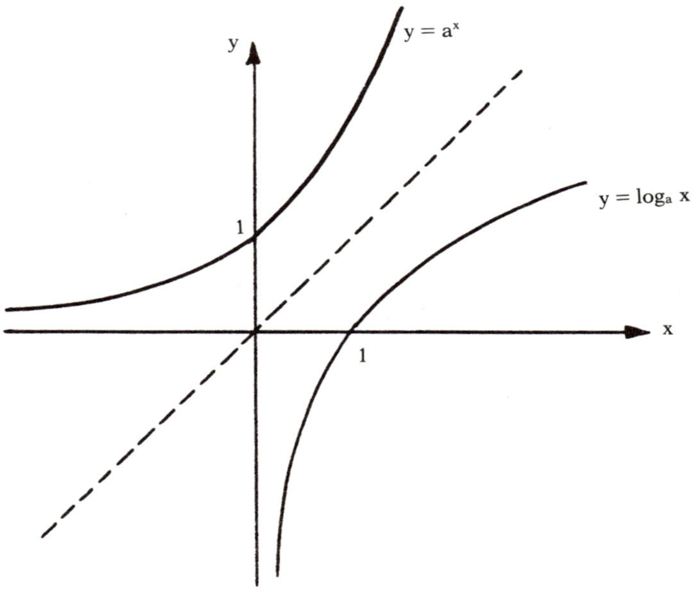

1. Évidemment, un tel passage n'est valable qu'en raison de la monotonie stricte, de la continuité et de la surjectivité, sur $\mathbb{R}_+ - \{0\}$, de la fonction exponentielle.

Notons que la fonction logarithme, pour une base $a > 1$ quelconque, est strictement croissante sur son domaine de définition, $\mathbb{R}_+ - \{0\}$.

Propriétés de la fonction logarithme

On les déduit de celles de la fonction exponentielle, dont la fonction logarithme est la réciproque. Ainsi :

— $a^0 = 1 \Rightarrow \log_a 1 = 0$

— $a^1 = a \Rightarrow \log_a a = 1$

Considérons maintenant deux nombres strictement positifs quelconques, x et x'. Il résulte de la discussion précédente que si on se donne une base $a > 0$, alors :

$$x = a^{\log_a x} \text{ et } x' = a^{\log_a x'}.$$

D'où :

$$xx' = a^{\log_a x}\, a^{\log_a x'}.$$

Soit, en se servant de la propriété fondamentale de la fonction exponentielle :

$$xx' = a^{\log_a x + \log_a x'}.$$

Par définition même du logarithme d'un nombre, il résulte de l'égalité ci-dessus que l'exposant de a, (le c de la définition), $\log_a x + \log_a x'$, est le logarithme, de base a, de xx' (qui joue le rôle du b de la définition) ; soit :

$$\log_a xx' = \log_a x + \log_a x'.$$

C'est la *propriété fondamentale* caractérisant la fonction logarithme : *le logarithme d'un produit est égal à la somme des logarithmes des termes du produit.*

Cette propriété constitue l'un des intérêts de la fonction logarithme : elle permet de « transformer », en quelque sorte, des produits en des sommes, et donc de « réduire l'échelle » de référence. Ceci est notamment important en économie, lorsqu'on étudie l'évolution sur de très longues périodes d'indices relatifs, par exemple, au prix ou à la quantité produite d'un bien. Ainsi, si un indice passe de 100 à 1000, son logarithme, en base 10, passe de 2 (puisque $100 = 10^2$) à 3 (puisque $1000 = 10^3$). Du papier à échelle logarithmique permet de représenter de telles évolutions.

De la propriété fondamentale on tire, si $x \neq 0$:

$$\log_a(1/x) = -\log_a x.$$

Cela découle, tout simplement, de ce que $\log_a\left(x \cdot \frac{1}{x}\right) = \log_a 1 =$ 0 et de ce que $\log_a\left(x \cdot \frac{1}{x}\right) = \log_a x + \log_a\left(\frac{1}{x}\right)$ (donc $\log_a x + \log_a\left(\frac{1}{x}\right) = 0$).

Pour terminer avec la fonction logarithme, établissons la formule dite « du changement de base », qui nous sera quelquefois utile par la suite.

Formule du changement de base

Considérons les fonctions exponentielles de bases différentes :

$$a^x \text{ et } b^x.$$

Par définition du logarithme, on a :

$$a^{\log_a c} = c \text{ pour } c \text{ quelconque strictement positif.}$$

De même, si $a > 0$:

$$a = b^{\log_b a}.$$

Soit, en remplaçant a par cette expression dans l'équation précédente, on obtient :

$$(b^{\log_b a})^{\log_a c} = c$$

Soit :

$$b^{\log_b a \cdot \log_a c} = c$$

ce qui nous montre, par définition même de la fonction logarithme base b ; que :

$$\log_b c = \log_b a \cdot \log_a c.$$

C'est la formule de changement de base : le logarithme dans la « nouvelle » base, b, est égal au produit du logarithme dans l'« ancienne » base, a, et du logarithme de l'« ancienne » base dans la « nouvelle ». Enfin, par un raisonnement semblable, on montre que $\log_a b^x = x\log_a b$. Pour cela, on se sert du fait que $b = a^{\log_a b}$; d'où : $\log_a b^x = \log_a (a^{\log_a b})^x = \log_a (a^{x\log_a b}) = x\log_a b$ (par définition de la fonction logarithme, réciproque de l'exponentielle). C'est le résultat annoncé.

CE QU'IL FAUT RETENIR DE CE CHAPITRE

— le logarithme n'est défini que pour des nombres strictement positifs
— $\log_a xx' = \log_a x + \log_a x'$
— $\log_a 1 = 0$
— $\log_a b^x = x \log_a b$
— $a^{\log_a b} = b$

Exercices (pour le corrigé, voir page 344)

1. Calculer : $\log_3 9$, $\log_{10} 100$, $\log_{100} 10$, $\log_8 2$
2. Résoudre les équations :

• $\log_a (x^2 - 3x + 3) = 0$
• $(\log_a x)^3 - 6 \log_a x + 5 = 0$

3. Donner la relation liant :

• $\log_a b$ et $\log_b a$
• $\log_a b$ et $\log_{1/a} b$.

TROISIÈME PARTIE

La notion de limite

Avec celle de fonction, la notion de limite est au centre de l'analyse mathématique moderne. Depuis fort longtemps, elle était « sentie » par les mathématiciens, sans qu'ils arrivent à la cerner complètement. C'est ainsi que les penseurs grecs de l'Antiquité avaient construit un certain nombre de paradoxes au cœur desquels il y avait un problème de limite (et de continuité). Le plus célèbre d'entre eux était celui d'Achille et de la tortue : parti après elle, Achille ne devrait théoriquement jamais la rattraper, même si la distance les séparant diminue, car la tortue continue à avancer lorsqu'il court après elle.

En fait, il a fallu attendre le dix-neuvième siècle pour que la notion de limite soit définie sans ambiguïté, faisant l'accord de tous les mathématiciens. Il est vrai que Leibniz et Newton avaient apporté une contribution importante en « inventant » le calcul différentiel, basé sur l'étude de limites ; mais, même si ce calcul s'est révélé un puissant moyen « opérationnel » (notamment pour ingénieurs, physiciens et astronomes), ses bases théoriques sont longtemps restées floues, tout au moins si on en juge avec nos critères actuels. Newton, lui-même, a donné trois définitions différentes de son concept de « fluxion », ce qui reflète une réelle gêne de sa part. D'ailleurs, même aujourd'hui, on trouve encore des traces de ce flou conceptuel chez les « utilisateurs de mathématiques », tels les économistes, notamment lorsqu'ils manipulent des différentielles. Mais, heureusement, ces traces disparaissent peu à peu, les nouvelles générations d'économistes ayant reçu un enseignement en mathématiques plus rigoureux et cohérent.

Tout cela pour dire que si la notion de limite a mis des siècles à être « accouchée », c'est parce qu'elle n'est pas « évidente », même si, intuitivement, on peut entrevoir sa signification. C'est pourquoi nous avons cherché à l'introduire le plus progressivement possible : d'abord par quelques exemples concrets, qui en montrent l'intérêt ; puis en faisant appel aux suites, cas théorique le plus simple ; enfin, en abordant le cas général, relatif aux fonctions, ce qui amènera à traiter de la continuité.

Cette partie est, incontestablement, la plus difficile de cet ouvrage, notamment en raison de son caractère très théorique, et relativement peu « calculatoire » : le lecteur ne doit pas trop se décourager à sa lecture. Même si plusieurs points demeurent obscurs pour lui, il devrait pouvoir aborder les parties suivantes, quitte à revenir en arrière lorsqu'il en sentira la nécessité ; en général, un tel va-et-vient facilite la compréhension et l'assimilation des principaux concepts et résultats, l'habitude aidant.

CHAPITRE VII

Intérêt de la notion de limite

Le but de ce chapitre est de donner quelques exemples montrant comment la nécessité de faire appel à des limites peut surgir lors de l'étude de problèmes concrets importants (mesure de longueurs et surfaces, tangente étroit entre les notions de limite et d'infini.

1. Mesure de la longueur d'un arc de courbe

Si on veut mesurer la longueur d'un segment de droite, on peut utiliser une règle graduée, elle-même construite en se référant au célèbre « mètre-étalon ». Bien entendu, la précision de cette mesure dépend de la gradation utilisée.

Or, lorsqu'on est en présence non pas d'une droite, mais d'une courbe, ce type de mesure pose problème. Car il n'existe pas de « mètre courbe », ne fut-ce que parce qu'il existe une infinité de « courbures » possibles. C'est pourquoi on préfère, en quelque sorte, se rapporter au cas linéaire, en procédant *par approximation,* comme dans l'exemple suivant.

On considère un « arc de courbe » *AB* quelconque. Le segment de droite *AB,* mesuré grâce à une règle graduée, donne une première idée sur la longueur de cet arc.

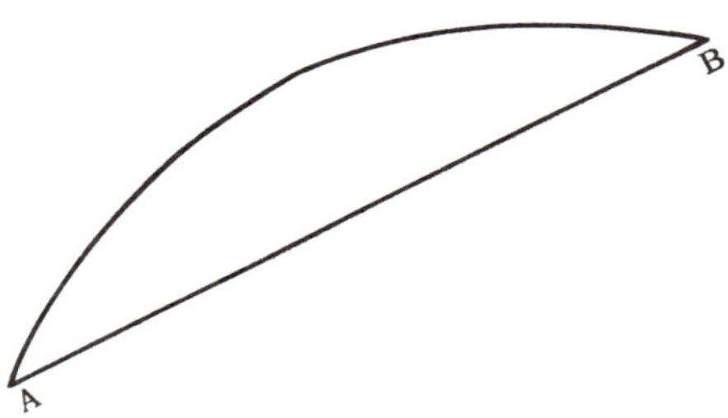

Si on veut avoir une meilleure approximation de cette longueur, alors on peut « inscrire » une ligne brisée dans l'arc AB. Par exemple, en élevant une perpendiculaire au milieu H du segment AB. Cette perpendiculaire coupe la courbe en un point U_1 ; la somme des longueurs des segments AU_1 et U_1B donne également une approximation, meilleure que la précédente, de la longueur de l'arc AB. On peut améliorer cette approximation, en élevant une perpendiculaire au milieu des segments AU_1 et U_1B, et obtenir la ligne brisée $AU_2U_1U_3$, dont on peut mesurer la longueur.

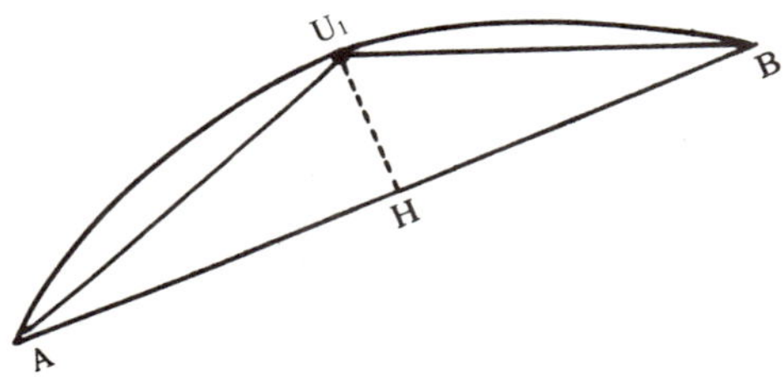

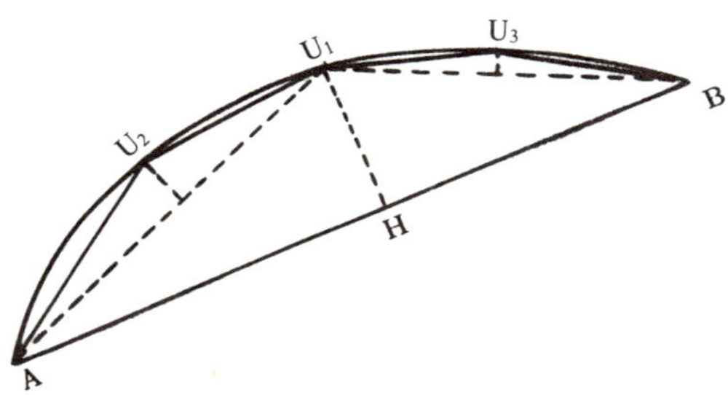

Théoriquement, on peut continuer à appliquer « indéfiniment » cette méthode ; il est évident que plus on l'applique, et plus l'approximation sera bonne. De façon un peu vague, on peut dire que, « à la limite », on obtient la longueur de l'arc AB, même si cette « limite » n'est jamais atteinte, puisque le processus n'a pas de fin.

Ce premier exemple nous permet d'entrevoir l'intérêt de la notion de limite, ainsi que son lien avec celle d'infini.

2. Mesure d'une aire (ou surface)

Considérons l'aire hachurée représentée dans le haut de la page 81. Si on veut mesurer cette aire, on peut commencer par l'approcher en calculant celle du rectangle $AHCD$, en faisant le produit des longueurs des segments AC et CD. Mais si on considère que cette approximation n'est pas suffisante on peut l'améliorer en divisant en deux le segment CD et en construisant deux

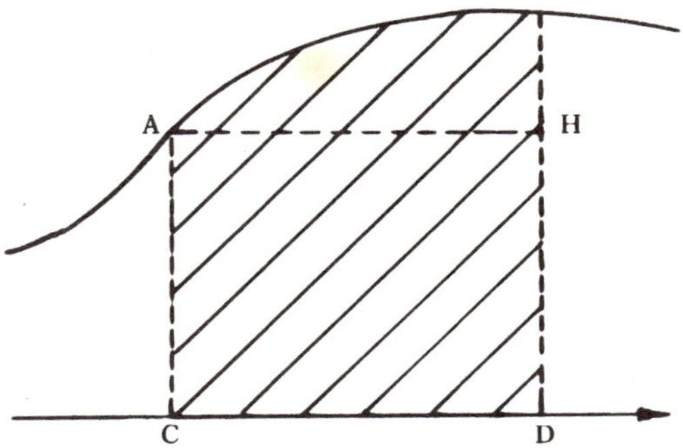

rectangles « inscrits » dans la surface, comme cela est fait dans le dessin ci-dessous.

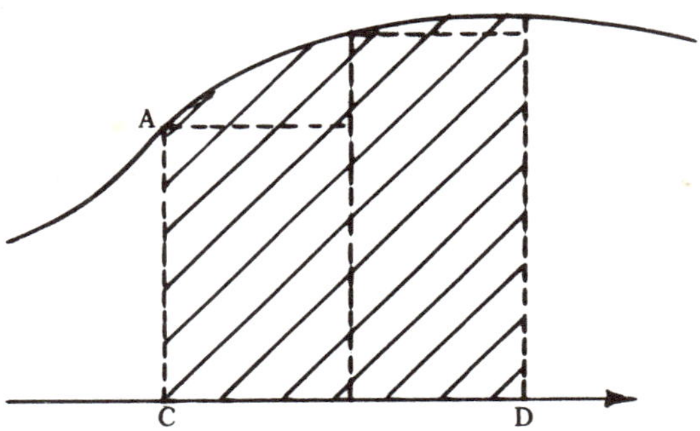

Mais on aurait pu également diviser ce segment en 4, 8, 16, ... morceaux d'égale longueur, et obtenir ainsi une meilleure approximation. Comme précédemment, on peut dire que la surface recherchée est la « limite » de ce processus, à condition de le continuer « indéfiniment ».

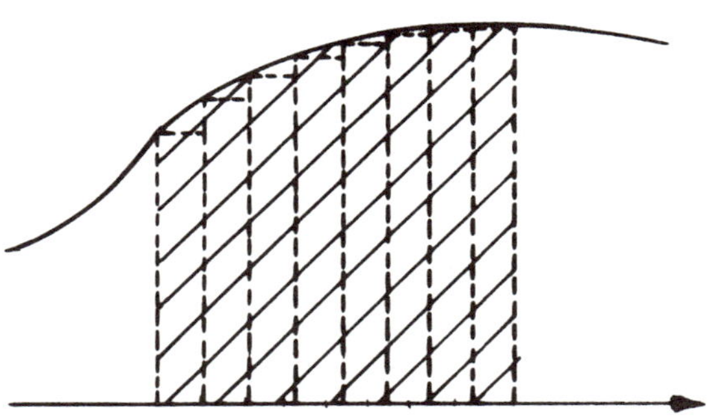

Ces deux exemples appellent un certain nombre de remarques.

Remarques :

— dans la mesure où la longueur, ou la surface, considérée ne peut être obtenue même « au bout d'un certain temps », elle ne peut être mesurée qu'approximativement, même si on peut « indéfiniment » améliorer la qualité de l'approximation ;

— pour que cette longueur, ou cette surface, soit définie de façon précise, il ne faut pas qu'elle dépende de la méthode d'approximation utilisée ; ainsi, dans les exemples précédents, il ne faut pas qu'elle dépende de la façon dont sont faits les découpages. Ce qui est le cas, en général, comme le montre l'un des théorèmes fondamentaux de l'intégration ; nous reviendrons sur ce point au chapitre XII.

Les deux exemples précédents, avec des sommes d'un nombre « de plus en plus grand » d'éléments « de plus en plus petits », relèvent en fait de la théorie de l'intégrale, alors que les deux exemples suivants relèvent de celle de la dérivée, même si ces théories sont les deux aspects d'une même approche.

3. Tangente à une courbe

On considère la courbe ci-dessous et on suppose qu'un « véhicule » parcourt cette courbe, tel un chariot sur un rail. On se pose alors la question suivante : quelle est la direction prise par le véhicule lorsqu'il atteint le point B, là où finit le rail ?

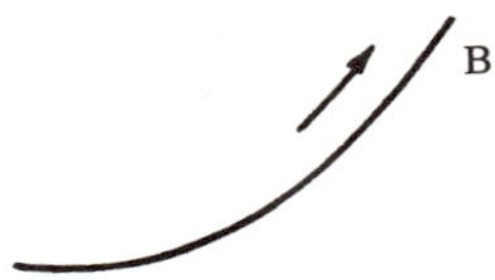

Pour déterminer cette direction, relativement au système d'axes de référence, on peut commencer par prendre un point « proche » de B, par exemple C. La pente de la « corde » CB nous donne une idée de cette direction. Évidemment, plus C est proche de B, plus l'approximation sera bonne. La direction recherchée sera donnée par la pente de la « corde limite », lorsque C se rapproche « indéfiniment » de B. Cette « corde limite » est appelée *la tangente* en B à la courbe considérée[1].

1. La courbe n'étant ici définie qu'« à gauche » de B, on parle donc de « tangente à gauche » de B.

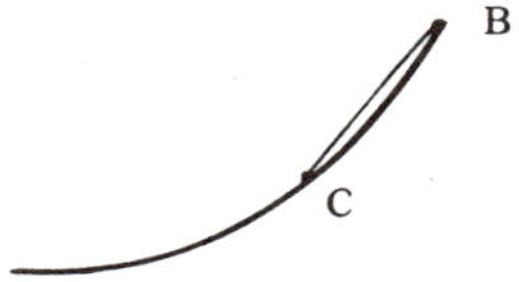

La pente de la « corde » *CB* étant donnée par le rapport des longueurs de *BH* et *CH*, (soit : *HB*/*CH*), la pente de la tangente en *B* est donnée, par définition, par la limite de *HB*/*CH* lorsque *CH* tend vers 0 (à condition que cette limite existe).

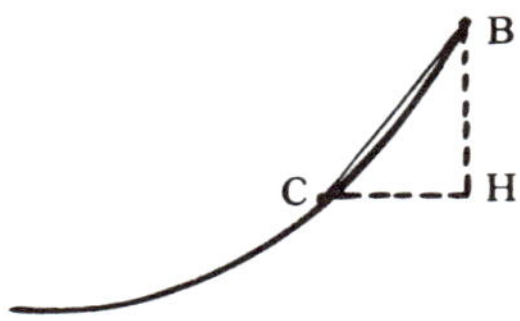

On voit que, dans ce cas, la limite qui nous intéresse est le résultat d'un *rapport* de deux quantités qui deviennent « infiniment petites », alors que dans les deux exemples précédents on s'occupait de « sommes infinies » de quantités « infiniment petites ».

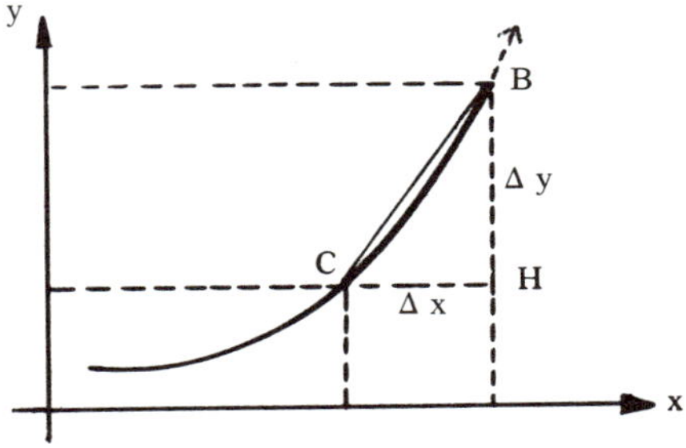

Comme *CH* peut être mesuré sur l'axe des abscisses (des x), on le note habituellement Δx ; de même, on note Δy la longueur *HB* (le symbole Δ signifiant « variation »). La pente de la tangente (« corde limite ») est donc donnée par la limite de $\Delta y/\Delta x$, lorsque Δx tend vers 0. On note :

$$\textit{pente de la tangente} = \underset{\Delta x \to 0}{\text{limite}} \frac{\Delta y}{\Delta x}$$

Cette formule vaut, évidemment, pour n'importe quel point de la courbe, à condition que la limite considérée existe.

4. Vitesse « instantanée » d'un objet

On considère un objet quelconque, véhicule ou particule, par exemple, qui se déplace sur une droite, et on étudie sa vitesse. Pour cela, on peut commencer à prendre deux points quelconques sur cette droite, *A* et *B*, et calculer le temps mis pour aller de *A* à *B*. Ce temps est donné par la différence $t_B - t_A$, où t_A est l'instant du passage en *A*, t_B celui du passage en B.

Dans ces conditions, par définition, *la vitesse moyenne* entre *A* et *B* est donnée par le rapport $\frac{AB}{t_B - t_A}$, où *AB* est la longueur du segment *AB*.

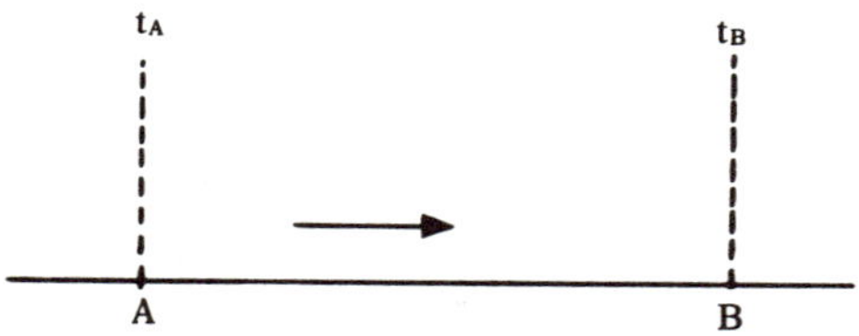

Ceci étant, cette vitesse moyenne peut résulter d'effets très divers ; par exemple, il se peut que le véhicule aille « plus vite » sur le segment *AC*, et « plus lentement » sur le segment *CB*. Afin d'en tenir compte, on peut calculer les vitesses moyennes sur les segments *AC* et *CB*, soit :

$$\frac{AC}{t_C - t_A} \quad \text{et} \quad \frac{CB}{t_B - t_C}$$

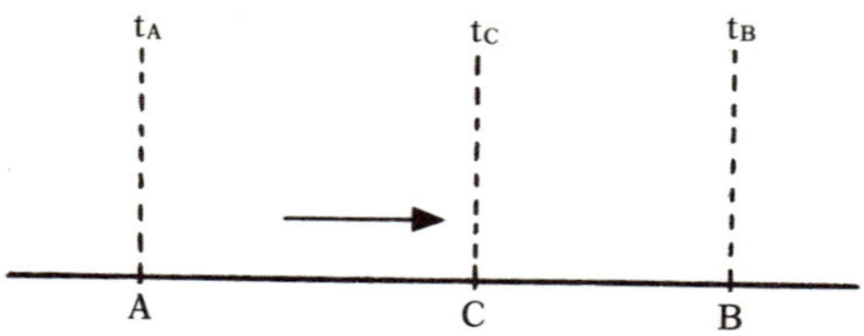

On a ainsi une meilleure idée sur la façon dont se déplace l'objet, mais on peut vouloir avoir une idée encore plus précise sur ce qui se passe sur *AC* et sur *CB*, etc. C'est pourquoi on cherche à définir la notion de « vitesse instantanée » en un point quelconque de *AB*, par exemple le point *C*. Pour cela, on considère un point *H* « proche » de *C* ; la vitesse moyenne sur le segment *HC* étant donnée par :

$$\frac{HC}{t_C - t_H}$$

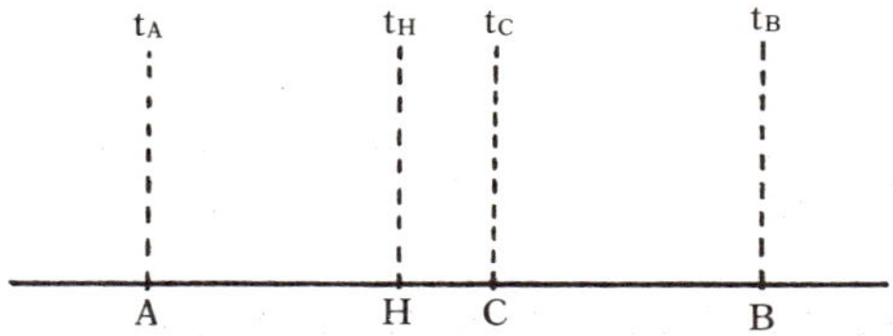

on fait tendre *HC* vers zéro ; il en sera de même pour $t_C - t_H$, sauf si l'objet ne bouge pas, ce que l'on exclut ici ; si le rapport :

$$\frac{HC}{t_C - t_H}$$

a une limite lorsque ces deux termes tendent vers 0, alors on dit que cette limite est la *vitesse instantanée* en *C* de l'objet considéré. Cette notion de vitesse instantanée, rapport de deux « infiniment petits », est évidemment une notion abstraite, théorique, qui ne peut qu'être approchée. Ainsi, le compteur d'une voiture ne la mesure qu'en considérant la vitesse moyenne sur un tout petit intervalle, donné, par exemple, par l'espace séparant deux « dents » d'une roue dentée (celle qui relie le mouvement des roues à celui du vélocimètre) ; par conséquent, l'aiguille donnant la vitesse est en fait soumise à de « petites sacades », invisibles à l'œil nu.

Dans le cas présent, si la distance parcourue est mesurée par la variable *x*, le temps l'étant par la variable *t*, la vitesse instantanée est donnée par :

$$\underset{\Delta t \to 0}{\text{limite}} \frac{\Delta x}{\Delta t}$$

On a, comme précédemment, un rapport d'« infiniment petits ». Lorsque cette limite existe, on l'appelle *la dérivée* de la fonction traduisant le mouvement du véhicule. Nous reviendrons plus loin sur cette notion.

Après avoir introduit de façon « intuitive » la notion de limite, et montré son utilité, nous allons chercher à la définir de façon plus rigoureuse (afin de ne plus avoir besoin de faire appel à de guillemets, comme précédemment). C'est le but du prochain chapitre.

CHAPITRE VIII

Limite d'une suite

Nous allons commencer par l'étude des suites, car c'est là le moyen le plus simple, et « intuitif », d'introduire la notion de limite.

Une suite est une fonction dont l'ensemble de départ est l'ensemble des nombres naturels et dont l'ensemble d'arrivée est, en général, l'ensemble des nombres réels, $\mathbb{R}$.

On peut donc la noter :

$$f : n \in \mathbb{N} \dashrightarrow f(n) \in \mathbb{R}$$

L'image par f d'un élément quelconque, n, de l'ensemble de départ $\mathbb{N}$ s'écrit donc $f(n)$. Ainsi, $f(0)$, $f(1)$, $f(2)$, ..., $f(n)$, ... donnent les images de 0, 1, 2, ..., n, ... Évidemment, si on connaît toutes ces images, on connaît la suite. C'est pourquoi, l'habitude a été prise de caractériser les suites par leurs éléments-image, notés u_n, plutôt que $f(n)$. Autrement dit, la suite est donnée par l'ensemble (ayant un nombre infini d'éléments) :

$$\{u_0, u_1, u_2, ..., u_n, ...\}$$

que l'on écrit, sous une forme plus ramassée : $(u_n)_{n \in \mathbb{N}}$, ou, encore plus simplement, (u_n), les parenthèses nous rappelant qu'on est en présence d'un ensemble ayant une infinité d'éléments.

Les éléments d'une suite sont, en général, caractérisés de la façon suivante :

— soit on donne leur forme, en fonction de n (on précise la fonction f) ; par exemple, en posant $u_n = 1/n$, pour $n > 0$, ou $u_n = q^n$ (progression géométrique) ;

— soit on se donne une relation, dite *de récurrence*, entre les éléments successifs de cette suite ; par exemple, en posant $u_n = au_{n-1}$ ou $u_n = u_{n-1}/u_{n-2}$.

Le premier cas est plus facile à traiter, puisqu'on y connaît directement la forme de u_n, alors que le second peut poser de sérieux problèmes. Mais il n'est pas possible de le rejetter, car des relations de récurrence apparaissent souvent lorsqu'on étudie des phénomènes où des événements passés influencent le comportement présent (par exemple : la consommation passée influence la consommation présente).

Remarque

Dans la présentation précédente, nous avons utilisé la lettre n pour caractériser les suites. Mais, bien entendu, on peut recourir à d'autres lettres. Ainsi, lorsqu'on étudie l'évolution dans le temps d'une variable (consommation, investissement, revenu, etc.), on fait plutôt appel à la lettre t. Par exemple, l'évolution de la consommation, à partir d'une date « initiale » quelconque, sera donnée par la suite $(c_t)_{t \in \mathbb{N}}$. Dans le chapitre V, nous avons rencontré de telles suites, lors de l'étude de la « loi de Malthus » $((a \cdot 2^t))$ ou de la « capitalisation $((1 + i)^t)$.

Suites croissantes, décroissantes, majorées, minorées

On dit qu'une suite est *croissante* si on a $u_{n+1} \geq u_n$ pour tout $n \in \mathbb{N}$ (*strictement croissante* si l'inégalité est stricte).

Si les termes de cette suite sont tous strictement positifs, alors le critère $u_{n+1} \geq u_n$ est équivalent au critère : $u_{n+1}/u_n \geq 1$.

Une suite est *décroissante* si on a $u_{n+1} \leq u_n$ pour tout $n \in \mathbb{N}$ (*strictement décroissante* si l'inégalité est stricte).

Remarquons qu'une suite peut n'être ni croissante, ni décroissante. Par exemple : $u_n = (-1)^n$ (elle « oscille » entre 1 et - 1).

Une suite est *majorée* s'il existe un nombre M tel que : $u_n \leq M$, quel que soit $n \in \mathbb{N}$. Elle est *minorée* s'il existe un nombre m tel que $m \leq u_n$, quel que soit $n \in \mathbb{N}$.

Limite de u_n lorsque n tend vers l'infini

Commençons par un exemple simple, qui nous permettra de mieux comprendre la définition générale. Pour cela, considérons la suite (u_n) définie par $u_n = 1/n$.

« On voit que » lorsque n « tend vers l'infini », alors u_n « tend » vers 0. Il va falloir préciser ce qu'on entend par là. Dire que « n tend vers l'infini » revient à dire que n peut devenir « aussi grand que l'on veut » ; autrement dit, que l'on peut prendre n supérieur à n'importe quel nombre donné, même si celui-ci est très grand. Dire que u_n tend vers 0 lorsque n tend vers l'infini revient à dire que l'on peut rendre « aussi petite que l'on veut » la distance entre u_n et 0, à condition de prendre n suffisamment grand. Évidemment, dans le cas de nombres, la « distance » qui les sépare est donnée par la valeur absolue de leur différence (on prend la valeur absolue pour s'assurer que cette distance n'est pas négative). Par exemple, la distance entre u_n et 0 est donnée par $|u_n - 0|$.

Montrons donc que, dans le cas où $u_n = 1/n$, alors $|u_n - 0|$ peut être rendue « aussi petite que l'on veut », à condition de choisir n suffisamment grand. Commençons par remarquer que dans le cas présent, comme $u_n = 1/n$, et comme $1/n$ est toujours positif (puisque n l'est), on a :

$$|u_n - 0| = \left|\frac{1}{n} - 0\right| = \frac{1}{n}$$

Notre problème consiste donc à montrer que $1/n$ devient « aussi petit que l'on veut » lorsque n tend vers l'infini. Considérons un nombre très petit, par exemple 1/1.000.000, autrement dit : $1/10^6$. On voit immédiatement que si on choisit n supérieur à 10^6, alors $1/n$ est forcément inférieur à $1/10^6$. Ce que l'on peut noter :

$$n > 10^6 \Rightarrow 1/n < 1/10^6.$$

Or, ce raisonnement peut être répété avec n'importe quel nombre, aussi petit soit-il (mais différent de 0). C'est pourquoi on va traiter du cas général, où ce nombre est quelconque, mais strictement supérieur à 0. Le symbole mathématique utilisé habituellement pour désigner un nombre auquel on peut donner une valeur aussi petite que l'on veut est la lettre grecque ε (epsilon). Soit donc un nombre ε (> 0) donné. On voit immédiatement que :

$$n > 1/\varepsilon \Rightarrow 1/n < \varepsilon.$$

Par conséquent, quel que soit $\varepsilon > 0$, on peut rendre $1/n$ inférieur à ε, à condition de choisir n supérieur à $1/\varepsilon$. Cet exemple devrait permettre de mieux comprendre la définition de la limite, que nous allons donner à la page suivante.

Avant de le faire, remarquons que dans l'exemple précédent, le « seuil » que doit dépasser n pour que $1/n$ soit inférieur à ε dépend, en général, de la valeur donnée à ε (plus ce dernier sera petit, plus le « seuil » sera grand). C'est pourquoi on note n_ε ce « seuil ». Dans l'exemple précédent, ce dernier était, pour ε donné, égal à $1/\varepsilon$. Soit : $n_\varepsilon = 1/\varepsilon$.

Le lecteur peut vérifier que si la suite considérée est $u_n = 1/n^2$, alors :

$$n > 1/\sqrt{\varepsilon} \Rightarrow 1/n^2 < \varepsilon$$

le rôle de n_ε étant joué ici par $1/\sqrt{\varepsilon}$.

Cas général

On considère une suite quelconque (u_n) et un nombre ℓ ; ce dernier est la limite de (u_n) si on peut rendre la distance $|u_n - \ell|$ aussi petite que l'on veut, à condition que n soit suffisamment grand. Plus précisément, on reprend la démarche de l'exemple précédent, en se donnant un nombre strictement positif ε, qui peut être « aussi petit que l'on veut », et l'on cherche à savoir s'il existe un « seuil » n_ε tel que, si n dépasse ce seuil, alors $|u_n - \ell|$ est inférieur à ε.

D'où la définition suivante :

Définition (limite d'une suite)

On dit qu'une suite (u_n) *converge* vers la limite ℓ si pour tout $\varepsilon > 0$ il existe un nombre (dépendant de ε) n_ε tel que :

$$n > n_\varepsilon \Rightarrow |u_n - \ell| < \varepsilon.$$

L'avantage essentiel de cette définition c'est qu'elle évite toute référence à la notion d'« infini » (même si rien n'empêche de prendre ε « aussi petit que l'on veut » et n_ε « aussi grand que l'on veut »). Ce qui en fait la difficulté, c'est son caractère abstrait (aucune « formule » n'y intervenant), dû à son niveau de généralité. Notons aussi que l'« inconnue » n'est pas ici ε, qui est supposé *donné* (tout en étant quelconque), mais n_ε : compte tenu du sens de l'implication logique, c'est sans doute là une autre source de difficulté (l'inconnue se trouvant « à gauche » de la flèche, dans la prémisse, en quelque sorte).

Remarquons qu'il résulte de cette définition qu'une suite ne peut avoir deux limites différentes. Ce qui apparaît évident « intuitivement » (on ne peut simultanément s'approcher d'« aussi près que l'on veut » de deux valeurs différentes), mais qui se démontre très facilement. Pour cela on fait « un raisonnement par l'absurde », en supposant que u_n tend, à la fois, vers deux limites, ℓ et ℓ'. On considère alors un nombre $\varepsilon > 0$ quelconque. Comme la suite converge vers ℓ et vers ℓ', il existe n_ε tel que si $n > n_\varepsilon$, on a :

$$|u_n - \ell| < \varepsilon \text{ et } |u_n - \ell'| < \varepsilon$$

Mais comme (cf. chapitre II : $|a + b| < |a| + |b|$) :

$$\ell - \ell' = \ell - u_n + u_n - \ell' \Rightarrow |\ell - \ell'| \leq |\ell - u_n| + |u_n - \ell'|.$$

on a, pour tout $n > n_\varepsilon$:

$$|\ell - \ell'| < 2\varepsilon$$

Comme cette dernière inégalité est vraie pour tout $\varepsilon > 0$, aussi petit que l'on veut, il s'ensuit que $\ell = \ell'$. En effet si $|\ell - \ell'|$ était non nul, égal à a, par exemple, il suffirait de prendre $\varepsilon = a/3$ pour que l'inégalité ci-dessus ne soit pas vérifiée (on aurait : $a < 2a/3$!).

Un critère de convergence

La définition de la convergence donnée précédemment est, nous l'avons dit, relativement abstraite et, en fait, peu « opérationnelle ». Son intérêt essentiel, c'est de permettre d'établir un certain nombre de résultats et de théorèmes qui, eux, peuvent être facilement appliqués. Un exemple en est donné par l'important théorème suivant :

Théorème :

Toute suite croissante et majorée est convergente (tend vers une limite).

Toute suite décroissante et minorée est convergente.

Rappelons qu'une suite est croissante si $u_{n+1} \geq u_n$ pour tout n[1] et qu'elle est majorée s'il existe un nombre M tel que $u_n \leq M$ pour tout n (minorée s'il existe un nombre m tel que $m \leq u_n$, pour tout n).

Remarquons que l'un des intérêts essentiels de ce théorème est qu'il ne nécessite pas de connaître, pour l'appliquer, la valeur de la limite. Nous reviendrons plus loin sur ce point.

Le résultat énoncé par le théorème précédent apparaît comme « naturel » : si une suite croît, tout en étant « plafonnée » par un nombre, M, par exemple, elle ne peut que tendre vers une limite (car elle ne peut ni osciller, ni s'« envoler » vers l'infini). Cette limite sera donnée par *le plus petit* des majorants de la suite, dont la propriété fondamentale des nombres réels (cf. chapitre 1) assure l'existence comme on va le voir.

---

1. Pour que le théorème soit valable, il suffit que la suite soit croissante à partir d'un certain n, à condition que celui-ci soit fini.

Démonstration

Soit (u_n) croissante et majorée. Comme l'ensemble $\{u_0, u_1, u_2, ...\}$ est majoré, il admet une borne supérieure b. Soit $\varepsilon > 0$. Il existe au moins un n_ε tel que $b - \varepsilon < u_{n_\varepsilon} < b$, car sinon $b - \varepsilon$ serait un majorant de $\{u_0, u_1, ...\}$ en contradiction avec le fait que b est *le plus petit* majorant de cet ensemble. Mais comme la suite est croissante et majorée, on doit avoir: $u_{n_\varepsilon} \leqslant u_n$ et $u_n \leqslant b$, pour tout $n \in \mathbb{N}$ tel que $n > n_\varepsilon$.

Donc :

$$n > n_\varepsilon \Rightarrow b - \varepsilon < u_{n_\varepsilon} \leqslant u_n \leqslant b,$$

ce qui prouve que u_n tend vers b quand n tend vers l'infini.

De même en ce qui concerne les suites décroissantes et minorées.

Application : le théorème précédent permet d'établir l'important résultat suivant :

Pour qu'une progression géométrique de raison q soit convergente, il faut et il suffit que: $-1 < q \leq 1$.

Ce résultat est trivial lorsque $q = 1$. Considérons maintenant le cas où $0 \leq q < 1$. Dans ce cas, on a :

$$q^{n+1} = q \cdot q^n \leq q^n.$$

Autrement dit, la progression géométrique est décroissante. Comme, en outre, tous ses termes sont supérieurs à 0 (puisqu'on a supposé que $q \geq 0$), elle est minorée. On peut donc lui appliquer le théorème précédent : si $0 \leq q < 1$, la progression géométrique étant décroissante et minorée, elle converge.

Montrons que sa limite ne peut être que 0 (ce que l'« on voit » intuitivement). Soit $l = \lim\limits_{n \to \infty} q^n$; on a donc $l = \lim\limits_{n \to \infty} q^{n+1}$ (ceci découle immédiatement de la définition de la limite). Mais on a aussi : $l = \lim\limits_{n \to \infty} q^{n+1} = q \cdot \lim\limits_{n \to \infty} q^n = q \cdot l$, puisque $q^{n+1} = q \cdot q^n$. On en déduit : $l = q \cdot l$ et donc $l(1 - q) = 0$. Comme on a $q \neq 1$, il vient $l = 0$.

Dans le cas où $q > 1$, il suffit de poser $q = 1/q'$; par conséquent, $0 < q' < 1$. Donc, on peut appliquer le résultat précédent : $(q')^n$

tend vers 0 lorsque n tend vers l'infini, et donc $q^n = 1/(q')^n$ tend vers l'infini lorsque n tend vers l'infini[1]

Lorsque $q = -1$, on a $q^n = (-1)^n$, suite qui oscille indéfiniment entre 1 et -1. Lorsque $-1 < q < 0$, on peut poser $q = (-1)\,q'$, où q' est compris entre 0 et 1 (strictement). Le résultat précédent s'applique donc : comme $(q')^n$ tend vers 0 lorsque n tend vers l'infini, il en est de même pour q^n. Enfin, si $q < -1$, $q^n = (-1)^n\, q'^n$, avec $q' > 1$, a des oscillations de plus en plus grandes, et n'a donc pas de limite.

Limite de la somme des termes d'une progression géométrique

On s'intéresse ici au comportement de :

$$S_n = 1 + q + q^2 + \dots + q^n$$

somme des termes d'une progression géométrique, lorsque n tend vers l'infini.

Or, nous avons vu au chapitre V que pour $q \neq 1$, on a :

$$S_n = \frac{1 - q^{n+1}}{1 - q} \qquad (1)$$

Si $q = 1$, $S_n = 1 + 1 + \dots + 1 = n + 1$; dans ce cas, S_n tend vers l'infini lorsque n tend vers l'infini.

De la formule (1), et du résultat précédent sur les progressions géométriques, il résulte alors que :

— si $-1 < q < 1$, $\lim\limits_{n \to \infty} S_n = \dfrac{1}{1 - q}$

— si $q \geq 1$, $\lim\limits_{n \to \infty} S_n = \infty$

— si $q < -1$, S_n est soumise à des oscillations de plus en plus grandes et n'a donc pas de limite.

C'est là un résultat simple et fort utile, qu'il est indispensable de connaître.

---

1. En appliquant la définition de la limite, on voit aisément que si (u_n) est à termes positifs et tend vers 0 lorsque n tend vers l'infini, alors $(1/u_n)$ tend vers l'infini (devient plus grand que tout nombre donné, à condition de prendre n suffisamment grand).

Dans le cas présent, on aurait pu faire un raisonnement direct, en remarquant que comme $q > 1$, on peut écrire $q = 1 + a$, avec $a > 0$. Il résulte de la formule du binôme de Newton que :

$$q^n = (1 + a)^n = 1 + na + \frac{n\,(n-1)}{2}a^2 + \dots + a^n > 1 + na$$

ce qui montre que q^n tend vers l'infini lorsque n le fait.

Remarque Dans les raisonnements précédents, nous avons considéré la progression géométrique de terme $u_n = q^n$. Il est évident que les résultats obtenus ne sont pas modifiés, sur le fond, si on considère une suite de terme $u_n = a \cdot q^n$, où a est une constante (« premier terme » de la suite) : la condition de convergence ($-1 < q \leq 1$) est la même, tandis que S_n, dans (1), doit être multipliée par a. Dans le cas où cette suite est définie par la relation de récurrence :

$$u_n = q \cdot u_{n-1}$$

alors on a : $u_n = u_0 \cdot q^n$, où u_0 est le premier terme de la suite, puisque :

$$u_n = q \cdot u_{n-1} = q \; (q \cdot u_{n-2} = q^2 \cdot u_{n-2} = q^2 \; (q \cdot u_{n-3}) = q^3 \cdot u_{n-3} = \dots$$
$$= q^n \cdot u_0.$$

Limite de $\left(1 + \frac{1}{n}\right)^n$ lorsque n tend vers l'infini

On considère la suite (u_n), où $u_n = (1 + 1/n)^n$. Lorsque n tend vers l'infini, on est en présence d'une indétermination. En effet, $1 + 1/n$ est toujours supérieur à 1 : on pourrait alors penser que $(1 + 1/n)^n$ tend vers l'infini lorsque n tend vers l'infini. Mais, comme $1 + 1/n$ tend vers 1 lorsque n tend vers l'infini, on ne peut en être sûr (puisque $1^n = 1$ pour tout $n \in \mathbb{N}$).

En fait, on montre (pour plus de détails, voir l'annexe à la fin de ce chapitre) que la suite $(1 + 1/n)^n$ est croissante et majorée ; il résulte donc du critère de convergence énoncé plus haut que cette suite converge.

Sa limite est comprise entre 2 et 3 (cf. annexe) ; on peut montrer que c'est un nombre réel non-rationnel, dont les premiers chiffres sont 2,78... En raison de l'importance de ce nombre en mathématiques, on le désigne par la lettre e : nous le rencontrerons plusieurs fois par la suite.

Limite de $a^{1/n}$ lorsque n tend vers l'infini ($a > 0$)

Avertissement : la démonstration qui suit est l'occasion de se servir des propriétés des fonctions exponentielles et puissance, étudiées aux chapitres V et VI : avant de l'aborder, il est vivement recommandé de revoir ces chapitres.

Rappelons que, par définition, $a^{1/n}$ est tel que :

$$(a^{1/n})^n = a.$$

Supposons que $a > 1$. Alors $a^{1/n} > 1$, pour tout n. En effet, si cela n'était pas le cas, on pourrait écrire $a^{1/n} = 1 - k$, avec $0 < k < 1$. Mais, alors, $(1 - k)^n$ serait le n-ième terme d'une progression géométrique de raison $1 - k < 1$, donc décroissante ; par conséquent : $(1 - k)^n < (1 - k)^{n-1} < ... < 1 - k < 1$, ce qui est impossible, puisqu'on a : $(1 - k)^n = (a^{1/n})^n = a > 1$.

Donc : si $a > 1$, les éléments de la suite $(a^{1/n})$ sont tous minorés par 1.

Par ailleurs, cette suite est décroissante, c'est-à-dire : $a^{1/(n+1)} < a^{1/n}$. En effet, on a :

$$(a^{1/n})^{n+1} = a^{\frac{n+1}{n}} = a^{1+\frac{1}{n}} = (a^{1/n})\ a.$$

et

$$(a^{1/(n+1)})^{n+1} = a.$$

Donc, comme on a supposé que $a > 1$ (et donc $a^{1/n} > 1$) :

$$(a^{1/n})^{n+1} > (a^{1/(n+1)})^{n+1}.$$

Il résulte alors de ce que la fonction puissance est croissante (pour des valeurs supérieures à 1) que :

$$a^{1/n} > a^{1/(n+1)}.$$

La suite $a^{1/n}$ étant minorée (par 1) et décroissante, pour $a > 1$, elle converge.

Sa limite ne peut être égale qu'à 1. En effet supposons que ce soit ℓ, avec $1 < \ell$. Dans ces conditions, pour n suffisamment grand, on aurait :

$$\ell - \varepsilon < a^{1/n} < \ell + \varepsilon$$

Si on choisit ε suffisamment petit, de façon que $\ell - \varepsilon > 1$, alors il résulte de l'inégalité de gauche ci-dessus que :

$$(\ell - \varepsilon)^n < (a^{1/n})^n = a$$

ce qui est impossible, puisque, comme $\ell - \varepsilon > 1$, $(\ell - \varepsilon)^n$ tend vers l'infini lorsque n tend vers l'infini. Donc, on doit avoir $\ell = 1$.

Lorsque $0 < a < 1$, on se sert du résultat précédent en posant $a' = 1/a$ (donc : $a' > 1$).

Opérations sur les suites

On définit des opérations sur les suites de la façon suivante. Étant donné deux suites (u_n) et (v_n) :

— leur *somme* est donnée par la suite $(u_n + v_n)$,
— leur *produit* est donné par la suite $(u_n v_n)$
— leur *rapport* est donné, si $v_n \neq 0$ pour tout n, par la suite (u_n/v_n).

Dans ces conditions, on montre aisément, en se servant des définitions ci-dessus et de celle de la limite, que si deux suites convergent, alors :

— leur somme converge vers la somme de leurs limites ;
— leur produit converge vers le produit de leurs limites ;
— leur rapport converge vers le rapport de leurs limites, si celles-ci sont non nulles.

Ce que l'on peut écrire :

$$(u_n) \to u \text{ et } (v_n) \to v \Rightarrow \begin{cases} (u_n + v_n) \to u + v \\ (u_n v_n) \to uv \\ (u_n/v_n) \to u/v \qquad \text{si } v \neq 0 \end{cases}$$

Exemple : cherchons la limite de (u_n), avec

$$u_n = \frac{2n^2 - n + 1}{n^2 + 3n + 2}$$

On a :

$$u_n = \frac{n^2\,(2 - 1/n + 1/n^2)}{n^2\,(1 + 3/n + 2/n^2)}$$

donc :

$$u_n = \frac{2 - 1/n + 1/n^2}{1 + 3/n + 2/n^2}$$

Lorsque n tend vers l'infini, $1/n$ tend vers 0, il en est de même de $(1/n)\,(1/n) = 1/n^2$ et, par conséquent, le numérateur de l'expression ci-dessus tend vers 2. De même, on voit que son dénominateur tend vers 1.

Donc u_n tend vers $2/1 = 2$ lorsque n tend vers l'infini.

Cet exemple nous permet de voir comment on détermine la limite d'une suite, lorsque celle-ci est obtenue en faisant la somme, le rapport ou le produit de polynômes.

Reste à voir ce qui se passe lorsqu'interviennent les trois autres fonctions importantes que nous connaissons, les fonctions puissance, exponentielle et logarithme.

Comparaison de la croissance des suites puissance, exponentielle et logarithme

Lorsque n tend vers l'infini, il en est de même de na^n (si $a > 1$, ce que nous supposerons par la suite). Par contre, la limite de a^n/n n'est pas évidente, dénominateur et numérateur tendant tous deux vers l'infini. Pour lever cette indétermination, on utilise la formule du binôme de Newton. Pour cela, on remarque que, comme $a > 1$, on peut poser $a = 1 + b$, avec $b > 0$. Par conséquent, on a :

$$\frac{a^n}{n} = \frac{(1 + b)^n}{n} = \frac{1 + nb + C_n^2 b^2 + \dots + b^n}{n}.$$

Or, comme $C_n^2 = \frac{n(n-1)}{2}$, on a $\frac{C_n^2}{n} = \frac{n-1}{2}$, terme qui tend vers l'infini lorsque n tend vers l'infini. Comme les autres termes du développement de $(1 + b)^n$ sont positifs, il s'ensuit que a^n/n tend vers l'infini lorsque n tend vers l'infini.

On déduit de ce résultat que a^n/n^m tend vers l'infini lorsque n tend vers l'infini, pour tout naturel m. Pour cela on écrit (en se servant des propriétés de la fonction exponentielle, données au chapitre V) :

$$\frac{a^n}{n^m} = \frac{(a^{n/m})^m}{n^m} = \left(\frac{((a)^{1/m})^n}{n}\right)^m$$

Soit, en posant $a^{1/m} = d$ (comme $a > 1$, $d > 1$) :

$$\frac{a^n}{n^m} = \left(\frac{d^n}{n}\right)^m.$$

Comme d^n/n tend vers l'infini lorsque n tend vers l'infini (résultat précédent), il en est de même de a^n/n^m.

On a donc montré que :

le rapport a^n/n^m tend vers l'infini lorsque n tend l'infini, quelle que soit la valeur donnée à m (à condition que $a > 1$).

Pour démontrer le résultat concernant la fonction logarithme, on se sert de la définition de celle-ci, en tant qu'inverse (ou réciproque) de la fonction exponentielle (cf. chapitre VI). Soit :

$$n = a^{\log_a n}.$$

En posant $\log_a n = u$, cette égalité s'écrit $n = a^u$ et donc :

$$\frac{n}{\log_a n} = \frac{a^u}{u}$$

Comme lorsque n tend vers l'infini, il en est de même pour $u = \log_a n$, il découle du résultat précédent que a^u/u tend vers l'infini avec u ; il en est donc de même pour $n/\log_a n$. Soit :

le rapport $n/\log_a n$ tend vers l'infini lorsque n tend vers l'infini

En résumé, on dit que *lorsque n tend vers l'infini l'exponentielle l'« emporte » sur la puissance, qui elle-même l'« emporte » sur le logarithme.*

Exercices (pour le corrigé, voir page 345)

1. Soit la suite (u_n) définie par :

$$u_{n+1} = \frac{u_n}{u_n + 4}$$

a) Montrer, par récurrence, que si $u_0 > 0$, alors $u_n > 0$, pour tout $n \in \mathbb{N}$.

b) Montrer que si $u_0 > 0$, cette suite est décroissante.

c) Déduire des questions précédentes que cette suite est convergente, si $u_0 > 0$. Quelle est sa limite ?

2. Soit la suite (u_n) définie par :

$$u_{n+1} = (2 + u_n)^{1/2}.$$

a) Quelles sont les limites possibles de cette suite ?

b) Montrer que si $u_0 \geqslant 2$, alors $u_n \geqslant 2$, quel que soit n. En déduire que si $u_0 \geqslant 2$, la suite (u_n) est décroissante.

c) Que peut-on dire dans le cas où $-2 \leqslant u_0 < 2$?

3. En suivant une démarche similaire à celle de l'exercice 2, étudier le comportement de la suite (u_n) définie par :

$$u_0 > 0$$

$$u_{n+1} = \frac{1}{2}\left(u_n + \frac{2}{u_n}\right)$$

4. Soit la suite (u_n) définie par :

$$u_{n+1} = (0{,}5)\, u_n + 4.$$

a) Déterminer la limite possible de cette suite.

b) Étudier la suite de terme $u_n - k$, où k est la limite déterminée en a). Cette suite est-elle convergente ?

c) Mêmes questions qu'en a) et b), mais avec :

$$u_{n+1} = au_n + b.$$

5. La suite $(n^3 + n + 4)/(1{,}1)^n$ est-elle convergente ?

6. Même question pour les suites :

$$\frac{n^n}{a^n} \quad \text{et} \quad \sum_{i=0}^{n} \frac{a^i}{i!}.$$

CE QU'IL FAUT RETENIR DE CE CHAPITRE

• Les définitions de suite croissante ou décroissante, majorée ou minorée.

• Une suite tend vers une limite ℓ lorsque n tend vers l'infini si, pour tout $\varepsilon > 0$, il existe n_ε tel que :

$$n > n_\varepsilon \Rightarrow |u_n - \ell| < \varepsilon.$$

• Critère de convergence : toute suite croissante majorée, ou décroissante minorée, est convergente.

• $\left(1 + \frac{1}{n}\right)^n \to e$ lorsque $n \to \infty$.

• Lorsque n tend vers l'infini, a^n/n^α tend aussi vers l'infini, de même que $n^\alpha/\log_a n$ (la fonction exponentielle l'« emporte » sur la fonction puissance, qui l'« emporte » sur la fonction logarithme).

ANNEXE
Étude du comportement de la suite $(1 + 1/n)^n$

— Cette suite est *croissante*. Pour le montrer, on fait appel à la formule du binôme de Newton (cf. chapitre II), avec $a = 1$ et $b = 1/n$. Soit :

$$(1) \qquad (1 + 1/n)^n = 1 + C_n^1\, 1/n + \ldots + C_n^p\, (1/n)^p + \ldots + (1/n)^n.$$

Or :

$$(2) \qquad C_n^p \left(\frac{1}{n}\right)^p = \frac{n\,!}{p\,!\,(n-p)\,!}\,\frac{1}{n^p} = \frac{n\,(n-1)\cdots(n-p+1)}{p\,!\,n^p}$$

$$= \frac{1}{p\,!}\,\frac{n}{n}\,\frac{n-1}{n}\cdots\frac{n-p+1}{n} = \frac{1}{p\,!}\,1\left(1-\frac{1}{n}\right)\cdots\left(1-\frac{p-1}{n}\right).$$

Comme lorsque n augmente, il en est de même pour $1 - 1/n, \ldots, 1 - (p-1)/n$, il s'ensuit que $C_n^p\,(1/n)^p$ augmente aussi. Cela étant vrai pour tout p compris entre 1 et n, il résulte de (1) que $(1 + 1/n)^n$ est croissante.

— Cette suite est *majorée*. En effet, comme $1 - 1/n < 1, \ldots, 1 - (p-1)/n \leq 1$, il découle de (2) que $C_n^p\,(1/n)^p < 1/p\,!$. Or, si $p > 1$:

$$\frac{1}{p\,!} = \frac{1}{p\,(p-1)\cdots 3 \cdot 2 \cdot 1} < \frac{1}{2 \cdot 2 \cdots 2 \cdot 2 \cdot 1} = \frac{1}{2^{p-1}} \quad .$$

Par conséquent, on a :

$$\left(1 + \frac{1}{n}\right)^n = \sum_p C_n^p \left(\frac{1}{n}\right)^p \leq 1 + 1 + \frac{1}{2} + \frac{1}{2^2} + \ldots + \frac{1}{2^{p-1}}.$$

Comme :

$$1 + \frac{1}{2} + \frac{1}{2^2} + \ldots + \frac{1}{2^{p-1}} = \frac{1 - \dfrac{1}{2^p}}{1 - \dfrac{1}{2}} = 2\left(1 - \frac{1}{2^p}\right) < 2$$

On a :

$$\left(1 + \frac{1}{n}\right)^n < 1 + 2 = 3.$$

La suite étant croissante et majorée, elle converge ; sa limite, notée e, est comprise entre 2 et 3, puisque $2 < (1 + 1/n)^n < 3$ pour tout $n \geqslant 1$.

Remarque : Le résultat précédent vaut également pour $n \to -\infty$. Pour le montrer, on pose : $n' = -n$ et on étudie $(1 + 1/n)^n = (1 - 1/n')^{-n'}$ lorsque $n' \to \infty$.

Or :

$$\left(1 - \frac{1}{n'}\right)^{-n'} = \left(\frac{n'-1}{n'}\right)^{-n'} = \left(\frac{n'}{n'-1}\right)^{n'}.$$

En posant : $n' - 1 = m$, on a :

(2) $$\left(\frac{n'}{n'-1}\right)^{n'} = \left(\frac{m+1}{m}\right)^{m+1} = \left(1 + \frac{1}{m}\right)^m \left(1 + \frac{1}{m}\right).$$

Lorsque $n \to -\infty$, $n' \to \infty$ et $m \to \infty$; donc : $(1 + 1/m)^m \to e$ et $(1 + 1/m) \to 1$. Autrement dit : $(n'/(n'-1))^{n'} \to e$ lorsque n' tend vers l'infini. Le résultat annoncé a été établi.

CHAPITRE IX

Limite et continuité d'une fonction

L'étude des suites nous a permis de nous familiariser avec la notion de limite. Nous allons maintenant aborder un cas plus général, celui des fonctions de $\mathbb{R}$ dans $\mathbb{R}$ et traiter du problème important de la *continuité*.

Ce chapitre se décompose en trois parties : la première s'intéresse à la limite d'une fonction lorsque sa variable tend vers l'infini ; la deuxième traite du cas où cette dernière tend vers un nombre fini quelconque ; enfin, la troisième introduit la notion de continuité.

1. Limite d'une fonction lorsque x tend vers l'infini

Dans le chapitre précédent, nous avons vu que l'on pouvait considérer qu'une suite représentait une fonction dont l'ensemble de départ est l'ensemble des nombres naturels, son ensemble d'arrivée étant $\mathbb{R}$. Le symbole (u_n) désignait les valeurs prises par cette fonction (soit, si celle-ci est notée f: $f(n) = u_n$).

Ici, nous allons nous intéresser au cas où l'ensemble de départ de f est $\mathbb{R}$, qui sert aussi d'ensemble d'arrivée. On considère donc la fonction f telle que :

$$f: x \in \mathbb{R} \rightsquigarrow f(x) \in \mathbb{R}$$

et on s'intéresse d'abord à son comportement lorsque x tend vers l'infini. On peut alors transposer mot à mot la définition concernant la convergence d'une suite au cas d'une fonction sur $\mathbb{R}$ (en remarquant que lorsque les x sont « très grands », on peut les assimiler à leurs parties entières, les « chiffres après la virgule » devenant négligeables).

Définition (limite de $f(x)$ lorsque x tend vers l'infini)

On dit que $f(x)$ *tend, ou converge, vers la limite* ℓ *lorsque* x *tend vers l'infini* si, pour $\varepsilon > 0$, il existe un x_ε tel que :

$$x > x_\varepsilon \Rightarrow |f(x) - \ell| < \varepsilon.$$

La seule différence avec la définition de la convergence d'une suite réside dans le remplacement de la lettre n par la lettre x (et u_n par $f(x)$).

Les théorèmes établis dans le cas des suites se transposent aisément ici, la démonstration en étant en tout point identique. En particulier, on a :

— toute fonction croissante et majorée converge lorsque x tend vers l'infini ;

— toute fonction décroissante et minorée converge lorsque x tend vers l'infini.[1]

De même en ce qui concerne la somme, le produit et le rapport de fonctions (non nulles) lorsque x tend vers l'infini.

En outre, on peut généraliser un résultat important obtenu lors de l'étude des suites, comme nous allons maintenant le voir.

Limite de $(1 + 1/x)^x$ lorsque x tend vers l'infini

Considérons la fonction $(1 + 1/x)^x$. Elle est définie pour tout x strictement positif (pour chaque x fixé, on peut la considérer comme une exponentielle, de base $1 + 1/x$). Notons n la *partie entière* de x (par exemple : si $x = 12{,}35$, $n = 12$). On a donc $n \leq x < n + 1$. La fonction exponentielle étant croissante, on a :

$$\left(1 + \frac{1}{x}\right)^n \leq \left(1 + \frac{1}{x}\right)^x \leq \left(1 + \frac{1}{x}\right)^{n+1}, \text{ puisque } n \leq x < n + 1.$$

La fonction puissance étant croissante, on a :

$$\left(1 + \frac{1}{n+1}\right)^n \leq \left(1 + \frac{1}{x}\right)^n, \text{ puisque } x < n + 1$$

et

$$\left(1 + \frac{1}{x}\right)^{n+1} \leq \left(1 + \frac{1}{n}\right)^{n+1}, \text{ puisque } n \leq x.$$

Donc, il découle de ces inégalités que :

$$\left(1 + \frac{1}{n+1}\right)^n \leq \left(1 + \frac{1}{x}\right)^x \leq \left(1 + \frac{1}{n}\right)^{n+1}$$

1. Pour que le théorème soit vrai, il suffit que la croissance, ou la décroissance, de la fonction ait lieu à partir d'un certain x, à condition qu'il soit fini.

L'intérêt d'un tel résultat, c'est qu'il donne un « encadrement » de la fonction $(1 + 1/x)^x$ par des fonctions faisant intervenir des entiers, ce qui nous permet d'appliquer le résultat obtenu avec les suites (cf. page 94); ainsi, comme les deux expressions « encadrant » $(1 + 1/x)^x$ dans l'inégalité ci-dessus tendent vers e lorsque n tend vers l'infini, il en est de même de $(1 + 1/x)^x$, puisque n est ici la partie entière de x![1] Soit $(1 + 1/x)^x \to e$ si $x \to \infty$.

Application : capitalisation « instantanée »

Reprenons le problème de la capitalisation. Supposons que vous vouliez placer la somme S pendant 6 mois (soit : une demi-année) et que votre banquier vous propose de vous rémunérer, pendant cette période, au taux $i/2$, où i est le taux annuel habituel. Au bout de six mois, vous disposerez donc de :

$$S\left(1 + \frac{i}{2}\right).$$

Mais, si vous décidez de replacer cette somme pendant les six mois suivants, toujours au taux $i/2$, alors au bout d'un an vous aurez :

$$S\left(1 + \frac{i}{2}\right)\left(1 + \frac{i}{2}\right) = S\left(1 + \frac{i}{2}\right)^2.$$

Remarquons qu'en procédant ainsi, vous serez gagnant, relativement à un placement annuel habituel, puisque :

$$S\left(1 + \frac{i}{2}\right)^2 = S + iS + \frac{i^2}{4}S$$

votre gain étant donné par le terme $(i^2/4)S$, correspondant aux intérêts composés sur 6 mois ; il est évident que si i est petit, 5 % par exemple, ce terme sera négligeable relativement aux précédents, puisqu'on aura, par exemple : $i^2/4 = 0{,}000625$ ou 0,0625 %.

1. Il est vrai que dans ces expressions apparaissent des termes de la forme $n + 1$, et non n. Mais, « à l'infini » n et $n + 1$ peuvent être considérés comme identiques. En toute rigueur, il suffit de remarquer que :

$$\left(1 + \frac{1}{n}\right)^{n+1} = \left(1 + \frac{1}{n}\right)^n \left(1 + \frac{1}{n}\right)$$

et

$$\left(1 + \frac{1}{n+1}\right)^n = \left(1 + \frac{1}{n+1}\right)^{n+1} / \left(1 + \frac{1}{n+1}\right)$$

le résultat découlant du fait que $1 + \frac{1}{n}$ et $1 + \frac{1}{n+1}$ tendent vers 1 lorsque n tend vers l'infini.

Reprenons le même raisonnement, mais en supposant que vous fassiez un placement *mensuel*, au taux $i/12$ (puisqu'un an comporte 12 mois). Au bout d'un mois, vous disposerez de $S(1 + i/12)$; si vous replacez cette somme pendant le mois suivant, vous aurez $S(1 + i/12)^2$; si vous recommencez de même tous les mois, au bout d'un an vous disposerez de :

$$S\left(1 + \frac{i}{12}\right)^{12}.$$

En appliquant la formule du binôme de Newton, on voit que :

$$S\left(1 + \frac{i}{12}\right)^{12} = S + iS + C_{12}^2\left(\frac{i}{12}\right)^2 S + C_{12}^3\left(\frac{i}{12}\right)^3 S + \ldots + \left(\frac{i}{12}\right)^{12} S.$$

On retrouve le terme habituel, $S + iS$, les termes supplémentaires correspondant aux intérêts composés, résultant de la capitalisation mois par mois.

Plus généralement, si on décompose l'année en n périodes, chacune rapportant un taux d'intérêt i/n, on obtient au bout d'un an (si on suppose que la somme S et les intérêts capitalisés sont replacés à la fin de chaque période, toujours au taux i/n) :

$$S\left(1 + \frac{i}{n}\right)^{n}.$$

Le problème que l'on se pose alors est celui de savoir si l'expression ci-dessus a une limite lorsque n tend vers l'infini. Pour y répondre on va se servir du résultat établi précédemment. Mais ici on a i/n, à la place de $1/n$, ou $1/x$, à l'intérieur de la parenthèse. Pour contourner cette difficulté, on remarque que $i/n = 1/(n/i)$. Donc, si on pose : $n/i = x$ (d'où : $n = ix$), on a :

$$S\left(1 + \frac{i}{n}\right)^{n} = S\left(1 + \frac{1}{x}\right)^{ix} = S\left(\left(1 + \frac{1}{x}\right)^{x}\right)^{i}$$

Lorsque n tend vers l'infini, il en est de même pour x, et donc $(1 + 1/x)^x$ tend vers e. Soit, en se servant de la formule ci-dessus (et de la continuité de la fonction exponentielle) :

$$\lim_{n \to \infty} S\left(1 + \frac{i}{n}\right)^{n} = Se^{i}$$

Donc : une somme S placée « à chaque instant », à un taux « instantané », et cela pendant 1 an, avec capitalisation, sera égale à Se^i au bout d'un an. Évidemment c'est là un cas limite, purement théorique, mais utile lors de la construction de modèles mathématiques voulant prendre en compte la capitalisation. Signalons que, malgré ce que l'on pourrait croire, si i n'est pas très élevé, l'écart entre $1 + i$ et e^i est relativement peu important. Ainsi, à titre d'exemple, si $i = 5\,\%$:

$$1 + i = 1{,}05 \text{ et } e^i = 1{,}0512\ldots$$

Calcul de limites lorsque x tend vers l'infini : cas général

Le cas général se traite de la même façon que pour les suites. Ainsi, lorsqu'on compare des polynômes, c'est celui de plus haut degré qui l'« emporte ». Par ailleurs, comme pour les suites, on montre facilement que la fonction exponentielle l'« emporte » sur la fonction puissance qui elle-même l'« emporte » sur la fonction logarithme, lorsque x tend vers l'infini.

2. Limite de f (x) lorsque x tend vers x_0

Nous allons maintenant traiter d'une situation nouvelle, par rapport à celles rencontrées lors de l'étude des suites. En effet, nous allons nous intéresser au comportement de $f(x)$ lorsque x tend vers un *nombre fini*, x_0. Pour que cela ait un sens, il faudra supposer que f est définie au voisinage de x_0, c'est-à-dire pour des valeurs de x « aussi proches que l'on veut » de x_0, sans forcément être définie en x_0.

Dire que $f(x)$ tend vers une limite ℓ lorsque x tend vers x_0 c'est dire que l'on peut rendre la distance entre $f(x)$ et ℓ, soit $|f(x) - \ell|$, « aussi petite que l'on veut », à condition de prendre x « suffisamment proche de x_0 ». L'avantage de cette formulation est qu'elle ne fait pas intervenir la notion d'« infini ». Mais, par contre, il faut préciser les expressions ci-dessus entre guillemets. D'où la définition suivante, très semblable à celles qui ont déjà été données.

Définition

On dit que $f(x)$ tend vers ℓ lorsque x tend vers x_0 si, pour tout $\varepsilon > 0$, il existe un nombre η_ε tel que :

$$(|x - x_0| < \eta_\varepsilon \text{ et } x \neq x_0) \Rightarrow |f(x) - \ell| < \varepsilon.$$

Donc, comme lors des définitions précédentes concernant les limites, ε est un nombre *donné* (mais que l'on peut choisir « aussi petit que l'on veut »), alors que η_ε, qui dépend de ε, est le nombre qu'il faut déterminer (l'« inconnue »). Donnons deux exemples simples.

Exemple 1

Montrer que $bx + d$ tend vers $bx_0 + d$ lorsque x tend vers x_0

Ici, le rôle de $f(x)$ est joué par $bx + d$, celui de ℓ par $bx_0 + d$. Considérons la différence (en valeur absolue) :

$$|(bx + d) - (bx_0 + d)| = |b\ (x - x_0)|.$$

Pour que cette différence soit inférieure à $\varepsilon > 0$, il suffit de prendre $|x - x_0| < \varepsilon/|b|$, à condition que $b \neq 0$ (si $b = 0$, le résultat est encore plus immédiat). Soit :

$$|x - x_0| < \varepsilon/|b| \Rightarrow |b\ (x - x_0)| < \varepsilon.$$

Par conséquent : à tout $\varepsilon > 0$, on associe $\eta_\varepsilon = \varepsilon/|b|$, et il résulte de la définition précédente que $bx + d$ converge vers $bx_0 + d$ lorsque x tend vers x_0.

Notons que ce résultat est vrai, en particulier, lorsque $b = 1$ et $d = 0$: il en découle, en se servant du théorème sur les produits des limites, que si x tend vers a, alors $x^n = x \bullet x \bullet \ldots \bullet x$ tend vers $x_0 \bullet x_0 \bullet \ldots \bullet x_0 = x_0^n$.

Exemple 2

Montrer que $x^{1/2}$ tend vers $x_0^{1/2}$ lorsque x tend vers x_0 ($\neq 0$)

Considérons la différence $x^{1/2} - x_0^{1/2}$. En la multipliant et en la divisant par sa quantité conjuguée $x^{1/2} + x_0^{1/2}$ et en se servant de l'identité remarquable $(b - c)\ (b + c) = b^2 - c^2$ (le rôle de b étant joué ici par $x^{1/2}$, celui de c par$x_0^{1/2}$), on a :

$$x^{1/2} - x_0^{1/2} = \frac{(x^{1/2} - x_0^{1/2})\ (x^{1/2} + x_0^{1/2})}{(x^{1/2} + x_0^{1/2})} = \frac{x - x_0}{x^{1/2} + x_0^{1/2}}$$

Dans ces conditions, comme $x_0^{1/2} + x^{1/2} > x_0^{1/2}$, puisque $x > 0$, il résulte de l'égalité ci-dessus que :

$$|x^{1/2} - x_0^{1/2}| < \left|\frac{x - x_0}{x_0^{1/2}}\right|.$$

Par conséquent, si on prend, pour un $\varepsilon > 0$ quelconque, $\eta_\varepsilon = \varepsilon x_0^{1/2}$, on a :

$$|x - x_0| < \eta_\varepsilon \Rightarrow |x^{1/2} - x_0^{1/2}| < \varepsilon.$$

ce qui montre que $x^{1/2}$ tend vers $x_0^{1/2}$ lorsque x tend vers x_0.

Dans le cas où $x_0 = 0$, on a un résultat similaire, mais il ne faut alors considérer que la limite « à droite » (que des $x > x_0$).

Infiniment grand. Infiniment petit.
Fonctions équivalentes en un point

On dit que $f(x)$ est un *infiniment grand* en x_0 si elle tend vers l'infini lorsque x tend vers x_0 ; si elle tend vers 0, on dit que c'est un *infiniment petit* en x_0. Ainsi, $1/(x - a)^2$ est un infiniment grand lorsque x tend vers a et $(x - a)^n$, $n > 0$, est un infiniment petit lorsque x tend vers a.

On dit que deux fonctions f et g sont *équivalentes en* x_0 si leur rapport tend vers 1 lorsque x tend vers x_0. Ainsi, $3x^3 + x^2 + 4x$ est équivalente à $3x^3$ lorsque x tend vers l'infini et à $4x$ lorsque x tend vers 0 (pour des exemples, voir l'exercice 1).

La notion d'équivalent entre fonctions, en un point, ne présente vraiment d'intérêt que lorsqu'on est en présence d'infiniment grands ou d'infiniment petits. Ainsi, si $f(x)$ est équivalent à $(x - a)^n$ lorsque x tend vers a, alors on dit que f est un *infiniment petit d'ordre* n en $x = a$.

3. Continuité d'une fonction (en un point ou sur un intervalle)

La définition de la continuité découle de celle de la limite, telle qu'elle a été donnée dans la section précédente.

Définition (continuité en un point)

On dit que la fonction $f(x)$ est *continue* en x_0 si $f(x)$ tend vers $f(x_0)$ lorsque x tend vers x_0.

Ce qui est nouveau ici, c'est le fait que la limite vers laquelle converge $f(x)$ lorsque x tend vers x_0 doit être égale à $f(x_0)$. Donc, pour qu'une fonction soit continue en un point, il faut qu'elle soit non seulement définie « au voisinage » de ce point, mais aussi *en ce point*.

Le dessin ci-dessous donne une illustration de cette définition : on voit que plus on se rapproche de x_0, sur sa droite ou sur sa gauche, plus $f(x)$ se rapproche de $f(x_0)$ (tout au moins si on se situe « près » de x_0).

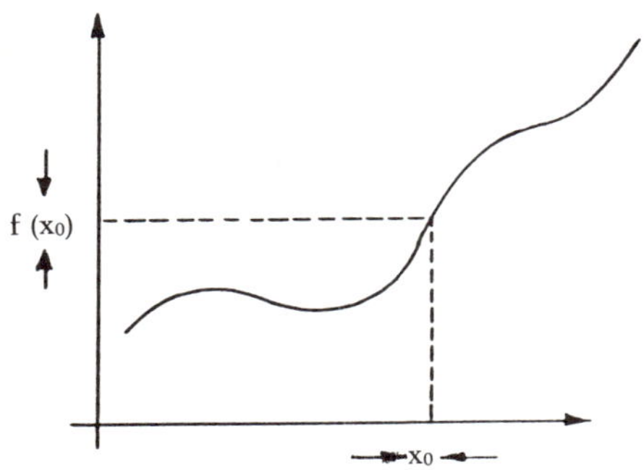

On dit qu'une fonction est *continue sur un intervalle de* $\mathbb{R}$, ou sur $\mathbb{R}$ tout entier, si elle est continue en tout point de cet intervalle.

Ce qui caractérise donc une fonction continue sur un intervalle, c'est que l'on peut tracer son graphe, relatif à cet intervalle, « sans lever le crayon ».

Continuité à droite, continuité à gauche en un point

Parfois, il arrive que l'on ne s'intéresse qu'à ce qui se passe « à droite » ou « à gauche » d'un point ; tel est le cas, par exemple, lorsqu'on étudie une fonction définie sur un intervalle fermé, en s'intéressant à ce qui se passe aux extrémités de cet intervalle.

Si $f(x)$ tend vers $f(x_0)$ lorsque x tend vers x_0 *par valeurs supérieures* on dit que $f(x)$ *tend à droite* vers $f(x_0)$, où que f est *continue à droite* en x_0. Si on considère des valeurs de x inférieures à x_0, on parle alors de *limite* ou de *continuité à gauche* en x_0 d'une fonction. Ainsi, la fonction d'offre d'une entreprise, qui suppose que la production est nulle tant que le prix n'atteint pas un seuil minimum p_0 (à ce prix la production étant q_0), est continue à droite sur $\mathbb{R}_+$, mais elle n'est pas continue à gauche en p_0 (lorsque p tend vers p_0 « à gauche » l'offre $s(p)$ tend vers 0, et non vers $s(p_0) = q_0$).

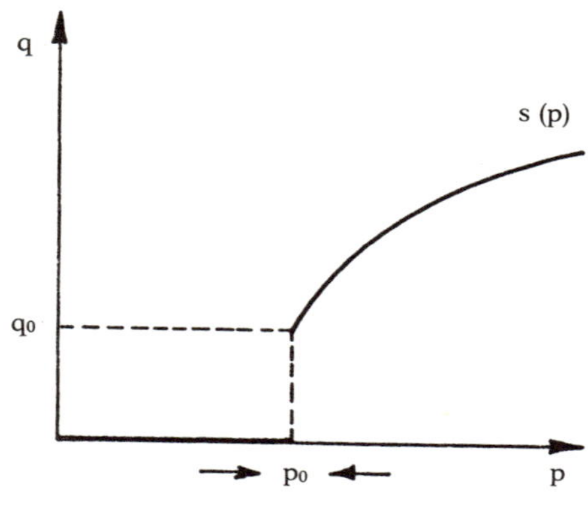

Continuité des principales fonctions

Nous avons vu précédemment que x^n tend vers a^n lorsque x tend vers a, ce qui nous montre que la fonction puissance, avec un exposant entier positif, est une fonction continue.

De même, il résulte de la démonstration faite dans l'exemple 2 de la section précédente que la fonction racine carrée, $x^{1/2}$, est continue sur $\mathbb{R}_+$.

Considérons maintenant les autres fonctions importantes qui nous intéressent. Ainsi, pour montrer que la fonction exponentielle, base $a > 0$, est continue en un point x_0 quelconque de $\mathbb{R}$, il faut montrer que a^x tend vers a^{x_0} lorsque x tend vers x_0. Ce qui revient à montrer que $a^x - a^{x_0}$ tend vers 0 lorsque x tend vers x_0.

Or, comme on peut écrire, en raison de la propriété fondamentale de la fonction exponentielle :

$$a^x - a^{x_0} = a^{x_0}\,(a^{x-x_0} - 1)$$

cette démonstration se ramène à celle de la propriété : a^{x-x_0} tend vers 1 lorsque x tend vers x_0. Nous admettrons cette propriété[1] ce qui nous permet de conclure que *la fonction exponentielle, de base positive quelconque, est continue sur* $\mathbb{R}$, puisque le raisonnement précédent est valable quel que soit $x_0 \in \mathbb{R}$.

En ce qui concerne la fonction logarithme, de base a, nous l'avons définie au chapitre VI comme étant la réciproque de la fonction exponentielle de même base. On peut donc en déduire « graphiquement » qu'elle est continue si la fonction exponentielle l'est (symétrie par rapport à la bissectrice). Ce résultat s'établit rigoureusement grâce au théorème des valeurs intermédiaires, qui constitue une des propriétés fondamentales des fonctions continues, et que nous énoncerons dans la prochaine section.

La continuité de la fonction puissance se déduit également des résultats précédents. Pour le faire, il suffit de remarquer que, *par définition du logarithme*, base a, on a, pour tout x strictement positif :

$$x = a^{\log_a x}.$$

Dans ces conditions, la fonction puissance x^α peut s'écrire :

$$x^\alpha = a^{\alpha \log_a x}$$

la continuité de x^α résultant donc de celle de la fonction logarithme et de celle de la fonction exponentielle.

Notons, pour terminer, que les fonctions trigonométriques sinus et cosinus sont également continues sur $\mathbb{R}$; pour le démontrer, on doit faire appel à un raisonnement géométrique simple consistant à établir que $\cos x$ tend vers 1 lorsque x tend vers 0, puis à utiliser des formules trigonométriques classiques pour en déduire la continuité en n'importe quel point de $\mathbb{R}$.[2]

---

1. Dans le cas où on ne prend en compte que des valeurs rationnelles de l'exposant de a, alors cette démonstration se ramène à celle de : $\lim\limits_{n \to \infty} a^{1/n} = 1$, démonstration que nous avons faite au chapitre V.

2. Le lecteur intéressé trouvera cette démonstration dans *Analyse Mathématique pour Économistes* de G. Archinard et B. Guerrien dans les « Préliminaires » et dans l'exercice 3 du chapitre IV.

La continuité est essentiellement une propriété « théorique », n'ayant pas, par exemple, le caractère « opérationnel » de la dérivabilité. Mais cette propriété est très importante, car elle permet d'établir un certain nombre de résultats qui, eux, sont « opérationnels » (par exemple, en ce qui concerne les intégrales), et qui font souvent appel aux deux propriétés fondamentales suivantes.

DEUX PROPRIÉTÉS FONDAMENTALES DES FONCTIONS CONTINUES

Première propriété fondamentale

Si f est continue sur l'intervalle $[a, b]$, alors tout point de l'intervalle compris entre $f(a)$ et $f(b)$ est l'image d'au moins un point de l'intervalle $[a,b]$

Cette propriété est parfois appelée *théorème des valeurs intermédiaires,* puisqu'elle consiste à dire que si f prend les valeurs $f(a)$ et $f(b)$, et si elle est continue entre a et b, alors elle prend toutes les « valeurs intermédiaires », comprises entre $f(a)$ et $f(b)$.

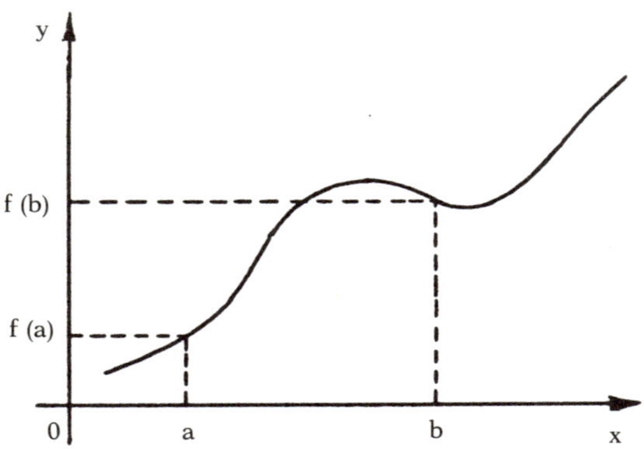

Le graphique ci-dessus illustre ce théorème, que l'on peut aussi résumer par la formule (si $f(a) \leq f(b)$) :

$$[f(a), f(b)] \subset f([a, b].$$

Une conséquence importante du théorème des valeurs intermédiaires est que si une fonction f est strictement croissante sur son domaine de définition et continue sur un intervalle $[a, b]$ de ce dernier, alors elle admet une réciproque sur l'intervalle $[f(a), f(b)]$ ($[f(b), f(a)]$, si f est strictement décroissante). Cette propriété nous a permis d'affirmer l'existence de la fonction logarithme en tant que réciproque de la fonction exponentielle, quel que soit l'intervalle $[a, b]$ considéré (« aussi grand que l'on veut »).

Elle se déduit immédiatement du théorème des valeurs intermédiaires ; en effet, il résulte de ce théorème que si on prend n'importe quel nombre y compris entre $f(a)$ et $f(b)$, alors il existe au moins un x dans $[a, b]$ tel que $y = f(x)$. Comme f est, en outre, strictement monotone, cet x est unique (s'il existait $x' \neq x$ tel que $f(x') = y$, alors on aurait $f(x') = f(x)$, ce qui est impossible en raison de la stricte monotonie de f).

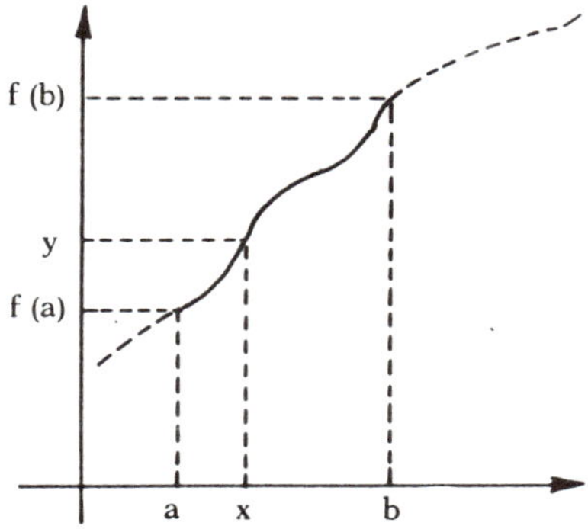

Donc, à tout y de l'intervalle compris entre $f(a)$ et $f(b)$ on peut associer un, et un seul, x de $[a, b]$: ce qui définit une application de $[f(a), f(b)]$ dans $[a, b]$, si f est strictement croissante, de $[f(b), f(a)]$ dans $[a, b]$ si elle est strictement décroissante. Cette application est notée f^{-1}. Nous avons vu au chapitre IV que l'on peut déduire son graphe de celui de f par symétrie par rapport à la première bissectrice, comme cela est fait dans le dessin ci-dessous.

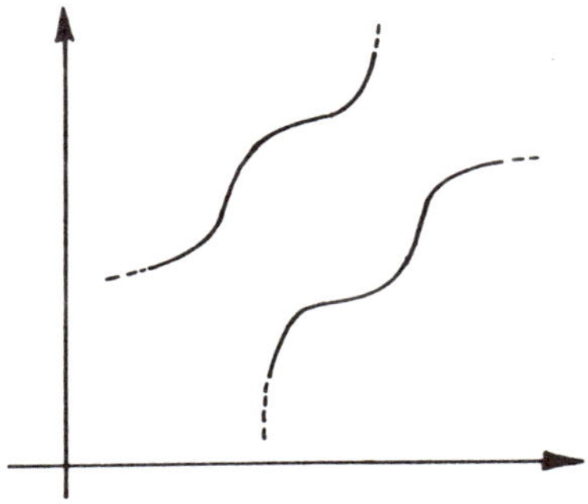

Nous donnons à la fin de ce chapitre, en annexe, la démonstration du théorème des valeurs intermédiaires. Nous y montrons également que *la réciproque, lorsqu'elle existe, d'une fonction continue est également une fonction continue.*

Énonçons maintenant la deuxième propriété fondamentale des fonctions continues.

Deuxième propriété fondamentale

Toute fonction continue sur un intervalle fermé prend une valeur maximum et une valeur minimum finies sur cet intervalle.

Autrement dit : si f est continue sur $[a, b]$, alors il existe un nombre réel x_M, avec $x_M \in [a, b]$, tel que :

$$f(x) \leq f(x_M) \text{ pour tout } x \in [a, b]$$

et un nombre réel x_m, avec $x_m \in [a, b]$, tel que :

$$f(x_m) \leq f(x) \text{ pour tout } x \in [a, b].$$

Dans le cas où f est strictement croissante sur $[a, b]$, alors on a, évidemment, $x_m = a$ et $x_M = b$ (cf. graphique précédent). Mais on peut avoir d'autres cas, tels ceux décrits dans les dessins ci-dessous.

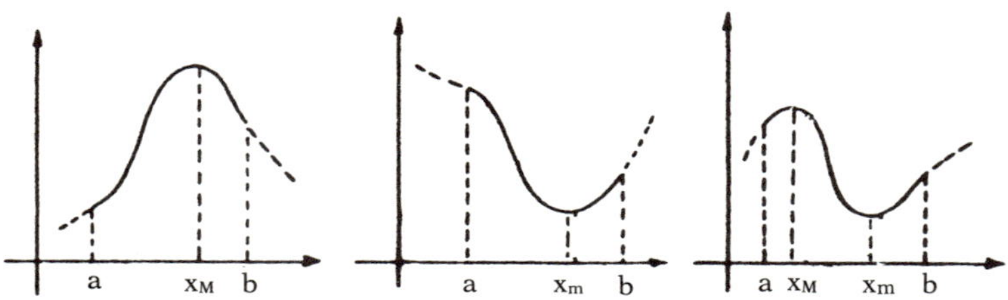

$x_m = a$; $x_M \in]a, b[$ — $x_m \in]a, b[$; $x_M = a$ — $x_m \in]a, b[$; $x_M \in]a, b[$

Cette deuxième propriété est aussi un résultat théorique très important démontré dans l'annexe de ce chapitre. Ainsi, nous verrons au chapitre XI qu'elle permet d'établir le théorème des accroissements finis, autre « clé de voûte » de l'analyse mathématique.

Notons, pour terminer, que l'on peut résumer les deux propriétés fondamentales précédentes par la formule :

$$f([a,b]) = [f(x_m), f(x_M)]$$

(l'image de l'intervalle $[a, b]$ par la fonction continue f est un intervalle fermé dont les extrémités sont données par la valeur minimum et la valeur maximum de f sur $[a, b]$).

Exercices (pour le corrigé, voir page 348)

1. Déterminer la limite, lorsque x tend vers l'infini, de :

$$f(x) = \frac{x^3 + 2x^2 - 3}{2x + 1}$$

$g(x) = (x^5 + 1)\, 3^{-x}$

$h(x) = \sqrt{x^2 + 2x - 1} - \sqrt{x^2 + 3}$

$k(x) = (4x^5 + 3x^4 - 2x^2)^{1/3} - (x^3 - 7)^{1/4}\, (\log_3 x)^7$

Donner des équivalents de ces fonctions, quand ils existent.

Donner un équivalent de $r(x) = \dfrac{x^3 - 3x^2 + 3x - 1}{3x^3 - 3x}$ lorsque x tend vers 1 et lorsque x tend vers 0.

2. Déduire du théorème des valeurs intermédiaires que le polynôme

$$ax^3 + bx^2 + cx + d$$

a au moins une racine, si $a \neq 0$.

CE QU'IL FAUT RETENIR DE CE CHAPITRE

• On dit que $f(x)$ tend vers ℓ lorsque $x \to \infty$ si, pour tout $\varepsilon > 0$, il existe η_ε tel que :

$$(|x - \ell| < \eta_\varepsilon \text{ et } x \neq x_0) \Rightarrow |f(x) - \ell| < \varepsilon.$$

• Une fonction est continue en $x = x_0$ si $f(x_0)$ est définie en x_0 et si $f(x)$ tend vers $f(x_0)$ lorsque x tend vers x_0.

• L'image par une fonction continue d'un intervalle est un intervalle.

ANNEXE
Démonstration des propriétés fondamentales et de la continuité de la réciproque d'une fonction continue

Établissons d'abord la propriété simple suivante :

— si f est continue en x_0, avec $f(x_0) < k$, où k est une constante, alors il existe un voisinage de x_0, V_{x_0}, tel que :

$$x \in V_{x_0} \Rightarrow f(x) < k.$$

Ce résultat vient immédiatement de la continuité de f en x_0. En effet, par définition de celle-ci, pour tout $\varepsilon > 0$ il existe η_ε tel que :

$$x_0 - \eta_\varepsilon < x < x_0 + \eta_\varepsilon \Rightarrow f(x_0) - \varepsilon < f(x) < f(x_0) + \varepsilon$$

Il suffit de prendre $\varepsilon = k - f(x_0)$ (qui est strictement positif, par hypothèse), et η_ε en conséquent, pour avoir :

$$x_0 - \eta_\varepsilon < x < x_0 + \eta_\varepsilon \Rightarrow f(x) < f(x_0) + k - f(x_0) = k$$

le voisinage V_{x_0} étant donné par l'intervalle $]x_0 - \eta_\varepsilon, x_0 + \eta_\varepsilon[$.

La représentation graphique suivante illustre ce résultat, que nous allons utiliser pour démontrer le théorème des valeurs intermédiaires.

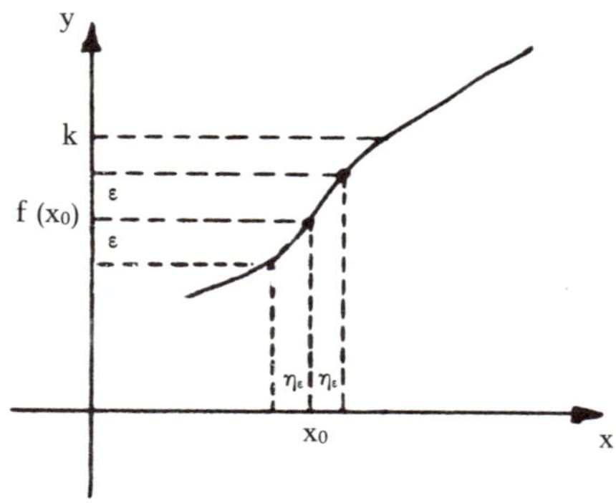

Démonstration du théorème des valeurs intermédiaires

Soit f continue sur $[a, b]$ avec, par exemple, $f(a) < f(b)$ et soit y_0 une « valeur intermédiaire » strictement comprise entre $f(a)$ et $f(b)$ (soit : $f(a) < y_0 < f(b)$). Considérons l'ensemble :

$$E = \{x \in [a, b] ; f(x) < y_0\}.$$

Cet ensemble n'est pas vide, puisque a en fait partie (par hypothèse, $f(a) < y_0$). Il est majoré (par b). Par conséquent, en raison de la propriété fondamentale des nombres réels, il admet une borne supérieure (un plus petit majorant), que nous appelerons c. Notons que c est strictement supérieur à a ; car comme $f(a) < y_0$ et comme f est continue en a, on a $f(x) < y_0$ pour des valeurs de x « légèrement supérieures » à a (cf. résultat précédent). De même, c est strictement inférieur à b, car comme $y_0 < f(b)$ et comme f est continue en b, on a $y_0 < f(x)$ pour tout x appartenant à un intervalle de la forme $]b - \eta, b]$, intervalle dont les éléments sont des majorants de E (donc $c \leqslant b - \eta$, avec $\eta > 0$).

Il nous reste à montrer que $f(c) = y_0$. Pour cela, il suffit de constater que :

— on ne peut avoir $f(c) < y_0$, car sinon, en raison de la continuité de f en c, il existerait un x « légèrement supérieur » à c tel que $f(x) < y_0$ et qui appartiendrait donc à E, en contradiction avec le fait que c est un *majorant* de E ;

— mais on ne peut avoir non plus $f(c) > y_0$. En effet, si tel était le cas, il existerait un intervalle $]c - \eta, c]$ tel que f soit strictement supérieure à y_0 sur cet intervalle (toujours en raison de la continuité de f en c) ; autrement dit, les points de cet intervalle seraient des majorants de E (aucun élément de E n'appartenant à $]c - \eta, b]$), en contradiction avec le fait que c est *le plus petit majorant* de E.

On ne peut donc avoir que $f(c) = y_0$.

Démonstration de la deuxième propriété fondamentale des fonctions continues

On veut montrer que si f est continue sur un intervalle fermé, alors elle y prend une valeur maximum et une valeur minimum.

Montrons d'abord que :
f continue sur $[a, b] \Rightarrow f$ bornée sur $[a, b]$.

Considérons pour cela l'ensemble D :

$$D = \{x \in [a, b] ; f \text{ est bornée sur } [a, x]\}.$$

D étant non vide (puisque $a \in D$, $f(a)$ étant défini en raison de la continuité de f) et borné (par b), il admet une borne supérieure, d. Montrons que $d = b$. Si on avait $d < b$, alors il existerait η_ε tel que $|x - d| < \eta_\varepsilon \Rightarrow |f(x) - f(d)| < \varepsilon$, pour tout $0 < \varepsilon < b - d$. En particulier on aurait :

$$\text{pour tout } x \text{ compris entre } d \text{ et } d + \eta_\varepsilon \quad , \quad f(x) < f(d) + \varepsilon$$

et donc f serait bornée (par $f(d) + \varepsilon$) pour des valeurs strictement supérieures à d, en contradiction avec le fait que d est un majorant de D.

On a donc $d = b$, et f est bornée sur tout intervalle de la forme $[a, b - \alpha[$, avec α « aussi petit que l'on veut ». Comme f est continue en b, elle sera — pour les mêmes raisons que précédemment — bornée sur un intervalle de la forme $]b - \eta, b]$. Il suffit de choisir α entre 0 et η (strictement) pour s'assurer que f est bornée sur $[a, b]$.

En particulier, l'ensemble $\{f(x) \in \mathbb{R} ; x \in [a, b]\}$ est majoré (et non vide, bien entendu) ; il admet donc une borne supérieure, M. On a $f(x) \leqslant M$ pour tout $x \in [a, b]$.

Montrons qu'il existe $x_0 \in [a, b]$ tel que $f(x_0) = M$. *Supposons que ce n'est pas le cas* et considérons la fonction $g(x) = 1/(M - f(x))$. Comme $f(x) < M$ pour $x \in [a, b]$, le dénominateur de g ne s'annule pas sur $[a, b]$; elle est donc continue, puisque f l'est, par hypothèse, sur $[a, b]$. Elle y est donc majorée :

$$g(x) = \frac{1}{M - f(x)} < k \qquad \text{pour tout } x \in [a, b].$$

Mais alors :

$$f(x) < M - \frac{1}{k} \qquad \text{pour tout } x \in [a, b]$$

ce qui contredit le fait que M est *le plus petit majorant* de f sur $[a, b]$. Donc $f(x) - M$ s'annule sur $[a, b]$, et f y atteint son maximum. De même pour le minimum.

Démonstration de la continuité de f^{-1} lorsque f est continue

Comme f est strictement monotone (pour que f^{-1} existe), on la supposera strictement croissante. Soit : $y_0 \in]f(a), f(b)[$. Il existe donc $x_0 \in]a, b[$ tel que $f(x_0) = y_0$. Soit $\varepsilon > 0$, ε étant pris suffisamment petit pour que $x_0 + \varepsilon \in [a, b]$. Posons $\eta_\varepsilon = f(x_0 + \varepsilon) - f(x_0)$ et soit $y = f(x)$. On a alors :

$$(|y - y_0| < \eta_\varepsilon \text{ et } y \geq y_0) \Rightarrow y_0 \leq y < y_0 + \eta_\varepsilon \Rightarrow f(x_0) \leq f(x) < f(x_0 + \varepsilon)$$

$$\Rightarrow x_0 \leq x < x_0 + \varepsilon \text{ (car } x = f^{-1}(f(x)) \text{ et } f^{-1} \text{ est croissante)}$$

$$\Rightarrow |x - x_0| < \varepsilon \Rightarrow |f^{-1}(y) - f^{-1}(y_0)| < \varepsilon.$$

On a donc montré que :

$$|y - y_0| < \eta_\varepsilon \text{ et } y \geq y_0 \Rightarrow |f^{-1}(y) - f^{-1}(y_0)| < \varepsilon.$$

Autrement dit, si y tend vers y_0, par valeurs supérieures, $f^{-1}(y)$ tend vers $f^{-1}(y_0)$: la fonction f^{-1} est donc continue « à droite », en y_0. On montre la même chose « à gauche », c'est-à-dire pour $y < y_0$: la fonction, étant continue « à droite » et « à gauche », elle est continue en y_0. Comme cela est vrai pour tout point de l'intervalle joignant a à b, le résultat s'ensuit.

CHAPITRE X

Dérivée d'une fonction

Pour introduire la notion de dérivée, reprenons l'exemple du chapitre VII relatif au mouvement rectiligne d'un objet. Supposons que celui-ci est une bille lancée du haut d'une tour (comme l'a fait Galilée, à Pise...), en $t = 0$. La distance, en mètres, parcourue par la bille est fonction du temps, selon la relation :

$$f(t) = t^2$$

où t est mesuré en secondes.

Ainsi, en $t = 1$, la distance parcourue sera de 1 mètre, en $t = 2$ de 4 mètres, en $t = 3$ de 9 mètres, etc. On voit donc que la bille « va de plus en plus vite » ; reste à préciser ce qu'on entend par là.

Situons-nous à un instant quelconque, $t = 4$, par exemple. En une seconde, entre $t = 4$ et $t = 5$, la distance parcourue sera égale à : $f(5) - f(4) = 5^2 - 4^2 = 25 - 16 = 9$ mètres. La *vitesse moyenne* pendant cette seconde est donc : $9/1 = 9$ mètres/seconde.

Au lieu de considérer un laps de temps d'une seconde après $t = 4$, regardons ce qui se passe pendant une demi-seconde, donc entre $t = 4$ et $t = 4, 5$. Entre ces deux instants, la distance parcourue est de $f(4{,}5) - f(4) = 4{,}5^2 - 4^2 = 4{,}25$ mètres ; la vitesse moyenne pendant cette demi-seconde est donc de : $4{,}25/0{,}5 = 8{,}5$ mètres/seconde. Pendant l'autre demi-seconde, entre $t = 4{,}5$ et $t = 5$, elle est de : $(5^2 - 4{,}5^2)/0{,}5 = 9{,}5$ mètres/seconde ; elle est donc supérieure à celle trouvée précédemment. On pourrait continuer, en considérant des quarts de seconde, puis des huitièmes de seconde, etc. et on constaterait que les vitesses moyennes dans ces différents « petits » intervalles de temps sont toutes différentes, même si fort proches les unes des autres.

C'est pour tenir compte de ce fait qu'on est amené à définir la notion de vitesse « instantanée ». Pour cela, on considère un intervalle de temps Δt, à partir de $t = 4$, par exemple, et on le fait tendre vers 0. Entre $t = 4$ et $t = 4 + \Delta t$, la vitesse moyenne étant donnée par :

$$\frac{f(4+\Delta t)-f(4)}{\Delta t}=\frac{(4+\Delta t)^2-4^2}{\Delta t}=\frac{8\ \Delta t+(\Delta t)^2}{\Delta t}=8+\Delta t.$$

on constate qu'elle dépend de Δt, puisqu'elle est égale à $8 + \Delta t$. Ceci étant, si on fait tendre Δt vers 0, elle tend vers un nombre précis : 8. On dit que la *vitesse instantanée* en $t = 4$ de la bille est égale à 8.

Plus généralement, si on considère un instant t quelconque, la vitesse instantanée en t est donnée par la limite, lorsque Δt tend vers 0, de :

$$\frac{(t+\Delta t)^2-t^2}{\Delta t}=\frac{t^2+2t\ \Delta t+(\Delta t)^2-t^2}{\Delta t}=2t+\Delta t.$$

Comme : $\lim\limits_{\Delta t\to 0}(2t+\Delta t)=2t$, il s'ensuit que dans le cas où $f(t)=t^2$, la vitesse instantanée en t est égale à $2t$.

Si $f(t)$ est de forme quelconque, la vitesse instantanée en t sera donc, par définition :

$$\lim_{\Delta t\to 0}\frac{f(t+\Delta t)-f(t)}{\Delta t}.$$

Lorsque f est une fonction plus générale, ne donnant pas forcément une distance, l'expression ci-dessus est appelée *la dérivée de f en t.* Il convient de noter que la notion de « vitesse instantanée » (ainsi que celle de dérivée), est une notion abstraite, car résultant d'un passage à la limite, opération n'ayant pas vraiment de base intuitive. Pourtant, c'est une notion fort utile. Ainsi, dans notre exemple, en $t = 1$, cette vitesse est égale à 2, alors qu'en $t = 2$ elle est égale à 4 : on peut donc dire qu'elle a *doublé* entre $t = 1$ et $t = 2$, ce qui a un sens précis. Comme cela a un sens de dire qu'elle augmente à un taux constant dans le temps[1]

Remarquons, pour en terminer avec cet exemple, qu'il nous a donné l'occasion de montrer que *la dérivée de la fonction* t^2 *est* $2t$ (ou, pour reprendre les notations habituelles, que la dérivée de la fonction x^2 est $2x$).

Dérivée et variations à la marge

Considérons une entreprise qui doit dépenser une somme minimum $C(q)$, en achats de matières premières et en salaires, pour pouvoir produire une quantité q d'un bien. Pour fixer les idées, supposons que $C(q) = \sqrt{q}$ et que l'entreprise a un niveau de production de départ égal à 16 (soit : $q = 16$). On s'intéresse alors

1. Taux que l'on appelle l'*accélération.*

au coût supplémentaire entraîné par la production d'une unité supplémentaire du bien. Coût qui est donné ici par :

$$C\,(16+1) - C\,(16) = \sqrt{17} - \sqrt{16} = 0{,}123105...$$

Si l'entreprise ne produit qu'une demi-unité en plus, alors le coût *unitaire* de cette production supplémentaire sera donné par :

$$\frac{C\,(16+0{,}5) - C\,(16)}{0{,}5} = \frac{\sqrt{16{,}5} - \sqrt{16}}{0{,}5} = 0{,}124038...$$

(on divise par 0,5 pour avoir des chiffres comparables avec le cas précédent, de la même façon que lorsqu'on a traité de la vitesse, la seconde servait d'unité de référence, toutes les vitesses étant alors mesurées en mètres/seconde).

Les deux chiffres obtenus concernant la variation du coût « unitaire » sont donc proches, mais différents. Comme pour la vitesse, on pourrait continuer, en considérant des variations de quantité de plus en plus petites, tout en se ramenant au cas « unitaire » par division, c'est-à-dire en calculant des expressions de la forme :

$$\frac{C\,(16+\Delta q) - C\,(16)}{\Delta q}$$

en prenant Δq « aussi petit que l'on veut ». Mais, les résultats obtenus dépendront de Δq, tout en ne différant pas trop les uns des autres. Comme dans le cas de la vitesse instantanée, on cherche à éviter ce problème en passant à la limite, c'est-à-dire en déterminant la valeur de :

$$\lim_{\Delta q \to 0} \frac{C\,(16+\Delta q) - C\,(16)}{\Delta q}$$

Cette limite, si elle existe, est donc *la dérivée* de la fonction $C\,(q)$ au point $q = 16$; on la note $C'\,(16)$. Dans le cas présent, où $C\,(q) = \sqrt{q}$, il est possible de la calculer. Pour cela, on multiplie $\sqrt{16+\Delta q} - \sqrt{16}$ par sa quantité conjuguée (cf. chapitre II) ; soit :

$$C'\,(16) = \lim_{\Delta q \to 0} \frac{\sqrt{16+\Delta q} - \sqrt{16}}{\Delta q} \cdot \frac{\sqrt{16+\Delta q} + \sqrt{16}}{\sqrt{16+\Delta q} + \sqrt{16}} =$$

$$= \lim_{\Delta q \to 0} \frac{\Delta q}{\Delta q\,(\sqrt{16+\Delta q} + \sqrt{16})}$$

Comme dans la dernière expression ci-dessus, on peut simplifier par Δq, et comme $\sqrt{16 + \Delta q} + \sqrt{16}$ tend vers $2\sqrt{16}$ lorsque Δq tend vers 0, il s'ensuit que :

$$C'(16) = \frac{1}{2\sqrt{16}} = \frac{1}{8} = 0{,}125.$$

En réalité, la démonstration précédente est valable pour tout q positif : le lecteur peut le vérifier en remplaçant partout 16 par q ; on arrive alors à :

$$C'(q) = \frac{1}{2\sqrt{q}}.$$

En reprenant les notations habituelles, on a donc montré que *la dérivée de la fonction* $\sqrt{x}$ *est* $1/2\sqrt{x}$.

Après avoir étudié ces deux exemples, donnons la définition générale de la dérivée.

Définition (dérivée d'une fonction en un point)

On dit qu'une fonction f définie sur un voisinage d'un point x est *dérivable* en ce point si le rapport d'accroissements :

$$\frac{f(x + \Delta x) - f(x)}{\Delta x}$$

a une limite lorsque Δx tend vers 0. On note cette limite : $f'(x)$ et on l'appelle la *dérivée de* f *en* x.

On écrit aussi :

$$\lim_{\Delta x \to 0} \frac{\Delta f}{\Delta x} = f'(x) \left(\text{ou } \frac{df(x)}{dx}, \text{ ou } \frac{df}{dx}(x)\right).$$

La dérivée est donc obtenue en faisant *le rapport* de deux infiniments petits, c'est-à-dire de deux expressions qui tendent vers 0 (tout au moins si cette dérivée existe).

Géométriquement, on voit que $\frac{f(x + \Delta x) - f(x)}{\Delta x}$ est la pente de la droite joignant les points $A = (x, f(x))$ et $B = (x + \Delta x, f(x + \Delta x))$ (cf. chapitre III), tels ceux de la figure de la page 121.

Si f est dérivable en A, lorsque Δx tend vers 0, donc lorsque B tend vers A, cette pente a une limite. La droite passant par A et dont la pente est donnée par cette limite est appelée *tangente* en A à la courbe représentant la fonction f.

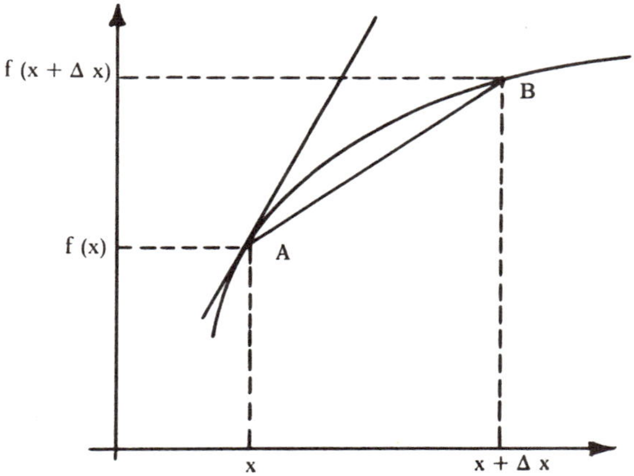

Dérivée d'une somme, d'un produit et d'un rapport

Les résultats suivants se démontrent aisément en faisant appel à la définition même de la dérivée.

Soient f et g deux fonctions dérivables en un point x quelconque ; alors :

— *la dérivée de $f(x) + g(x)$ est $f'(x) + g'(x)$*

Démonstration

Par définition, la dérivée de la fonction $f(x) + g(x)$ est donnée par :

$$\lim_{\Delta x \to 0} \frac{(f(x + \Delta x) + g(x + \Delta x)) - (f(x) + g(x))}{\Delta x}.$$

Soit, en réarrangeant les termes de ce rapport :

$$\lim_{\Delta x \to 0} \frac{f(x + \Delta x) - f(x)}{\Delta x} + \lim_{\Delta x \to 0} \frac{g(x + \Delta x) - g(x)}{\Delta x}$$

ce qui n'est rien d'autre que : $f'(x) + g'(x)$.

C'est le résultat annoncé.

— *la dérivée du produit $f(x)\,g(x)$ est $f'(x)\,g(x) + f(x)\,g'(x)$*

Démonstration

Par définition, la dérivée de la fonction $f(x)\,g(x)$ est donnée par :

$$\lim_{\Delta x \to 0} \frac{f(x+\Delta x)\, g(x+\Delta x) - f(x)\, g(x)}{\Delta x}$$

On « intercale » alors dans le numérateur de l'expression ci-dessus le terme (nul) : $-f(x)\, g(x+\Delta x) + f(x)\, g(x+\Delta x)$, de façon à l'écrire sous la forme :

$$\lim_{\Delta x \to 0} \frac{(f(x+\Delta x) - f(x))\, g(x+\Delta x) + f(x)\, (g(x+\Delta x) - g(x))}{\Delta x}$$

ou encore :

$$\lim_{\Delta x \to 0} \frac{(f(x+\Delta x) - f(x)}{\Delta x}\, g(x+\Delta x) + \lim_{\Delta x \to 0} f(x)\, \frac{g(x+\Delta x) - g(x)}{\Delta x}$$

ce qui est égal, par définition de la dérivée de f et de g, à $f'(x)\, g(x) + f(x)\, g'(x)$.[1]

— *la dérivée du rapport $f(x)/g(x)$ est, si $g(x) \neq 0$:*

$$\frac{f'(x)\, g(x) - f(x)\, g'(x)}{(g(x))^2}$$

Ce résultat se démontre à partir du précédent, en remarquant que $f(x)/g(x)$ est le produit de $f(x)$ et de $1/g(x)$, et en montrant, toujours à partir de la définition de la dérivée, que $(1/g(x))' = -g'(x)/(g(x))^2$, ce qui est immédiat.

Dérivée des fonctions habituelles

— *dérivée de x^n, avec $n \in \mathbb{N}$*

On doit chercher la limite de $\frac{(x+\Delta x)^n - x^n}{\Delta x}$ lorsque Δx tend vers 0. Pour cela on se sert de l'identité remarquable (cf. chapitre II) :

$$a^n - b^n = (a-b)\,(a^{n-1} + a^{n-2}b + \ldots + ab^{n-2} + b^{n-1})$$

en posant : $a = x + \Delta x$ et $b = x$. D'où :

$$\frac{(x+\Delta x)^n - x^n}{\Delta x} =$$

$$\frac{\Delta x\, ((x+\Delta x)^{n-1} + (x+\Delta x)^{n-2}\, x + \ldots + (x+\Delta x)\, x^{n-2} + x^{n-1})}{\Delta x}$$

1. En se servant du fait que $g(x+\Delta x)$ tend vers $g(x)$ lorsque Δx tend vers 0, donc que $g(x)$ est continue en x (ce qui est le cas car, nous montrerons un peu plus loin, qu'une fonction dérivable en un point y est aussi continue).

On simplifie par Δx, dans le membre de droite de cette équation ; le terme restant tend, lorsque Δx tend vers 0, vers :

$$\begin{aligned} x^{n-1} + x^{n-2}x + ... + x \bullet x^{n-2} + x^{n-1} &= x^{n-1} + x^{n-1} + ... + x^{n-1} + x^{n-1} \\ &= nx^{n-1}. \end{aligned}$$

Donc, on a montré que :

$$\lim_{\Delta x \to 0} \frac{(x + \Delta x)^n - x^n}{\Delta x} = nx^{n-1}.$$

Autrement dit : *la dérivée de* x^n *est* nx^{n-1}.

— *dérivée de* $\log_a x$, $a > 0$.

On doit chercher la limite de $\frac{\log_a(x + \Delta x) - \log_a x}{\Delta x}$ lorsque Δx tend vers 0. Cette expression pouvant se mettre sous la forme :

$$\frac{1}{\Delta x} (\log_a (x + \Delta x) - \log_a x)$$

elle est aussi égale, en raison des propriétés fondamentales de la fonction logarithme (cf. chapitre VI), à :

$$\frac{1}{\Delta x} \log_a \left(\frac{x + \Delta x}{x}\right) = \frac{1}{\Delta x} \log_a \left(1 + \frac{\Delta x}{x}\right) = \log_a \left(1 + \frac{\Delta x}{x}\right)^{1/\Delta x}.$$

Lorsque Δx tend vers 0, $1/\Delta x$ tend vers l'infini[1] En tenant compte de cela, posons $u = x/\Delta x$. Par conséquent, on a (puisque $\Delta x = x/u$) :

$$\left(1 + \frac{\Delta x}{x}\right)^{1/\Delta x} = \left(1 + \frac{1}{u}\right)^{u/x}.$$

Donc :

$$\log_a \left(1 + \frac{\Delta x}{x}\right)^{1/\Delta x} = \log_a \left(1 + \frac{1}{u}\right)^{u/x} = \frac{1}{x} \log_a \left(1 + \frac{1}{u}\right)^{u}$$

Lorsque Δx tend vers 0, $u = x/\Delta x$ tend vers l'infini, et donc $(1 + 1/u)^u$ tend vers e. Par conséquent, $(1/x) \log_a (1 + 1/u)^u$ tend vers $(1/x) \log_a e$ lorsque Δx tend vers l'infini.

On a donc montré que :

$$\lim_{\Delta x \to 0} \frac{\log_a (x + \Delta x) - \log_a x}{\Delta x} = \frac{\log_a e}{x}$$

1. Si $\Delta x > 0$, ce que nous supposerons (mais le résultat vaut aussi si $\Delta x < 0$: cf. fin de l'annexe du chapitre 8).

autrement dit, que *la dérivée de* $\log_a x$ *est* $\frac{\log_a e}{x}$.

Dans le *cas particulier* où $a = e$, alors la dérivée de $\log_e x$ est $1/x$. Le logarithme de base e est dit *logarithme népérien* (ou *naturel*). Il occupe une place privilégiée en analyse mathématique, notamment en raison de la simplicité de sa dérivée. On le note : $\ell n\, x$.

— *dérivée de* a^x

On cherche la limite de $\frac{a^{x+\Delta x} - a^x}{\Delta x}$ lorsque Δx tend vers 0, en se servant du fait que la fonction exponentielle est la réciproque de la fonction logarithme.

Pour cela, on pose $a^{x+\Delta x} = u$ et $a^x = v$. Par conséquent, on a : $x + \Delta x = \log_a u$ et $x = \log_a v$. D'où : $\Delta x = \log_a u - \log_a v$. Dans ces conditions, on a :

$$\frac{a^{x+\Delta x} - a^x}{\Delta x} = \frac{u - v}{\log_a u - \log_a v} = \frac{1}{\frac{\log_a u - \log_a v}{u - v}}$$

Lorsque Δx tend vers 0, u tend vers v, en raison de la continuité de la fonction exponentielle. Par conséquent, $\frac{\log_a u - \log_a v}{u - v}$ tend vers la dérivée en v de la fonction logarithme base a, c'est-à-dire vers $\frac{\log_a e}{v}$. Soit, comme $v = a^x$, vers $\frac{\log_a e}{a^x}$.

Finalement, on a montré que :

$$\lim_{\Delta x \to 0} \frac{a^{x+\Delta x} - a^x}{\Delta x} = \frac{1}{\frac{\log_a e}{a^x}} = \frac{a^x}{\log_a e}$$

Comme $\log_a e = 1/\log_e a = 1/\ell n\, a$ (cf. chapitre VI), il s'ensuit que : *la dérivée de* a^x *est* $a^x \,\ell n\, a$.

En particulier, comme $\ell n\, e = 1$: *la dérivée de* e^x *est* e^x.

— *dérivée de* x^α

On se sert de la relation définissant le logarithme (népérien, par exemple) : $x = e^{\ell n\, x}$.

Donc :

$$x^\alpha = e^{\alpha \ell n\, x}.$$

On dérive cette fonction par rapport à x, en se servant de la formule de la « dérivée d'une fonction de fonction » (cf. section suivante). Soit :

$$(x^\alpha)' = e^{\alpha \ell n x} (\alpha \ell n x)' = e^{\alpha \ell n x} \left(\frac{\alpha}{x}\right).$$

Or, comme $e^{\alpha \ell n x} = x^\alpha$, il s'ensuit que :

$$(x^\alpha)' = \alpha x^{\alpha - 1}.$$

Donc : *la dérivée de x^α est $\alpha x^{\alpha-1}$.*

Donnons, pour terminer, le résultat suivant, qui se démontre aisément en se servant du fait que $\frac{\sin x}{x}$ tend vers 1 lorsque x tend vers 0 et de formules trigonométriques classiques :
— *la dérivée de cos x est - sin x et la dérivée de sin x est cos x.*

Différentielle en un point d'une fonction

Revenons à la formule définissant la dérivée en un point d'une fonction. Soit :

$$f'(x) = \lim_{\Delta x \to 0} \frac{f(x + \Delta x) - f(x)}{\Delta x}.$$

Ce qui peut s'écrire, de façon équivalente :

$$\lim_{\Delta x \to 0} \left(\frac{f(x + \Delta x) - f(x)}{\Delta x} - f'(x)\right) = 0$$

Soit, en posant : $\frac{f(x + \Delta x) - f(x)}{\Delta x} - f'(x) = \varepsilon(\Delta x)$,

$$\lim_{\Delta x \to 0} \varepsilon(\Delta x) = 0.$$

Étant donné la façon dont est définie $\varepsilon(\Delta x)$, il revient au même de dire que f est dérivable en x, avec pour dérivée $f'(x)$, ou de dire que $\varepsilon(\Delta x)$ tend vers 0 lorsque Δx tend vers 0. Par ailleurs, la formule définissant $\varepsilon(\Delta x)$ peut aussi s'écrire sous la forme :

(1) $$f(x + \Delta x) - f(x) = f'(x)\,\Delta x + \varepsilon(\Delta x)\,\Delta x.$$

Donc, si f est dérivable en x, avec pour dérivée $f'(x)$, alors elle vérifie une formule telle que (1), *avec $\varepsilon(\Delta x)$ tendant vers 0 lorsque Δx le fait.*

Réciproquement, si f vérifie une formule telle que (1), avec $\varepsilon(\Delta x)$ tendant vers 0 lorsque Δx le fait, alors f est dérivable en x, avec pour dérivée $f'(x)$. Ce résultat vient immédiatement en divisant par Δx les deux membres de (1), puis en faisant tendre Δx vers 0 : le membre de gauche donne alors le rapport des accroissements servant à définir la dérivée de f en x, celui de droite le nombre $f'(x)$, auquel s'ajoute le terme résiduel $\varepsilon(\Delta x)$, qui devient nul « à la limite ».

On a donc établi que :

la fonction f est dérivable en x, avec pour dérivée $f'(x)$, si et seulement si il existe une fonction $\varepsilon(\Delta x)$ tendant vers 0 avec Δx et vérifiant l'égalité :

$$f(x + \Delta x) - f(x) = f'(x)\,\Delta x + \varepsilon(\Delta x)\,\Delta x.$$

Notons que peu importe ici la *forme* de $\varepsilon(\Delta x)$: ce qui compte, c'est qu'elle tende vers 0.

L'expression $f'(x)\,\Delta x$ est appelée *la différentielle* de f en x. Nous voyons donc que *c'est une fonction, linéaire, de* Δx. La formule (1) nous montre que la différentielle de f en x donne une *valeur approchée* de l'accroissement $f(x + \Delta x) - f(x)$.

Cela est une conséquence du fait que, dans le terme restant du membre de droite de (1), $\varepsilon(\Delta x)$ tend vers 0 lorsque Δx tend vers 0. On note parfois :

$$\Delta f \simeq f'(x)\,\Delta x.$$

La qualité de l'approximation dépend de la valeur de Δx (elle est d'autant meilleure que Δx est petit), mais aussi de la forme de la fonction f en x.

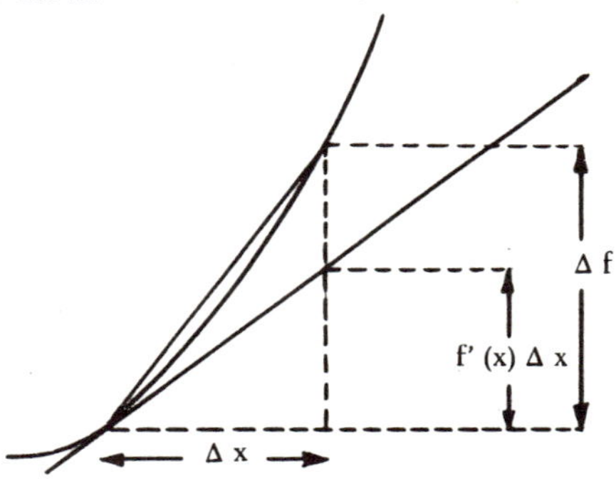

Le dessin ci-dessus donne le graphe de la différentielle, représentée par *la tangente en x* à la courbe représentative de f. C'est pourquoi on dit que la différentielle « linéarise » la fonction en x, ou que la différentielle représente l'« application linéaire tangente » en x à f.

Notons, pour terminer, qu'il découle de la formule (1) que *si f est dérivable en x, alors elle y est continue.* En effet, si Δx tend vers 0, il en est de même du membre de droite de (1) ; par conséquent, $f(x + \Delta x)$ tend vers $f(x)$: f est continue en x.

Dérivée d'une fonction de fonction

Considérons la *fonction composée* $f \circ g(x)$, c'est-à-dire la fonction qui fait correspondre à x le nombre $f(g(x))$, obtenu en « appliquant » g à x, puis en « appliquant » f au résultat de cette application, $g(x)$.

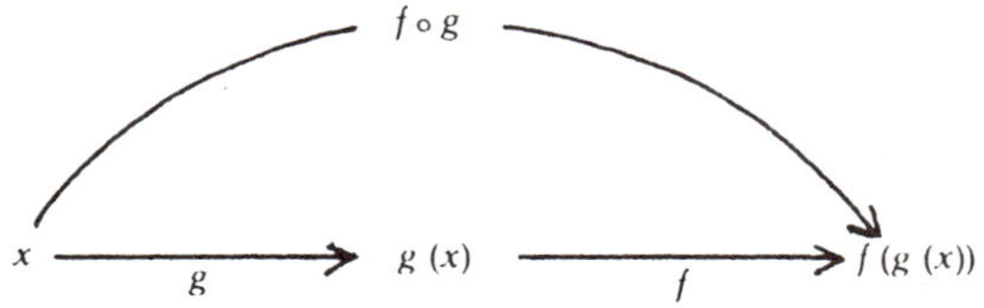

Soit :

$$f \circ g(x) = f(g(x)).$$

On cherche la dérivée de $f \circ g$, en fonction de celles de f et de g.

Pour la déterminer, on va se servir de la formule (1).

Par définition, la dérivée de $f \circ g$ en x, notée $(f \circ g)'(x)$, est donnée par :

$$\lim_{\Delta x \to 0} \frac{f \circ g(x + \Delta x) - f \circ g(x)}{\Delta x} = \lim_{\Delta x \to 0} \frac{f(g(x + \Delta x) - f(g(x))}{\Delta x}$$

Appliquons la formule (1) à la fonction f, mais en prenant $g(x)$ à la place de x et $g(x + \Delta x)$ à la place de $x + \Delta x$ (donc, le « rôle » de Δx est ici joué par $g(x + \Delta x) - g(x)$). Soit, si f est dérivable en $g(x)$:

$$f(g(x + \Delta x)) - f(g(x)) = f'(g(x))(g(x + \Delta x) - g(x))$$
$$+ \varepsilon(g(x + \Delta x) - g(x))(g(x + \Delta x) - g(x)$$

avec $\varepsilon(g(x + \Delta x) - g(x)) \to 0$ lorsque $g(x + \Delta x) - g(x) \to 0$.

En divisant par Δx les deux membres de cette égalité, et en faisant tendre Δx vers 0, on a :

$$\lim_{\Delta x \to 0} \frac{f(g(x + \Delta x) - f(g(x))}{\Delta x} = f'(g(x)) \lim_{\Delta x \to 0} \frac{g(x + \Delta x) - g(x)}{\Delta x}$$

$$+ \lim_{\Delta x \to 0} \varepsilon(g(x + \Delta x) - g(x)) \lim_{\Delta x \to 0} \frac{g(x + \Delta x) - g(x)}{\Delta x}$$

Si on suppose que g est dérivable en x, alors :

$$\lim_{\Delta x \to 0} \frac{g(x + \Delta x) - g(x)}{\Delta x} = g'(x).$$

Par ailleurs, comme g est continue en x, $g(x + \Delta x) - g(x)$ tend vers 0 lorsque Δx tend vers 0. Il en est donc de même pour $\lim_{\Delta x \to 0}$ $\varepsilon(g(x + \Delta x) - g(x))$, et le deuxième terme du membre de droite de l'égalité ci-dessus s'annule « à la limite ».

Finalement, on a :

$$\lim_{\Delta x \to 0} \frac{f(g(x + \Delta x) - f(g(x))}{\Delta x} = f'(g(x))\, g'(x).$$

C'est la formule de dérivation d'une fonction de fonction, que l'on peut décrire de la façon suivante :

la dérivée de la fonction composée $f \circ g$ est obtenue en faisant le produit de la dérivée de f, en g (x), et de la dérivée de g, en x.

Soit :

$$(f \circ g)'(x) = f'(g(x))\, g'(x).$$

Exemple : cherchons la dérivée de e^{2x^2}. Le rôle de $g(x)$ est joué ici par $2x^2$, f étant la fonction exponentielle, de base e. La dérivée de celle-ci en $g(x)$ est donc e^{2x^2} ; comme, ici, $g'(x) = 4x$, la dérivée de e^{2x^2} est donc : $e^{2x^2} \cdot 4x$ ou, ce qui est le même : $4xe^{2x^2}$.

Cas particulier : dérivée logarithmique et taux de croissance instantané

Considérons une fonction f à valeurs strictement positives et dérivable. Alors, la dérivée de la fonction composée $\ln f(x)$ est donnée, en se servant de la formule précédente, par le produit de la dérivée, en $f(x)$, du logarithme naturel (soit : $1/f(x)$) et de la dérivée, en x, de $f(x)$. Autrement dit :

$$\frac{d}{dx} \ln f(x) = \frac{f'(x)}{f(x)}.$$

Il est possible de donner une interprétation économique à cette expression. En effet, nous avons vu au début de ce chapitre que la dérivée représentait une variation « limite », ou « instantanée ». Comme, lorsqu'on divise une variation d'une fonction par la valeur de cette fonction on est en présence d'un taux de croissance[1] (cf. chapitre 23), il s'ensuit que *le rapport $f'(x)/f(x)$ est le taux de croissance instantané de f, en x.*

Ce taux de croissance étant obtenu en faisant la dérivée d'un logarithme, il a un certain nombre de propriétés, comme le montre l'exemple suivant.

Supposons que $s(t)$ est le salaire d'un ouvrier en t, le niveau des prix étant $p(t)$. Son pouvoir d'achat est donc donné par le rapport $s(t) / p(t)$ et son taux de croissance instantané en t par :

1. Taux qui peut être, évidemment, négatif (dans ce cas, il y a « décroissance ») ; on pourrait parler, plus généralement, de « taux de variation ».

$$\frac{d}{dt}\,\ell n\left(\frac{s\,(t)}{p\,(t)}\right)$$

Soit, comme $\ell n(s(t)/p(t)) = \ell n\,s(t) - \ell n\,p(t)$:

$$\frac{d}{dt}\,\ell n\left(\frac{s(t)}{p(t)}\right) = \frac{d}{dt}\ell n\,\mathrm{s(t)} - \frac{d}{dt}\,\mathrm{lnp(t)} = \frac{s'(t)}{s(t)} - \frac{p'(t)}{p(t)}.$$

Donc : *le taux de croissance instantané du pouvoir d'achat est égal à la différence des taux de croissance instantanés du salaire et du prix.*

Cette propriété constitue l'un des avantages (mathématiques, du moins), de l'utilisation des taux de croissance instantanés. On montre de la même façon que :

le taux de croissance instantané du produit de deux fonctions est égal à la somme des taux de croissance instantanés de ces deux fonctions (cela découle, tout simplement, de ce que $\ell n\,(f\,(x)\,g\,(x)) = \ell n\,(f\,(x)) + \ell n\,(g\,(x))$).

Remarque : habituellement, lorsque f est une fonction du temps, on note sa dérivée $\dot{f}$, au lieu de f'.

Élasticité d'une fonction en un point

Supposons que f soit la demande d'un bien, et x son prix. On s'intéresse aux variations de f par rapport à celles de son prix. Évidemment, $f'(x)$ est un indicateur de ces variations relatives, mais il présente l'inconvénient de dépendre des unités choisies. C'est pour éviter cet inconvénient que l'on préfère considérer *le rapport des taux de variation* de la demande et du prix. Soit :

$$\frac{\dfrac{\Delta f}{f}}{\dfrac{\Delta x}{x}}$$

ce qui s'écrit encore :

$$\frac{\Delta f}{\Delta x}\,\frac{x}{f}$$

Si on fait tendre Δx vers 0, on obtient un rapport « instantané », appelé *l'élasticité de f en x* ; soit :

$$\text{élasticité de } f \text{ en } x :\ \lim_{\Delta x \to 0} \frac{\Delta f}{\Delta x} \cdot \frac{x}{f} = f'\,(x)\,\frac{x}{f\,(x)}$$

Comme $f'(x) / f(x) = d(\ell n f(x)) / dx$, on peut encore écrire :

$$\text{élasticité de } f \text{ en } x : x \frac{d(\ell n f(x))}{dx}$$

Il découle immédiatement de cette formule, et des propriétés du logarithme, que :

— *l'élasticité du produit de deux fonctions est égale à la somme de leurs élasticités ;*

— *l'élasticité du rapport de deux fonctions est égale à la différence de leurs élasticités.*

Interprétation Si l'élasticité de f en $x = 4$ est de - 1,5, cela veut dire qu'une hausse de 1 % de x en 4 entraîne une baisse de - 1,5 % de f ; comme nous l'avons déjà signalé, l'intérêt de l'élasticité est de permettre de raisonner ainsi, avec des pourcentages (des taux de variation).

Dérivées d'ordre supérieur

On peut considérer que la dérivée $f'(x)$ est elle-même une fonction de x et s'intéresser à sa propre dérivée. Si celle-ci existe, on la note $f''(x)$. On a donc :

$$f''(x) = \lim_{\Delta x \to 0} \frac{f'(x + \Delta x) - f'(x)}{\Delta x}.$$

$f''(x)$ est appelée la *dérivée seconde* de f, en x.

On calcule de même, si elles existent, la dérivée troisième de f, dérivée de f'', la dérivée quatrième de f, dérivée de la dérivée troisième, etc. On les note : $f^{(3)}(x)$, $f^{(4)}(x)$, etc. et on parle de *dérivées successives* de f, en x.

Exercices (pour le corrigé, voir page 350)

1. Déterminer les dérivées de :

a) $\ell n(3e^{-x} + 4)$
b) $(x^2 + 3)/(2x^3 - 1)$
c) $(2 \ell n x + 4)^{1/2}$

2. Déterminer l'élasticité de $f(x) = 3x^2$ et, plus généralement, de $f(x) = a \cdot x^b$.

3. Soit une fonction f vérifiant, pour tout Δx appartenant à l'intervalle [0,1/10] :

$$f(3 + \Delta x) - f(3) = 4 \Delta x + 6 (\Delta x)^3$$

a) En vous référant à la formule (1), qu'est-ce qui joue ici le rôle de $\varepsilon(\Delta x)$?

b) f est-elle dérivable en $x = 3$?
c) Déterminer $f'(3)$.

CE QU'IL FAUT RETENIR DE CE CHAPITRE

— Définition de la dérivée :

$$f'(x) = \lim_{\Delta x \to 0} \frac{f(x + \Delta x) - f(x)}{\Delta x}$$

— $$(f + g)'(x) = f'(x) + g'(x)$$

$$(fg)'(x) = f'(x)\, g(x) + f(x)\, g'(x)$$

$$(f/g)'(x) = \frac{f'(x)\, g(x) - f(x)\, g'(x)}{g(x)^2}$$

— Dérivée de $x^\alpha = \alpha x^{\alpha - 1}$
— Dérivée de $a^x = a^x \ell n\, a$ (où $\ell n\, a = \log_e a$)
— Dérivée de $\log_a^x = \dfrac{1}{x\, \ell n\, a}$
— Dérivée de $\cos x$: $-\sin x$
— Dérivée de $\sin x$: $\cos x$

— $$(f \circ g)'(x) = f'(g(x))\, g'(x).$$

CHAPITRE XI

Applications de la dérivée : Sens de variation d'une fonction Extrema Accroissements finis et formule de Taylor

La dérivée est un instrument très utile pour étudier les fonctions : sens de variation, extrema, etc. Elle intervient aussi dans la formule des accroissements finis, qui fait, en quelque sorte, le lien entre les variations d'une fonction et sa dérivée. Elle sert, également, à démontrer la formule de Taylor, qui joue un rôle essentiel dans les applications pratiques (elle permet, notamment, de déterminer les valeurs prises par les fonctions logarithme, exponentielle, puissance, etc. ainsi que celles des fonctions trigonométriques). Dans ce chapitre, nous allons traiter de ces diverses utilisations de la dérivée.

Sens de variation d'une fonction et signe de sa dérivée

Considérons une fonction f qui est croissante sur un intervalle $[a,b]$. Soit : si $x > x'$, avec x et x' appartenant à $[a, b]$, alors $f(x) \geq f(x')$. Supposons que f est dérivable en $x \in]a,b[$ et considérons un accroissement Δx strictement positif (et suffisamment petit pour que $x + \Delta x \in]a, b[$). Donc $x + \Delta x > x$ et, comme f est croissante, $f(x + \Delta x) \geq f(x)$. Il s'ensuit que :

$$\frac{f(x + \Delta x) - f(x)}{\Delta x} \geq 0$$

pour tout Δx positif. Si Δx est négatif, on aura un résultat similaire puisqu'alors $x > x + \Delta x$, donc $f(x + \Delta x) - f(x) \leq 0$. Le rapport de cette expression et de Δx, également négatif, sera donc positif. Par conséquent, quel que soit Δx (« petit » mais non nul), on a :

$$\frac{f(x + \Delta x) - f(x)}{\Delta x} \geq 0.$$

Comme cette inégalité est également valable « à la limite » (cf. annexe du chapitre IX), on doit avoir :

$$f'(x) = \lim_{\Delta x \to 0} \frac{f(x + \Delta x) - f(x)}{\Delta x} \geq 0.$$

Donc : *la dérivée d'une fonction croissante sur un intervalle est positive sur cet intervalle.*

On montre exactement de même que :

La dérivée d'une fonction décroissante sur un intervalle est négative sur cet intervalle.

Ce résultat nous permet d'introduire l'étude des extrema, c'est-à-dire les maxima ou les minima, d'une fonction.

Extrema d'une fonction

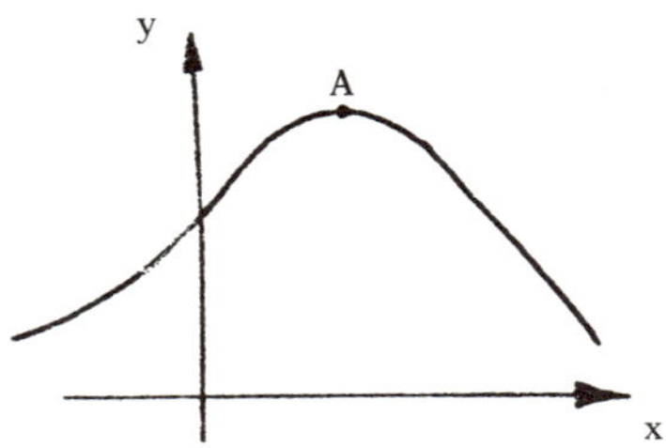

Si on considère la courbe ci-dessus, « on voit que » comme A est un maximum, elle ne peut qu'être croissante « à gauche » de A, et décroissante « à sa droite ». Autrement dit, si la fonction représentée par cette courbe est dérivable au voisinage de A, sa dérivée doit être positive « à gauche » de A, négative à sa droite, en raison du résultat établi précédemment. Donc : elle ne peut qu'être nulle en A. Nous allons démontrer formellement ce résultat mais, auparavant, donnons quelques définitions.

On dit que x_0 est un *maximum* de f s'il existe un voisinage de x_0 sur lequel f est définie et tel que, pour tout x de ce voisinage, on ait :

$$f(x) \leq f(x_0).$$

Si l'inégalité est dans l'autre sens, alors on dit que x_0 est un *minimum* de f. Notons que ces définitions concernent des extrema « locaux », puisque l'existence d'un « petit » voisinage suffit pour que l'on puisse parler ici de maximum ou de minimum.

Lorsque l'inégalité est vérifiée pour tout x de l'ensemble de définition de f, alors on est en présence d'un maximum, ou d'un minimum, *global*, ou *absolu*. Ainsi, dans le dessin de la page suivante, A est un maximum global, B un maximum (local), E un minimum (local).

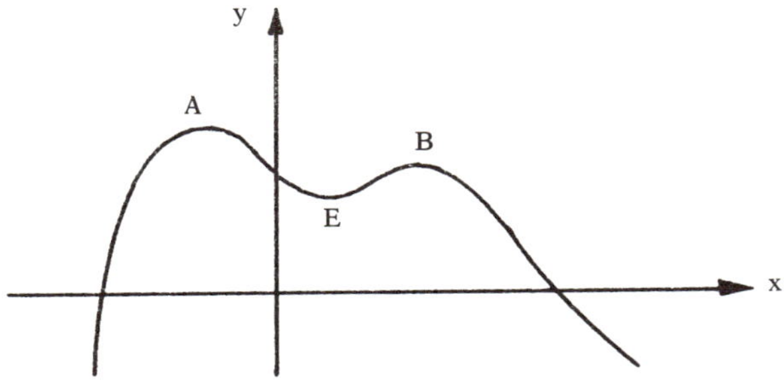

Venons-en à notre démonstration. Soit x_0 un maximum de f. Si x est proche de x_0, avec $x < x_0$, on doit avoir :

$$f(x) \leq f(x_0)$$

ou encore :

$$f(x) - f(x_0) \leq 0.$$

Donc, comme $x - x_0 < 0$:

$$\frac{f(x) - f(x_0)}{x - x_0} \geq 0.$$

Cette inégalité doit être vraie pour tout x « aussi proche que l'on veut » de x_0 avec $x < x_0$. Autrement dit, si f est dérivable en x_0, sa dérivée doit y être positive ou nulle.

Par ailleurs, si x est proche de x_0, mais tel que $x > x_0$, alors on doit aussi avoir : $f(x) \leq f(x_0)$ (puisque x_0 est un maximum) ; mais comme $x - x_0 > 0$, on a dans ce cas :

$$\frac{f(x) - f(x_0)}{x - x_0} \leq 0.$$

Cette inégalité étant vraie pour tout x « aussi proche que l'on veut » de x_0, il s'ensuit que la dérivée de f en x_0 ne peut qu'être négative ou nulle.

Par conséquent, $f'(x_0)$ devant être *à la fois* positive ou nulle et négative ou nulle, elle ne peut qu'être nulle.

On a donc montré que :

Si x_0 est un maximum de f, et si cette dernière est dérivable en x_0, alors $f'(x_0) = 0$.

On a un résultat similaire si x_0 est un minimum de f.

Notons que le fait que la dérivée d'une fonction s'annulle en un point est une *condition nécessaire* et non suffisante pour que ce point soit un extremum de cette fonction.

Le résultat précédent permet de démontrer l'important théorème suivant.

Théorème de Rolle :

Si une fonction f, dérivable sur un intervalle $[a, b]$, est telle que $f(a) = f(b)$, alors il existe un point c, strictement compris entre a et b, tel que $f'(c) = 0$.

Démonstration

La fonction f étant dérivable sur $[a, b]$, elle y est continue. Il résulte de la deuxième propriété fondamentale des fonctions continues (cf. chapitre IX) qu'elle atteint un maximum et un minimum sur $[a, b]$. Si ce maximum et ce minimum, qui sont globaux, sont égaux, alors la fonction est constante sur $[a, b]$: sa dérivée est donc nulle sur $[a, b]$; le point c du théorème est n'importe quel point de $]a, b[$.

Si le maximum et le minimum de f sur $[a, b]$ ne sont pas égaux, alors l'un d'entre eux, au moins, est différent de a et de b ; il existe donc un point $c \in]a, b[$ où f est maximum ou minimum et il découle du résultat précédent que $f'(c) = 0$. Ce qui finit la démonstration.

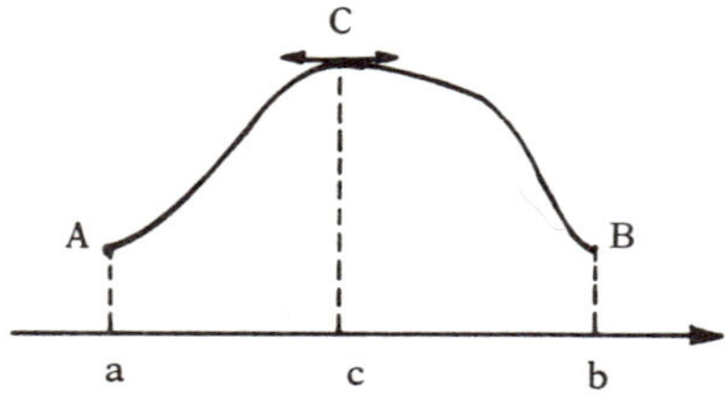

Remarquons que le point c peut ne pas être unique, comme le montrent les cas ci-dessous.

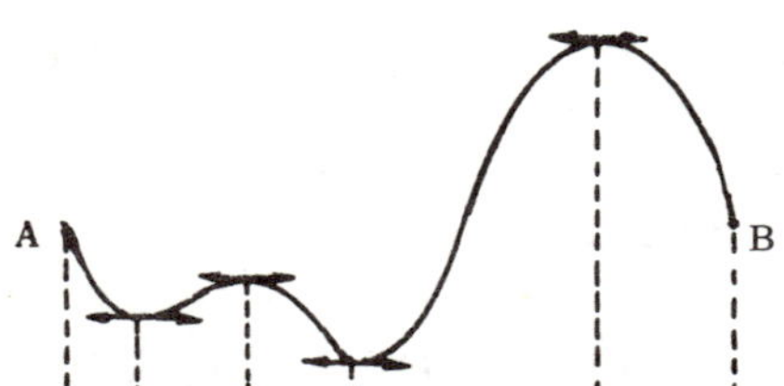

La formule des accroissements finis, l'une des « clé de voûte » de l'analyse mathématique, est une conséquence directe du théorèmé de Rolles.

La formule des accroissements finis

Reprenons les trois figures précédentes, et faisons leur subir une rotation, de façon à obtenir :

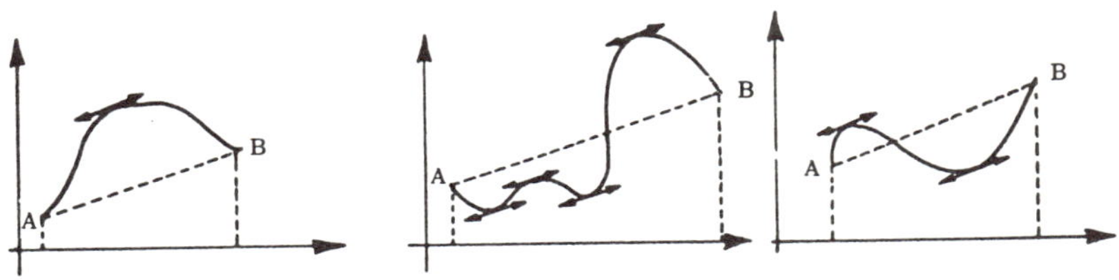

Nous voyons que maintenant ce qui caractérise les points c, c'est que la tangente en C est parallèle au segment de droite AB. Comme la pente de ce dernier est donnée par (cf. chapitre III) : $(f(b) - f(a))/(b-a)$, il s'ensuit que les points c vérifient la relation :

$$f'(c) = \frac{f(b) - f(a)}{b-a},\ c \text{ étant strictement compris entre } a \text{ et } b.$$

C'est la *formule des accroissements finis.*

Pour la démontrer, il suffit d'appliquer le théorème de Rolles à la fonction $g(x)$ définie par :

$$g(x) = f(x) - \frac{f(b) - f(a)}{b-a}(x-a).$$

En effet, si f est dérivable sur $[a, b]$, il en est de même de g, et on a : $g(a) = g(b)$ (tous deux étant égaux à $f(a)$). Donc, il existe $c \in]a, b[$ tel que $g'(c) = 0$. Or, comme $g'(x) = f'(x) - \frac{f(b) - f(a)}{b-a}$, le résultat s'ensuit.

La formule des accroissements finis est essentiellement un *résultat théorique,* qui fait, en quelque sorte, le lien entre les variations d'une fonction et sa dérivée. Mais, en général, elle n'est pas directement « opérationnelle », car on ne connaît pas exactement la valeur de c (la seule « information » dont on dispose à son propos, c'est qu'elle est comprise, au sens strict, entre a et b). En réalité, son utilité réside dans le fait qu'elle permet d'établir un certain nombre de résultats fondamentaux, tel la formule de Taylor qui, eux, sont très « opérationnels ». Le théorème, classique, suivant en est un exemple : il donne un critère très pratique pour étudier le sens de variation d'une fonction.

Théorème

Soit une fonction f dérivable sur un intervalle :

— si f' est positive sur cet intervalle, alors elle y est croissante.
— si f' est négative sur cet intervalle, alors elle y est décroissante.
— si f' est strictement positive (négative), alors elle est strictement croissante (décroissante).

La démonstration de ce théorème est immédiate. Soient deux points différents de l'intervalle, x et x'; la formule des accroissements s'écrit :

$$f'(c) = \frac{f(x) - f(x')}{x - x'},$$ c étant strictement compris entre x et x'.

Si f' est positive sur l'intervalle considéré, elle le sera en particulier en c ; par conséquent, il résulte de la formule ci-dessus que $f(x) - f(x')$ et $x - x'$ ont le même signe ; autrement dit, f est croissante sur cet intervalle.

On procède de même si f' est négative, et si les signes sont stricts.

Le théorème précédent, sorte de réciproque d'un résultat qui a été établi au chapitre précédent (la dérivée d'une fonction croissante est positive, etc.), permet de déterminer quand une fonction dérivable est croissante ou décroissante, et donc de connaître la forme de son graphe (pour cela on fait appel à un *tableau de variation* : voir, à titre d'exemple, l'exercice 1).

Formules de Taylor et de Mac Laurin

La formule des accroissements finis peut s'écrire, de façon équivalente, sous la forme :

$$f(b) = f(a) + (b - a)\, f'(c)$$

Si f' est elle-même dérivable sur l'intervalle compris entre a et c, alors on peut également lui appliquer la formule des accroissements finis, sous la forme ci-dessus (avec c à la place de b, et f' à la place de f) ; soit :

$$f'(c) = f'(a) + (c - a)\, f''(d)$$

où d est strictement compris entre a et c et où f'' est la dérivée seconde de f.

En reportant cette expression de $f'(c)$ dans la formule des accroissements finis de départ, on obtient :

$$f(b) = f(a) + (b-a)\, f'(a) + (b-a)(c-a)\, f''(d)$$

Cette formule peut s'interpréter ainsi :

— le nombre $f(a) + (b-a) f'(a)$ donne une *valeur approchée* de $f(b)$
— le terme résiduel, $(b-a)(c-a) f''(d)$, représente l'*erreur* correspondant à une telle approximation.

En général, on ne peut connaître cette erreur, puisqu'elle dépend de c et de d, dont on sait seulement qu'ils sont compris entre a et b. Notons que $(b-a) f'(a)$ est la *valeur de la différentielle* de f en a, pour l'accroissement $b-a$. Si on veut améliorer l'approximation, on fait appel au théorème suivant.

Théorème

Soit une fonction f telle que $f'(x)$, $f''(x)$, ..., $f^{(n)}(x)$, $f^{(n+1)}(x)$ existent pour x appartenant à un intervalle I. Alors, si a et b sont deux points de cet intervalle, il existe c compris strictement entre a et b tel que :

$$f(b) = f(a) + f'(a)(b-a) + f''(a)\frac{(b-a)^2}{2!} + \dots$$

$$+ f^{(n)}(a)\frac{(b-a)^n}{n\,!} + f^{(n+1)}(c)\frac{(b-a)^{n+1}}{(n+1)\,!}$$

La formule ci-dessus est appelée *formule de Taylor* : nous en donnons la démonstration en annexe, à la fin de ce chapitre. L'intérêt de cette formule c'est de nous donner une *valeur approchée* de $f(b)$ en se servant des puissances successives des écarts $b-a$ et des valeurs des dérivées de f en a. Évidemment, pour qu'elle soit utilisable, il faut choisir a de façon que le calcul de ces valeurs soit aisé ; en outre, si on veut que le terme résiduel, ou erreur, $f^{(n+1)}(c)\dfrac{(b-a)^{n+1}}{(n+1)\,!}$, ne soit pas très grand, il faut choisir a proche de b.

Un cas particulier important est celui où $a = 0$ et $b = x$; on obtient alors la *formule de Mac Laurin* :

$$f(x) = f(0) + xf'(0) + \frac{x^2}{2} f''(0) + \dots + \frac{x^n}{n\,!} f^{(n)}(0) + \frac{x^{(n+1)}}{(n+1)\,!} f^{(n+1)}(c)$$

c étant strictement compris entre 0 et x (pour des applications, voir l'exercice 4).

Fonctions concaves. Fonctions convexes

Revenons au cas où une fonction f atteint son maximum en un point $A = (a, f(a))$. Graphiquement, cela se traduit par le fait que la tangente en A a son graphe est « au-dessus » de ce graphe, tout au moins au voisinage de A (c'est-à-dire : pour x donné, l'ordonnée du point correspondant de la tangente est supérieure à $f(x)$).

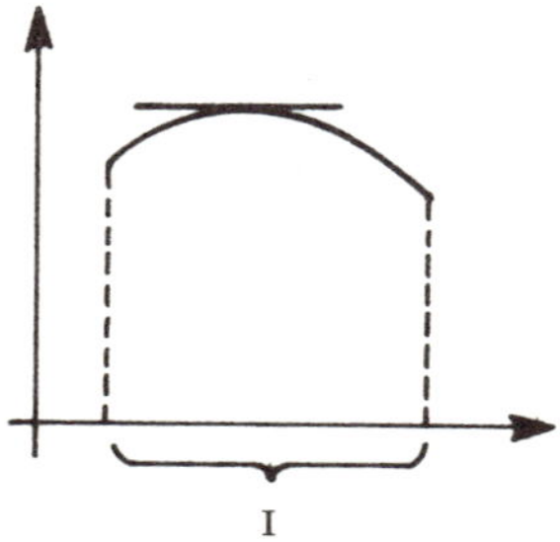

Figure 1

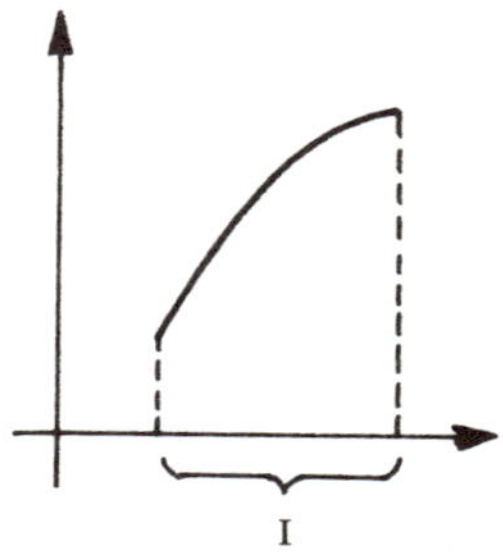

Figure 2

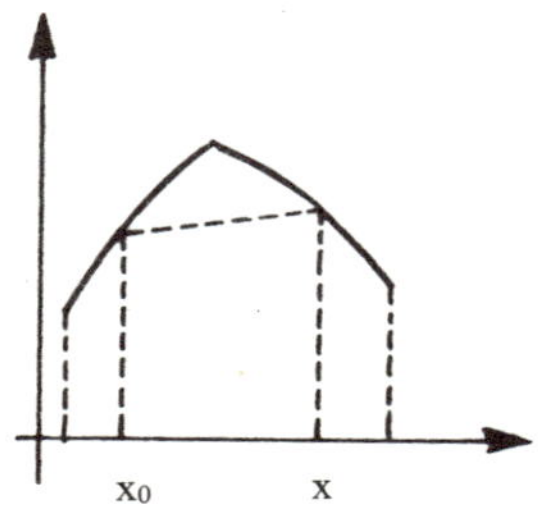

Figure 3

Fonctions concaves

Cette propriété est caractéristique des *fonctions concaves*, lorsqu'elles sont dérivables. Tel est le cas des fonctions représentées dans les figures 1 et 2 ci-dessus, où f est concave sur l'intervalle I. La propriété selon laquelle la tangente est « au-dessus » du graphe de f, pour $x \in I$, s'écrit :

$$f(x) \leqslant f(x_0) + f'(x_0)(x - x_0) \text{ (ordonnée sur la tangente).}$$

Si f admet une dérivée seconde sur I, alors on « voit » sur le graphique (et on démontre assez facilement) que :

$$f \text{ concave sur } I \Leftrightarrow f''(x) \leqslant 0 \qquad \text{pour tout } x \in I.$$

(la pente de la tangente au graphe de f est décroissante, lorsque x augmente).

De façon plus générale, dans le cas où f ne serait pas dérivable en certains points de I (cf. figure 3), on dit que f est concave sur I si son graphe entre deux points $(x, f(x))$ et $(x_0, f(x_0))$, $x \in I$, $x_0 \in I$, se trouve *au-dessus* du segment de droite joignant ces deux points. Ce qui s'écrit plus précisément (en tenant compte du résultat de la page 42) :

$$f \text{ concave sur } I \Leftrightarrow \lambda f(x) + (1 - \lambda) f(x_0) \leqslant f(\lambda x + (1 - \lambda) x_0)$$

$$\forall \lambda \in [0, 1], x \in I, x_0 \in I.$$

On dit qu'*une fonction f est convexe* si son opposée $-f$ est concave. Donc, une fonction convexe sur un intervalle I :

- a un graphe qui est *au-dessus* de n'importe laquelle de ses tangentes (en un point d'abscisse $x \in I$), si elle est dérivable sur I ;
- est telle que $f''(x) \geqslant 0$ pour $x \in I$, si f'' existe sur I ;
- vérifie : $\lambda f(x) + (1 - \lambda) f(x_0) \geqslant f(\lambda x + (1 - \lambda) x_0)$ $\forall \lambda \in [0, 1]$, $x \in I$, $x_0 \in I$.

Notons qu'une fonction continue qui passe par un minimum en un point est convexe dans un voisinage de ce point.

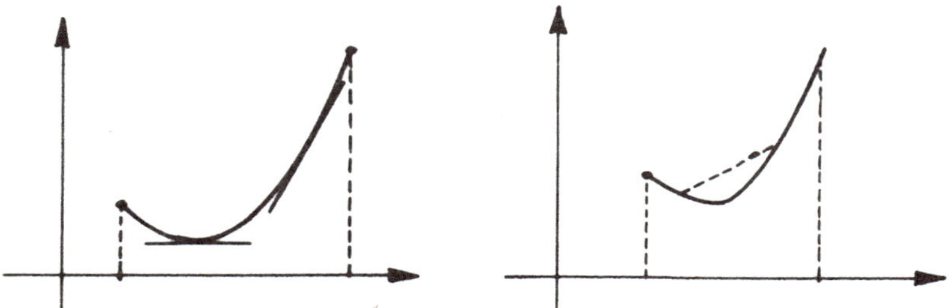

Fonctions convexes

Remarquons enfin que *f est concave sur un intervalle I si et seulement si l'ensemble qui se trouve en-dessous du graphe de f sur I est convexe ; elle est convexe si c'est l'ensemble qui se trouve au-dessus de ce graphe qui est convexe.*

Exercices

1. Étudier les variations des fonctions :

- e^{-x^2}
- $x^3 - 3x + a$

Déterminer le nombre de racines de cette dernière fonction, selon les valeurs de a.

2. Donner, en appliquant le théorème des accroissements finis, un équivalent de $\ell n\,(1 + x)$ lorsque x tend vers 0.

3. Montrer que :

$$e^x = \sum_{i=0}^{\infty} \frac{x^i}{i\,!}$$

En déduire que a^x/x^b tend vers l'infini lorsque x tend vers l'infini ($a > 1$).

4. Donner le développement de Mac Laurin de e^x, ln $(1 + x)$, cosx et sinx.

5. Les fonctions x^2, e^x, lnx, $1/x$ sont-elles convexes ? concaves ? ni l'un ni l'autre ? sur leur domaine de définition.

ANNEXE
Démonstration de la formule de Taylor

Appelons $P_n(x)$ le polynôme d'approximation apparaissant dans la formule de Taylor :

$$f(a) + f'(a)(x-a) + \dots + \frac{1}{n!} f^{(n)}(a)(x-a)^n$$

On voit facilement que $P_n(a) = f(a)$, $P_n'(a) = f'(a)$, ..., $P_n^{(n-1)}(a) = f^{(n-1)}(a)$ et $P_n^{(n)}(a) = f^{(n)}(a)$, ce qui explique la forme choisie pour le polynôme d'approximation.

On définit alors la fonction $g(x)$:

$$g(x) = f(x) - P_n(x) + \frac{P_n(b) - f(b)}{(b-a)^{n+1}}(x-a)^{n+1}.$$

On constate aisément que $g(a) = g(b) = 0$ et que $g'(a) = g''(a) = \dots = g^{(n)}(a) = 0$. En raison du théorème de Rolles, il existe c_1 strictement compris entre a et b et tel que $g'(c_1) = 0$. On peut encore appliquer ce théorème, mais à g' entre a et c_1 ; il existe donc c_2 strictement compris entre a et c_1 et tel que $g''(c_2) = 0$. Et ainsi de suite, jusqu'à ce que l'on obtienne $c = c_{n+1}$ strictement compris entre a et c_n (donc entre a et b) et tel que $g^{(n+1)}(c) = 0$. Or comme

$$g^{(n+1)}(x) = f^{(n+1)}(x) + (n+1)!\,\frac{P_n(b) - f(b)}{(b-a)^{n+1}}$$

il s'ensuit que, en faisant $x = c$ dans cette égalité :

$$f(b) = P_n(b) + \frac{1}{(n+1)!} f^{(n+1)}(c)(b-a)^{n+1}$$

Ce que l'on voulait démontrer.

CHAPITRE XII

Éléments sur l'intégration

Lorsque nous avons introduit la notion de limite, au chapitre VII, nous avons vu apparaître, d'une part, la notion de dérivée, en tant que rapport de quantités tendant vers 0 (la tangente en est une illustration graphique), d'autre part, la notion de « longueur » d'une courbe, entre deux points, ou celle de mesure d'une surface. Ces deux dernières notions faisaient également intervenir l'idée de limite, mais à travers la somme d'un nombre, tendant vers l'« infini », de termes qui tendent vers 0 (« somme infinie d'infiniment petits »). Ce dernier type de limite est appelée *intégrale.*

Les intégrales jouent, en économie, un rôle bien moins important que les dérivées : c'est pourquoi nous allons leur consacrer une place limitée, en « faisant sentir » l'intérêt de ce concept et en donnant quelques règles opérationnelles de base, largement suffisantes pour l'économiste non spécialisé.

Le mieux est de commencer par deux exemples simples, et importants (surtout le second).

Le surplus du consommateur

Soit un bien quelconque, et un consommateur demandeur de ce bien. En général, il est supposé que lorsque le consommateur dispose d'une quantité limitée de ce bien, il est prêt à payer « le prix fort » pour en avoir une unité supplémentaire, ce prix diminuant au fur et à mesure que la quantité du bien dont il dispose augmente. Ce que traduit le dessin de la page 144 ; pour $q = 0$, le consommateur est prêt à payer $p\ (1)$ une unité de bien supplémentaire ; si $q = 1$, ce prix est $p\ (2)$; si $q = 2$, il est $p\ (3)$ et ainsi de suite.

Donc, si le consommateur se décide à acheter q_0 unités du bien (q_0 entier), il résulte du raisonnement précédent qu'il est prêt à dépenser pour cela :

$$p\ (1) + p\ (2) + ... + p\ (q_0). \qquad (1)$$

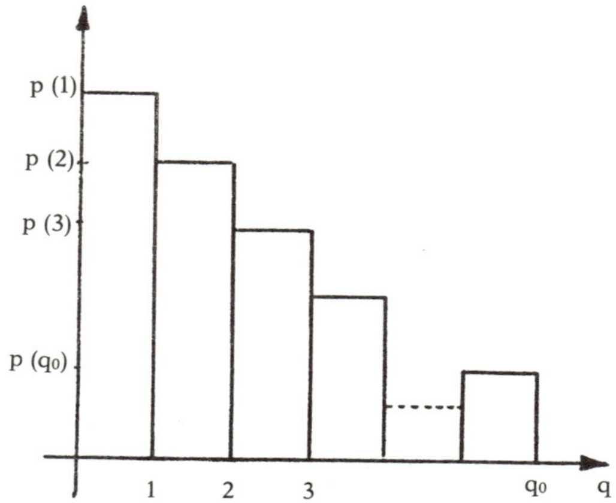

(La courbe délimitant la partie supérieure du graphique précédent est une *courbe en escalier* : elle traduit la décroissance du prix que le consommateur est prêt à payer pour le bien, en fonction de la quantité qu'il en détient. Cette courbe représente donc la *fonction de demande* du bien par le consommateur considéré).

Mais, si le prix du marché du bien est, par exemple, $p(q_0)$, alors le consommateur ne devra dépenser que la quantité $q_0p(q_0)$ pour acheter q_0 unités du bien, dépense nettement inférieure à celle qu'il était prêt à faire, et qui est donnée par (1). Comme (1) mesure, en fait, la somme de surfaces de rectangles, de largeur unitaire et de hauteur $p(1)$, $p(2)$, $p(3)$, etc., et comme $q_0p(q_0)$ mesure la surface du rectangle de largeur q_0 et de hauteur $p(q_0)$, on voit que le « gain » du consommateur est donné par la différence entre ces deux surfaces (surface hachurée du graphique ci-dessous) : ce gain est appelé *le surplus du consommateur*. Il

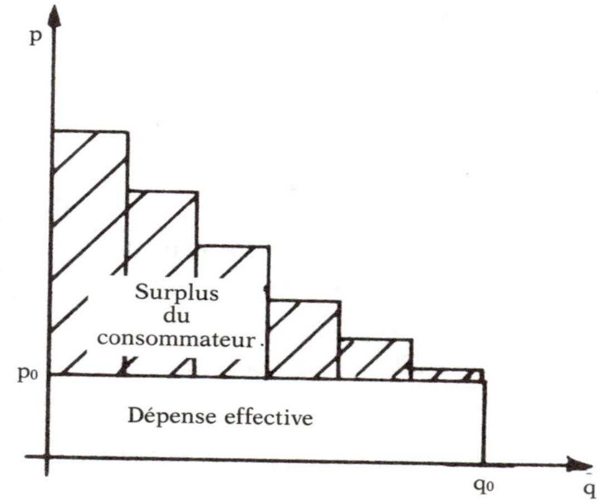

traduit le fait que le consommateur paye au même prix, celui de la dernière unité achetée, *toutes* les unités du bien, alors qu'il était disposé à payer plus cher les premières.

Revenons maintenant à notre fonction de demande. Celle-ci est présentée ici par une courbe en escalier, ce qui est peut-être réaliste, mais pas très pratique, d'un point de vue mathématique (problèmes de continuité et de dérivabilité).

On va donc chercher à transformer notre « escalier » en une courbe. Pour cela, on considère non pas des unités du bien, mais de « petites fractions » Δq de ce dernier. Pour disposer de Δq unité (par exemple : $\Delta q = 0{,}1$), en $q = 0$, le consommateur est prêt à dépenser $p(\Delta q)\,\Delta q$; en $q = \Delta q$, il est prêt à dépenser $p(2\Delta q)\,\Delta q$ pour Δq unité supplémentaire ; en $q = 2\Delta q$, il est prêt à dépenser $p(3\Delta q)$ Δq ; et ainsi de suite (la fonction $p\,(\bullet)$ donne ici des *prix unitaires* ; ainsi, la dépense pour l'achat du premier Δq est $p(\Delta q)\,\Delta q$; pour le second, elle est de $p(2\Delta q)\Delta q$, etc.). D'où, la dépense qu'il est prêt à faire pour acheter les q_0 unités du bien :

(2) $$p(\Delta q)\Delta q + p(2\Delta q)\Delta q + p(3\Delta q)\Delta q + \ldots + p(m\Delta q)\Delta q$$

où $m = q_0 \,/\, \Delta q$ (donc, plus Δq est petit, plus m est grand).

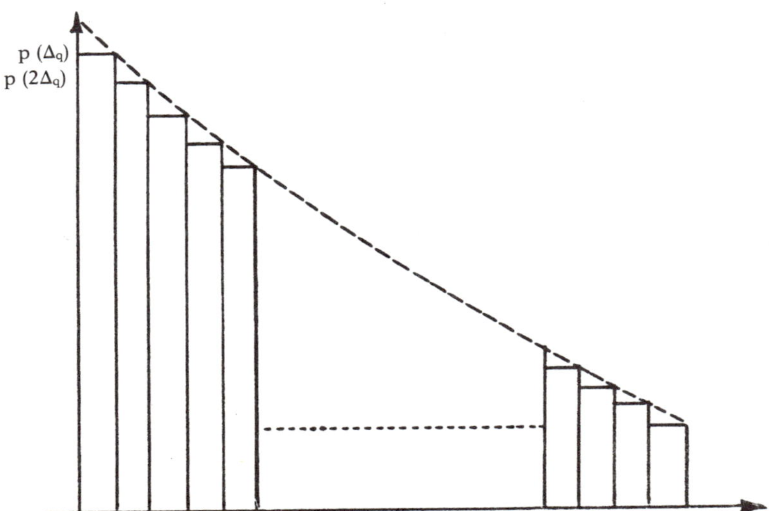

Les produits intervenant dans la somme (2) sont représentés par les surfaces des rectangles de côté Δq et de hauteur $p(\Delta q)$, $p(2\Delta q)$, etc. Si on fait tendre Δq vers 0, la courbe en escalier délimitant la surface tend vers un courbe « sans marches », tracée en pointillés, tandis que la somme (2) — qui devient une « somme infinie d'infiniment petits » — tend vers une limite, qui est, *par définition*, l'aire de la surface se trouvant en-dessous de cette courbe, pour q compris entre 0 et q_0. Si on appelle f la fonction dont la courbe représentative est celle donnée dans le graphique précédent, alors on note, symboliquement, cette surface : ${}_0\int^{q_0} f(q)\,dq$, expression que l'on appelle *intégrale définie de f, entre 0 et* q_0. Le symbole $\int$ traduit le fait que l'on est en présence d'une *somme* (d'un nombre « infini » de termes), le symbole dq traduisant le fait que l'on additionne des termes qui tendent tous vers 0.

Ainsi, une intégrale définie donne la mesure d'une surface délimitée par un certain nombre de courbes. Mais, en général, cette mesure ne peut qu'être qu'approximative, car résultant d'un passage à la limite. Comme la dérivée, l'intégrale est une notion abstraite, mais permettant l'étude, avec une approximation « aussi bonne que l'on veut », de problèmes concrets. L'exemple suivant donne une autre illustration de ce propos.

La notion de densité de probabilité

Nous verrons dans la dernière partie de cet ouvrage, ayant trait à la statistique, qu'il existe deux types de variables servant à caractériser une population : *les variables discrètes,* prenant en général des valeurs entières (et, souvent, en nombre fini), et *les variables continues,* dont les valeurs contigues sont pratiquement indiscernables (on passe de l'une à l'autre « sans faire de saut »). C'est ce deuxième cas qui nous intéresse ici. Pour mieux voir ce qu'il en est prenons un exemple.

Considérons une population (nombreuse), formée par des ménages (d'une ville, d'une région, etc.). Si la variable étudiée est le nombre d'enfants par ménage, on est en présence d'une variable discrète. A chacune de ses valeurs (0 enfant, 1 enfant, 2 enfants, etc.) on peut associer une probabilité, égale à la proportion de ménages dont le nombre d'enfants est donné par cette valeur. Par exemple, si à $x = 2$ on associe $p_2 = 0{,}35$, cela veut dire que 35 % des ménages ont deux enfants. Le cas discret peut être représenté par un *diagramme en bâtons,* tel celui de la page 147.

Supposons maintenant que l'on s'intéresse au revenu des ménages. La probabilité que l'on « tire » un ménage dont le revenu mensuel serait de 8742,37 F est pratiquement nulle, de même que celle de « tirer » un ménage dont le revenu serait de 756.837,18 F. Or, le premier cas apparaît comme nettement plus « vraisemblable » que le second, bien que les probabilités d'obtenir des

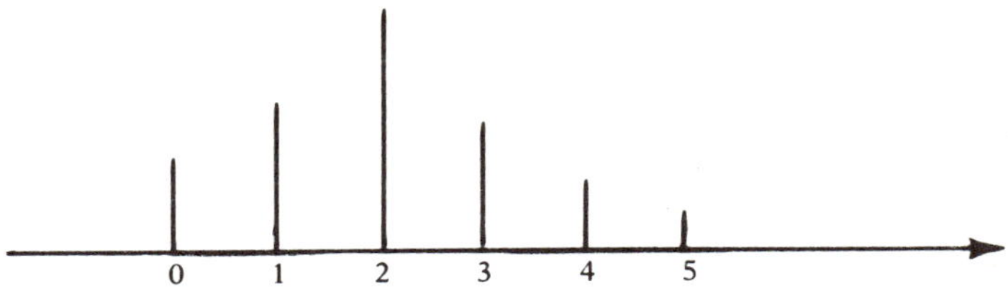

ménages ayant exactement ces revenus sont pratiquement nulles. En fait, cette nullité résulte de ce que le revenu peut prendre, pratiquement, une infinité de valeurs ; on peut donc l'assimiler, d'un point de vue mathématique, à une variable continue. Pour éviter le problème évoqué ci-dessus, on préfère alors considérer des *intervalles* de revenu, et non des revenus « ponctuels ». Ainsi, on cherche la probabilité que le revenu du ménage tiré soit dans l'intervalle [8000, 9000] ou dans l'intervalle [756.000, 757.000], plutôt que celle qu'il prenne une valeur précise.

On a, alors, une distribution qui peut être représentée par un *histogramme*, tel celui donné ci-dessous (pour plus de détails, voir le chapitre XX) :

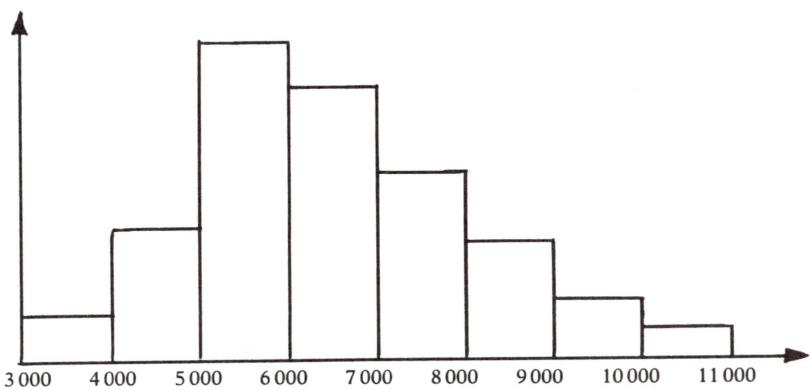

Mais, cette représentation peut apparaître comme relativement « grossière », car assimilant, par exemple, un ménage qui gagne 4.001 F à un autre qui gagne 4.999 F (soit un écart de revenu de 25 %). C'est pourquoi on peut chercher à avoir une représentation plus fine de la répartition du revenu, en considérant des intervalles de revenu plus petits. « A la limite », on obtient une courbe, comme dans le dessin suivant :

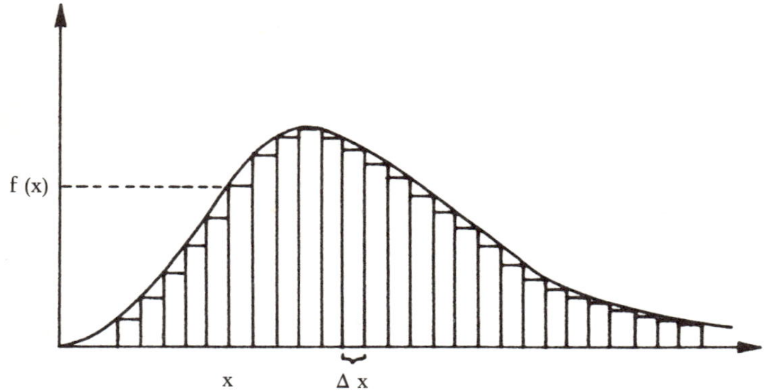

La fonction $f(x)$ représentée par cette courbe est appelée *densité de probabilité* ; les x pour lesquels les valeurs de $f(x)$ sont les plus élevées sont « plus probables » que les x pour lesquels $f(x)$ est relativement faible. La densité de probabilité $f(x)$ s'interprète de la façon suivante : si Δx est « petit », alors la probabilité pour que la valeur de la variable (dans notre exemple : le revenu) soit comprise entre x et $x + \Delta x$ est égale à $f(x)\Delta x$ (à un terme négligeable près).

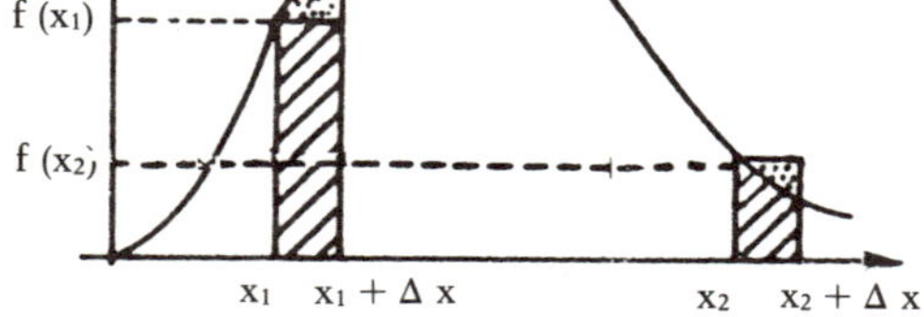

Ainsi, dans le cas décrit ci-dessus, $f(x_1)\,\Delta x$ et $f(x_2)\,\Delta x$, correspondant aux surfaces hachurées, donnent (approximativement) les probabilités respectives que la variable se trouve dans les intervalles $[x_1, x_1 + \Delta x]$ et $[x_2, x_2 + \Delta x]$. Dans cet exemple, on peut dire, de façon un peu vague, que les valeurs « proches » de x_1 sont « nettement plus probables » que celles qui sont « proches » de x_2. Quant à l'erreur résultant des approximations faites, elle est donnée par la surface des « triangles » résiduels, désignés par des pointillés. On voit que ces surfaces sont d'autant plus négligeables, relativement aux aires hachurées, que Δx est petit.[1]

On obtient donc une valeur approchée de la probabilité pour que la variable x soit comprise entre a et b en « découpant » l'intervalle $[a, b]$ en n « petits » intervalles de longueur Δx, et en calculant la somme

$$f(x_1)\,\Delta x + f(x_2)\,\Delta x + \ldots + f(x_n)\,\Delta x,$$

où x_i appartient au i-ième de ces intervalles.

La somme ainsi calculée étant d'autant plus proche de la probabilité cherchée que Δx est petit, cette probabilité apparaît ainsi comme la limite de ces sommes lorsque Δx tend vers 0, c'est-à-dire comme l'intégrale de f entre a et b : $\int_a^b f(x)\,dx$.

Un cas particulier de densité de probabilité est celui de la *loi normale* (ou de Laplace-Gauss), représentée par une « courbe en cloche », telle celle tracée ci-dessous.

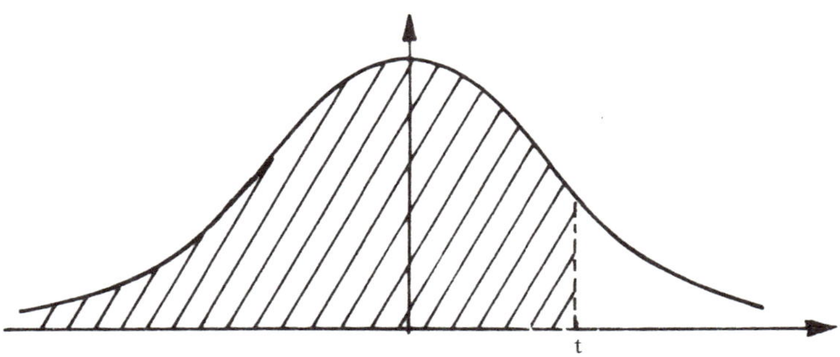

Cette loi est *tabulée*[2], c'est-à-dire qu'il existe des tables donnant la probabilité pour que x se trouve entre $]-\infty, t]$, où t est une valeur quelconque, cette probabilité étant notée $\pi(t)$. Ainsi, si on veut calculer la probabilité pour que x soit compris entre t_1 et t_2, on lit sur les tables $\pi(t_1)$ et $\pi(t_2)$ et on obtient la probabilité recherchée en faisant : $\pi(t_2) - \pi(t_1)$ (si $t_2 \geq t_1$).

Nous reviendrons de façon plus détaillée sur cette loi au chapitre XXVII. Pour le moment, après avoir étudié ces deux exem-

1. Évidemment, lorsque Δx tend vers 0, aires hachurées et « pointillées » tendent aussi vers 0. Mais ce qui compte ici, c'est que le *rapport* de l'aire pointillée et de l'aire hachurée tende vers 0, la première devenant négligeable relativement à la seconde.

2. Ces lois dépendant de deux paramètres, on ne tabule que le cas « centré réduit » (cf. chapitre XXVII).

ples introductifs, nous allons revenir, de façon plus « théorique », sur la notion d'intégrale.

Le théorème fondamental de l'intégration

Ces exemples nous ont amené à nous intéresser à la limite de sommes de la forme :

$$\sum_i f(x_i)\, \Delta x_i$$

lorsque Δx_i tend vers 0 (ces sommes sont appelées *sommes de Darboux*).

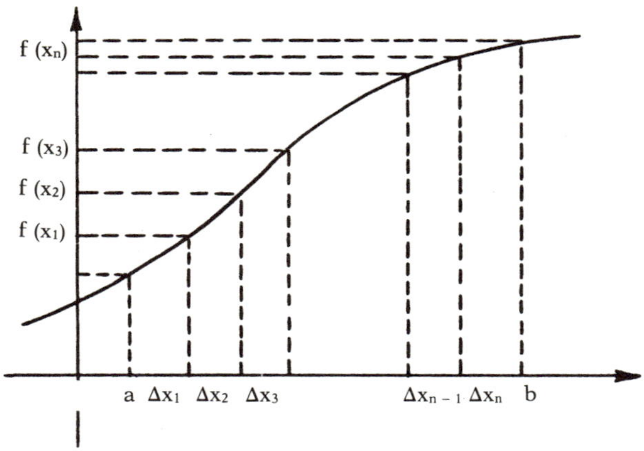

La première chose dont il faut alors s'assurer, c'est de l'existence d'une telle limite et, en particulier, vérifier qu'elle n'est pas infinie. Si on suppose que f est continue sur $[a, b]$, alors, en raison de la deuxième propriété fondamentale des fonctions continues (cf. chapitre IX), on sait que f est bornée sur $[a, b]$ (et y atteint ses bornes). Autrement dit, il existe deux nombres réels m et M tels que :

$$m \leq f(x) \leq M.$$

Par conséquent :

$$m \sum_i \Delta x_i \leq \sum_i f(x_i)\, \Delta x_i \leq M \sum_i \Delta x_i.$$

Comme les Δx_i « recouvrent » l'intervalle $[a, b]$, on a :

$$\sum_i \Delta x_i = b - a\,;$$

donc, les inégalités ci-dessus s'écrivent :

$$m\ (b - a) \leq \sum_{i} f\ (x_i)\ \Delta x_i \leq M\ (b - a).$$

Comme ces inégalités sont vraies quels que soient les Δx_i, il en sera de même « à la limite », lorsque les Δx_i tendent vers 0 ; d'où :

$$(1) \qquad m\ (b - a) \leq \int_a^b f\ (x)\ dx \leq M\ (b - a)$$

ce qui nous montre que si f est continue, et si a et b sont finis, alors l'intégrale est bornée. Bien entendu, en toute rigueur, le raisonnement précédent ne nous assure pas de l'*existence* de l'intégrale (il nous dit que si elle existe, alors elle est bornée). Pour démontrer cette existence, *indépendamment* de la forme du découpage de l'intervalle $[a, b]$ par les Δx_i, il faut remonter, une fois de plus, à la définition des nombres réels ; nous ne démontrerons pas ici ce résultat.

Par contre, les inégalités (1) permettent d'établir le théorème fondamental de l'intégration (dont la démonstration est donnée en annexe à ce chapitre) :

Théorème fondamental

Soit f une fonction continue sur l'intervalle $[a, b]$ et soit : $F\ (x) = \int_a^x f\ (t)\ dt$. Alors : $F'\ (x) = f\ (x)$.

Ainsi, pour calculer l'intégrale définie $F(x)$, on part du fait que la dérivée de cette fonction est égale à $f(x)$. Mais il faut également tenir compte du fait que $F(x)$ dépend de a ; ainsi, si $x = a$, alors cette intégrale s'annule ($F(a) = 0$), l'intervalle où elle est calculée se réduisant à un point. Par exemple, si $f\ (t) = t^2$, alors les fonctions de la forme $t^3/3 + c$, où c est une constante quelconque, ont $f(t)$ pour dérivée. Si on veut qu'elles s'annulent en $t = a$, alors il suffit de poser : $c = -a^3/3$. La solution est, dans ce cas :

$$F\ (x) = (x^3 - a^3)/3$$

On dit que les fonctions $F\ (x)$ telles que $F'\ (x) = f\ (x)$ sont les *primitives* de f : elles ne sont pas uniques, mais définies *à une constante près* (puisque la dérivée de $F\ (x)$ + constante est $F'\ (x)$) ; ainsi, dans l'exemple précédent, cette constante est déterminée par la condition $F\ (a) = 0$.

Remarque Dans l'énoncé du théorème fondamental, nous avons procédé à un changement de symbole dans l'intégrale, employant la variable t, au lieu de x, comme précédemment. Cela résulte de ce que x désigne ici la *borne supérieure* de l'intégrale, et de ce que l'on s'intéresse aux variations de cette dernière, t « parcourant » l'intervalle $[a, x]$ (cela n'aurait pas de sens de dire que « x parcourt l'intervalle $[a, x]$" : c'est pourquoi on introduit le symbole t). Mais on aurait pu, tout autant, poser $F(t) = {}_a\int^t f(x)\,dx$, avec, alors : $F'(t) = f(t)$, ou $F(z) = {}_a\int^z f(y)\,dy$, avec, alors $F'(z) = f(z)$, etc. Lorsqu'on applique le théorème fondamental, il faut être conscient que *la variable* est représentée par la borne supérieure de l'intégrale. Ce genre de difficulté se surmonte aisément, l'habitude, et la réflexion, aidant.

Quelques applications du théorème fondamental

Nous allons utiliser le théorème fondamental pour calculer quelques intégrales simples. Auparavant, remarquons qu'il résulte du théorème fondamental que :

$$ {}_a\int^b f(t)\,dt = F(b) - F(a). $$

En effet, nous avons vu que $F(x) + c$ est une primitive de f. Comme pour $x = a$, elle doit être nulle, il s'ensuit que $c = -F(a)$. Autrement dit : ${}_a\int^x f(t)\,dt = F(x) - F(a)$; en faisant $x = b$ dans cette dernière relation, on obtient la formule annoncée.

Appliquons cette formule aux cas simples suivants :

— ${}_a\int^b e^x\,dx = e^b - e^a$, puisque la dérivée de e^x est e^x ;

— ${}_a\int^b x^c\,dx = \dfrac{1}{c+1}(x^{b+1} - x^{a+1})$, si $c \neq -1$, puisque la dérivée de $\dfrac{x^{c+1}}{c+1}$ est x^c ; pour $c \neq -1$.

— ${}_a\int^b \dfrac{dx}{x} = \ell n\, b - \ell n\, a$, puisque la dérivée de $\ell n\, x$ est $1/x$;

— ${}_a\int^b \cos x\,dx = \sin b - \sin a$ puisque la dérivée de $\sin x$ est $\cos x$.

Ces intégrales sont faciles à calculer, les primitives étant évidentes. Mais cela n'est pas toujours le cas : ainsi, il n'existe pas de fonction « donnée par une formule » qui serait la primitive de e^{-x^2}, fonction qui intervient dans la loi normale (pourtant les intégrales qui lui sont associées existent, comme le montre l'étude graphique de la courbe « en cloche »).

Ceci étant, il existe des méthodes permettant de déterminer, dans certains cas, les primitives de fonctions ; les plus utilisées de ces méthodes sont l'intégration par parties et le changement de variable.

Intégration par parties

On part de la formule de la dérivée d'un produit :

$$(fg)'(x) = f'(x)\, g(x) + f(x)\, g'(x).$$

En intégrant, entre a et b, les deux membres de cette égalité, on a :

$$fg(b) - fg(a) = \int_a^b f'(x)\, g(x)\, dx + \int_a^b f(x)\, g'(x)\, dx$$

puisque, en ce qui concerne le membre de gauche, une primitive de $(fg)'$ est fg. La formule ci-dessus peut se mettre sous la forme :

$$(2) \qquad \int_a^b f(x)\, g'(x)\, dx = fg(b) - fg(a) - \int_a^b f'(x)\, g(x)\, dx$$

C'est la *formule d'intégration par parties.*

Utilisons-la pour calculer quelques intégrales :

— $\int_a^b xe^x\, dx.$

Prenons pour $g'(x)$: e^x (donc : $g(x) = e^x$) et pour $f(x)$: x (donc $f'(x) = 1$). D'où, par utilisation de la formule (2) :

$$\int_a^b xe^x dx = be^b - ae^a - \int_a^b e^x dx = be^b - ae^b - (e^b - e^a).$$

Autrement dit, les *primitives de* xe^x *sont de la forme* : $xe^x - e^x$ + constante.

— $\int_a^b \ell n\, x\, dx.$

Prenons : $g'(x) = 1$ (donc $g(x) = x$) et $f(x) = \ell n\, x$ (donc $f'(x) = 1/x$). D'où, par l'utilisation de la formule (2) :

$$\int_a^b \ell n\, x\, dx = b\, \ell n\, b - a\, \ell n\, a - \int_a^b \frac{x}{x}\, dx = b\, \ell n\, b - a\, \ell n\, a - (b - a).$$

Autrement dit, *les primitives de* $\ell n\, x$ sont de la forme : $x\, \ell n\, x - x$ + constante.

— $\int_a^b x \cos x\, dx$

Prenons $g'(x) = \cos x$ (donc : $g(x) = \sin x$) et $f(x) = x$ (donc $f'(x) = 1$). D'où :

$${}_a\int^b x \cos x dx = b \sin b - a \sin a - {}_a\int^b \sin x\, dx = b \sin b - a \sin a + \cos b - \cos a)$$

Autrement dit, *les primitives de x cos x sont de la forme :* $x \sin x + \cos x +$ constante.

Plus généralement, en procédant de même, par applications successives de la formule d'intégration par parties, on peut déterminer les primitives de $x^n e^x$, de $x^n \cos x$ et de $x^n \sin x$. Celle de x^n $\ell n\, x$ se détermine aisément, en posant $g'(x) = x^n$ (donc $g(x) = x^{n+1} / (n+1)$) et $f(x) = \ell n\, x$ (donc : $f'(x) = 1/x$). On trouve :

$$\frac{x^{n+1}}{n+1} \ell n\, x - \frac{x^{n+1}}{(n+1)^2}$$

Intégration par changement de variable

Soit F une primitive de f (donc $F' = f$) et soit u une fonction dérivable.

Posons $G(x) = F(u(x))$; on a alors $G'(x) = F'(u(x))\, u'(x) = f(u(x))\, u'(x)$. En intégrant de a à b, on obtient :

$$\int_a^b G'(x)\, dx = \int_a^b f(u(x))\, u'(x)\, dx.$$

Mais par ailleurs :

$$\int_a^b G'(x)\, dx = G(b) - G(a) = F(u(b)) - F(u(a)) = \int_{u(a)}^{u(b)} f(t)\, dt,$$

cette dernière égalité en raison du théorème fondamental. L'intégrale $\int_{u(a)}^{u(b)} f(t)\, dt$ ne dépendant pas du « symbole » t, on peut l'écrire $\int_{u(a)}^{u(b)} f(u)\, du$, l'expression $f(u)\, du$ se déduisant immédiatement de $f(u(x))\, u'(x)\, dx$ en remplaçant $u(x)$ par u et $u'(x)\, dx$ par du. Des égalités précédentes, on déduit *la formule de l'intégration par changement de variable* :

$$\int_a^b f(u(x))\, u'(x)\, dx = \int_{u(a)}^{u(b)} f(u)\, du.$$

Exemple :

$\int_a^b \frac{2x}{x^2+2}\, dx$. On pose $u(x) = x^2$ (donc : $u'(x) = 2x$). Il vient

$$\int_a^b \frac{2x}{x^2+2}\, dx = \int_a^b \frac{u'(x)}{u(x)+2}\, dx = \int_{a^2}^{b^2} \frac{1}{u+2}$$

$$= \ln(b^2 + 2) - \ln(a^2 + 2).$$

On voit apparaître la méthode d'intégration par substitution : lorsqu'on est en présence d'une fonction f, on cherche à voir si elle ne résulte pas d'une dérivation d'une fonction de fonction, la fonction « de départ » étant plus simple. Par exemple :

— $f(x) = xe^{-2x^2}$. La dérivée de l'exposant étant $-4x$, et comme x est en facteur dans f, la primitive recherchée, à une constante près, sera donnée par : $e^{-2x^2} / (-4)$;

— $f(x) = \cos x (\sin x)^2$. La dérivée de $\sin x$ étant $\cos x$, la primitive recherchée, à une constante près, sera : $(\sin x)^3/3$.

— $f(x) = 3/(2x + 5)$. On songe à la dérivée d'un logarithme, puisqu'on a une expression de la forme $1/u$. Mais, la dérivée de $\ell n\ (2x + 5)$ est $2/(2x + 5)$. Pour se ramener à ce cas, on écrit $f(x)$ sous la forme :

$$\frac{3}{2} \cdot \frac{2}{2x + 5}$$

et on obtient les primitives recherchées : $\frac{3}{2} \ell n\ (2x + 5)$ + constante.

— $f(x) = 1/(x-1)(x-2)$. On se ramène au cas précédent en cherchant a et b tels que :

$$\frac{1}{(x-1)(x-2)} = \frac{a}{x-1} + \frac{b}{x-2}$$

Soit, en réduisant au même dénominateur :

$$\frac{1}{(x-1)(x-2)} = \frac{a(x-2) + b(x-1)}{(x-1)(x-2)}$$

d'où : $(a + b)x - 2a - b = 1$. Cette égalité devant être vérifiée *quel que soit* x, il s'ensuit que : $a + b = 0$ et $-2a - b = 1$; donc : $a = -1$ et $b = 1$. Par conséquent, $f(x)$ peut s'écrire $-1/(x-1) + 1/(x-2)$, les primitives de cette fonction étant de la forme : $-\ell n\ (x-1) + \ell n\ (x-2)$ + constante.

Pour d'autres exemples de ce type, voir les exercices.

Remarques :

— il est vivement recommandé au lecteur, après avoir déterminé une primitive, de dériver cette dernière afin de voir s'il « retombe » bien sur la fonction de départ (il peut déjà le faire avec les exemples donnés précédemment) ;

— on vérifie aisément que la primitive de $1/x$ est, à une constante près, $\ell n\ |x|$, ce qui évite le problème d'avoir des logarithmes de nombres qui ne seraient pas strictement positifs. Ainsi, dans le dernier exemple traité, les primitives sont de la forme :

$$-\ell n\ |x-1| + \ell n\ |x-2| + \text{constante}$$

Intégrale généralisée

Il peut arriver, notamment en statistique, que l'on soit en présence d'intégrales de la forme :

$$\int_{-\infty}^{x} f(t)\, dt.$$

Dans ce cas, on cherche à déterminer :

$$\int_{a}^{x} f(t)\, dt$$

puis on étudie ce qui se passe lorsque $a \to -\infty$. S'il y a convergence, on dit, par définition, que l'intégrale recherchée est donnée par la limite ainsi obtenue. On procède de même lorsqu'on est en présence d'expressions de la forme :

$$_x\int^{\infty} f(t)\,dt \text{ ou } _{-\infty}\int^{\infty} f(t)\,dt.$$

Exemple Calculons $_x\int^{\infty} e^{-t}\,dt$. Pour cela, on part du fait que les primitives de e^{-t} sont de la forme $-e^{-t}$ + constante, donc que (cf. théorème fondamental) :

$$_x\int^{a} e^{-t}\,dt = -e^{-a} - (-e^{-x}) = e^{-x} - e^{-a}.$$

Comme lorsque $a \to \infty$, $e^{-a} \to 0$, il s'ensuit que :

$$_x\int^{\infty} e^{-t}\,dt = e^{-x}$$

D'autres exemples sont donnés dans les exercices.

Notons, pour terminer, que certains problèmes peuvent surgir lors du calcul d'intégrales si on est en présence de fonctions non bornées en certains points (telle $1/x$ en 0).

Exercices

1. Déterminer :

a) $_a\int^{b} \frac{dx}{x^3}$ avec $b \geq a \geq 0$

b) $\int \frac{4x+1}{2x+3}\,dx$

c) $\int \frac{1}{x^2 - 5x + 6}\,dx$

d) $\int \frac{ux+v}{ax^2+bx+c}\,dx$

e) $\int_0^2 x^2 \cos x\,dx$

f) $\int_2^4 x^3 \ln x\,dx$

g) $\int_1^2 \frac{1}{x \ln x}\,dx$

h) $\int_{-1}^{1} \frac{x}{\sqrt{2x^2+1}}\,dx$

2. Sachant que $_0\int^{\infty} e^{-x^2}\,dx = \frac{\sqrt{\pi}}{2}$, déterminer :

- $_{-\infty}\int^{\infty} e^{-\left(\frac{x-p}{q}\right)^2}\,dx$

- $_{-\infty}\int^{\infty} xe^{-\left(\frac{x-p}{q}\right)^2}\,dx$

- $_{-\infty}\int^{\infty} (x-p)^2\, e^{-\left(\frac{x-p}{q}\right)^2}\,dx$

ANNEXE
Démonstration du théorème fondamental

Rappelons ce théorème : si f est continue sur $[a, b]$ et si $F(x) = {}_a\int^x f(t)\,dt$ alors : $F'(x) = f(x)$.

Pour déterminer $F'(x)$, étudions la différence $F(x + \Delta x) - F(x) = {}_x\int^{x+\Delta x} f(t)\,dt$ avec $\Delta x > 0$.

Comme f est continue sur $[a, b]$, elle l'est aussi sur $[x, x + \Delta x]$ (si $x \neq b$ et si $x + \Delta x \in [a, b]$). En raison de la deuxième propriété fondamentale des fonctions continues, elle y atteint un minimum u et un maximum v ; soit :

$$u \leq f(t) \leq v \text{ pour tout } t \in [x, x + \Delta x].$$

D'où, en intégrant sur $[x, x + \Delta x]$ chacun des membres de cette inégalité :

$$u\Delta x \leq {}_x\int^{x+\Delta x} f(t)\,dt \leq v\Delta x.$$

En divisant par Δx tous les termes de ces inégalités, en se rappelant que l'intégrale « du milieu » n'est rien d'autre que $F(x + \Delta x) - F(x)$, on obtient :

$$(1) \qquad u \leq \frac{F(x + \Delta x) - F(x)}{\Delta x} \leq v$$

Comme u et v sont, par construction, les valeurs extrêmes de f sur l'intervalle $[x, x + \Delta x]$, il résulte du théorème des valeurs intermédiaires (première propriété fondamentale des fonctions continues) et des inégalités (1) qu'il existe $c \in\,]x, x + \Delta x[$ tel que :

$$f(c) = \frac{F(x + \Delta x) - F(x)}{\Delta x}$$

Cette égalité étant vraie pour Δx « aussi petit que l'on veut », elle est également vraie « à la limite », lorsque Δx tend vers 0. Mais comme alors c tend vers x, puisque c est compris entre x et $x + \Delta x$, $f(c)$ tend vers $f(x)$, puisque f est continue, et on a :

$$\lim_{\Delta x \to 0} \frac{F(x + \Delta x) - F(x)}{\Delta x} = f(x).$$

C'est le résultat annoncé. Notons, une fois de plus, l'importance du théorème fondamental des fonctions continues, qui permet d'établir ce résultat de base de l'intégration.

CINQUIÈME PARTIE

Les fonctions de plusieurs variables

La plupart des phénomènes économiques faisant intervenir plus de deux variables, le recours aux fonctions de plusieurs variables est indispensable dès que l'on veut construire des modèles relativement complets. L'étude de ces fonctions se fait de façon naturelle, dans le prolongement de celle qui a été effectuée dans les chapitres précédents. Ainsi, on « adapte » aisément au cas où il y a plusieurs variables les concepts de limite, de dérivée et d'intégrale. Il en est de même en ce qui concerne les techniques de calcul, même si elles peuvent être plus lourdes.

Évidemment, on ne dispose plus de représentations géométriques pour faciliter les raisonnements, même si le recours aux courbes de niveau, dans le cas des fonctions de deux variables, est fort utile.

Cette partie est composée de deux chapitres. Le premier constitue une sorte de généralisation au cas où il y a plusieurs variables de ce qui a été présenté lorsqu'il n'y avait qu'une variable. Une insistance particulière est mise sur la technique de « dérivation en chaîne » (ou d'une fonction de fonction) et sur *le très important théorème des fonctions implicites.* Le deuxième chapitre traite de la question essentielle, notamment en économie, de la recherche des extrema d'une fonction, ses variables étant soumises, ou pas, à des contraintes prédéterminées.

CHAPITRE XIII

Introduction à l'étude des fonctions de plusieurs variables

L'économiste rencontre constamment des fonctions de plusieurs variables, aussi bien en théorie que lorsqu'il procède à des études statistiques et qu'il construit des modèles économétriques. Donnons quelques exemples :

— *La demande* d'un bien par un individu, ou par un groupe d'individus, dépend notamment du prix de ce bien, des prix des autres biens et du revenu de l'individu (ou du groupe d'individus). On peut donc l'écrire sous la forme :

$$d\,(p, p_1, p_2, ..., p_n, R)$$

où p est le prix du bien, $p_1, p_2, ..., p_n$ ceux des autres biens et R le revenu (de l'individu, ou du groupe d'individus) ;

— *La quantité produite* d'un bien par une entreprise dépend des quantités de matières premières utilisées ainsi que de la quantité de travail fournie ; soit :

$$f\,(q_1, q_2, ..., q_m, \ell)$$

où les q_i sont des quantités du bien i et ℓ des heures de travail. Si f représente le « meilleur choix » possible, correspondant à la technique la plus efficace, alors on dit que c'est une *fonction de production* ;

— *L'investissement* des entreprises dépend, entre autres, du taux d'intérêt, i, et de la demande anticipée, d_a, ce que l'on peut écrire : $I\,(i, d_a)$.

Par la suite, nous nous occuperons surtout de fonctions de *deux* variables, telle :

$$f : (x, y) \in \mathbb{R}^2 \rightsquigarrow f\,(x, y) \in \mathbb{R}.$$

Par exemple, si x est une quantité de carottes (en kilos) et y une quantité de poires (en kilos), et si p_x et p_y sont les prix des carottes et des poires, respectivement, alors $f(x, y) = p_x\, x + p_y\, y$ est la *valeur* du « panier » (x, y). Dans ce cas, comme on ne peut considérer que des quantités positives, x et y peuvent prendre n'importe quelle valeur dans $\mathbb{R}_+$ (en supposant que poires et carottes sont « indéfiniment divisibles »), donc $(x, y) \in \mathbb{R}^2_+$.

Remarque importante Les éléments de $\mathbb{R}^2$ (et, plus généralement, de $\mathbb{R}^n$) sont appelés des *vecteurs*. Par la suite, nous les désignerons systématiquement par des *majuscules,* afin de les distinguer des nombres. Exemple : $M = (x, y)$.

Voisinage d'un point de $\mathbb{R}^2$

Lorsque nous avons traité de l'ensemble $\mathbb{R}$, nous avons vu (chapitre III) que les intervalles ouverts contenant un point donné jouaient un rôle privilégié, car ils donnaient la possibilité de « bouger » autour de ce point, sans sortir de l'intervalle (du moins si on faisait de « petits » mouvements).

A partir de cette idée nous avons défini la notion de voisinage d'un point (ensemble contenant un intervalle ouvert contenant ce point) et vu qu'en particulier, tout intervalle ouvert est un voisinage de chacun de ses points. Lorsqu'on passe à $\mathbb{R}^2$, ou à $\mathbb{R}^n$, on veut garder l'idée de voisinage d'un point en tant qu'ensemble contenant ce point et dans lequel on puisse « bouger », tout au moins « légèrement » et dans « toutes les directions », sans sortir de cet ensemble.

Ce qui amène à considérer des « boules » et des « pavés », représentés dans $\mathbb{R}^2$ par un cercle et un rectangle (surfaces comprises) comme dans le dessin ci-dessous.

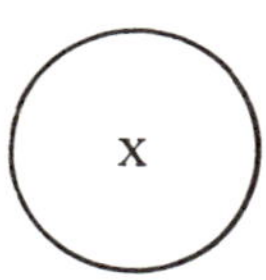

« boule »

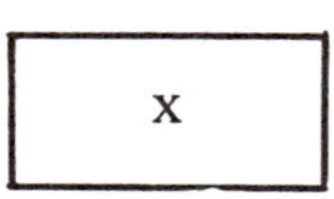

« pavé »

On voit que si le point x se trouve au centre d'une boule, ou d'un pavé (dans ce dernier cas, à l'intersection des diagonales du rectangle), alors il est possible de le faire bouger (« légèrement ») sans sortir de la boule, ou du pavé. Dans ces conditions, boules ou pavés pourront jouer le rôle de voisinages « de base », rôle tenu dans $\mathbb{R}$ par les intervalles ouverts.

Donc, par la suite, lorsque nous évoquerons le voisinage d'un point, le lecteur pourra toujours penser à une boule, ou à un pavé, dont ce point est le centre (boules et pavés pouvant être « aussi petits que l'on veut » sans, toutefois, se réduire au seul point).

Distance et limite

Dans $\mathbb{R}^2$, comme dans $\mathbb{R}$, il est nécessaire de définir une *distance*. Ainsi, si on s'intéresse à une limite, on pense à un « rapprochement de plus en plus accentué », donc à une distance « qui tend vers 0 ». Dans $\mathbb{R}$, la distance que nous avions utilisée était *la valeur absolue de la différence* ; soit :

$$\text{distance entre } a \text{ et } b : |a - b|.$$

Lorsqu'on passe à $\mathbb{R}^2$, ou $\mathbb{R}^n$, on peut définir *plusieurs distances*. Par exemple si on considère deux vecteurs (x, y) et (x', y') de $\mathbb{R}^2$:

- $\sqrt{(x - x')^2 + (y - y')^2}$ (appelée *distance euclidienne*)
- $|x - x'| + |y - y'|$

Mais, en ce qui nous concerne, le choix de l'une ou de l'autre de ces distances n'a pas d'importance. En effet, ce qui nous importe, c'est que toutes deux tendent vers 0 lorsque x tend vers x' et y vers y'. D'où la définition suivante :

Définition

On dit que (x, y) *tend* vers (x', y') si $|x - x'|$ et $|y - y'|$ tendent vers 0.

Grâce à cette définition, qui apparaît comme tout à fait « naturelle », l'étude des limites dans $\mathbb{R}^2$ peut, en général, se ramener à des études dans $\mathbb{R}$, à condition de raisonner indépendamment sur chacun des éléments de (x, y). Par conséquent, on peut utiliser, dans les démonstrations, les résultats obtenus dans $\mathbb{R}$. Ainsi, si la suite (x_n, y_n) tend vers (a, b) et si la suite (x'_n, y'_n) tend vers (a', b') lorsque n tend vers l'infini, alors la suite $(x_n + x'_n, y_n + y'_n)$ tend vers $(a + a', b + b')$, lorsque n tend vers l'infini.

De même en ce qui concerne la continuité : on dit que la fonction f est continue en (a, b) si elle est définie en (a, b) et si $f(x, y)$ tend vers $f(a, b)$ lorsque (x, y) tend vers (a, b).

Nous n'insisterons donc pas ici sur les notions de limites de suites et de fonctions ayant $\mathbb{R}^2$ pour espace de départ, car cela ne pose pas vraiment de difficultés, les notations étant seulement alourdies.

Par contre, nous allons traiter de façon relativement détaillée de la dérivée partielle, qui ne pose pas de problème conceptuel majeur, mais qui s'avère être fort « opérationnelle » (comme toute dérivée).

Dérivées partielles d'une fonction

Commençons par un exemple, en posant : $f(x, y) = x^2y$. Faisons comme dans le cas d'une fonction d'une variable, en cherchant la limite de :

$$\frac{f(x + \Delta x, y) - f(x, y)}{\Delta x} = \frac{(x + \Delta x)^2 y - x^2y}{\Delta x}$$

lorsque Δx tend vers 0.

Comme :

$$\frac{(x + \Delta x)^2 y - x^2y}{\Delta x} = \frac{2xy \,\Delta x + (\Delta x)^2 y}{\Delta x} = 2xy + y\,\Delta x,$$

on voit que cette expression tend vers $2xy$ lorsque Δx tend vers 0. On dit alors que $2xy$ est la *dérivée partielle, par rapport à x*, de x^2y. Si maintenant on fait varier y, x demeurant constant, alors :

$$\frac{f(x, y + \Delta y) - f(x, y)}{\Delta y} = \frac{x^2(y + \Delta y) - x^2y}{\Delta y} = \frac{x^2\,\Delta y}{\Delta y}$$

expression indépendante de Δy. Donc, x^2 est la *dérivée partielle, par rapport à y*, de x^2y.

Cet exemple nous montre qu'on ne peut parler de *la* dérivée d'une fonction de plusieurs variables, mais de *ses* dérivées, qualifiées de *partielles* car faisant intervenir les variations de chaque variable, séparément.

Définition

On appelle *dérivée partielle de f par rapport à x* la limite, si elle existe, de :

$$\frac{f(x + \Delta x, y) - f(x, y)}{\Delta x}$$

lorsque Δx tend vers 0. On la note : $f'_x(x, y)$.

De même, on définit la *dérivée partielle de f par rapport à y* par :

$$f'_y(x, y) = \lim_{\Delta y \to 0} \frac{f(x, y + \Delta y) - f(x, y)}{\Delta y}.$$

L'exemple précédent nous montre comment on procède pour calculer les dérivées partielles d'une fonction : on se ramène au cas à une variable, en considérant l'« autre » variable comme une constante. Ainsi, la dérivée partielle par rapport à x de x^2y est obtenue en « fixant » y, ce qui donne $2xy$, celle par rapport à y en « fixant » x, ce qui donne x^2.

Donnons quelques autres exemples :

— $f(x, y) = e^{2x+3y}$; $f'_x(x, y) = 2e^{2x+3y}$ et $f'_y(x, y) = 3e^{2x+3y}$

— $f(x, y) = y\ln(xy + \sqrt{x})$; $f'_x(x, y) = \dfrac{y}{xy + \sqrt{x}}\left(y + \dfrac{1}{2\sqrt{x}}\right)$

et $f'_y(x, y) = \ln(xy + \sqrt{x}) + y\,\dfrac{x}{xy + \sqrt{x}}$

Dérivées partielles et « variations à la marge »

Nous avons expliqué au chapitre IX pourquoi on utilisait la dérivée en tant qu'indicateur des « variations marginales » d'une fonction. Ces explications se transposent aisément dans le cas d'une fonction de plusieurs variables. Ainsi, si (x, y) est un « panier » de matières premières (ou « inputs »), et si $f(x, y)$ est la quantité (maximum) de produit qu'elles permettent d'obtenir, alors $f'_x(x, y)$ est appelée la *productivité marginale* du premier input, en (x, y), pour la fonction f. Elle mesure, approximativement[1] la variation de production :

$$f(x + 1, y) - f(x, y)$$

résultant de l'augmentation d'une unité de la quantité du premier input.

De même, $f'_y(x, y)$ est la *productivité marginale* du deuxième input, en (x, y), pour la fonction f.

Dérivées partielles et élasticités

Nous avons défini, au chapitre IX, la notion d'élasticité, dans le cas d'une fonction d'une variable, en tant que limite du rapport des accroissements relatifs de la fonction et de la variable. Dans le cas d'une fonction de plusieurs variables, on a une définition similaire. Considérons, à titre d'exemple, la fonction de demande $d(p, R)$ d'un bien, où p est le prix du bien et R un revenu.

La définition « intuitive » de l'élasticité-prix de la demande d'un bien est donc donnée par le rapport des accroissements relatifs :

1. Pour les mêmes raisons que celles données au chapitre IX (passage à la limite d'un rapport d'accroissements).

$$\frac{\Delta d/d}{\Delta p/p}$$

Afin d'avoir une valeur « ponctuelle » de l'élasticité, indépendante de la valeur de Δp, on fait un passage à la limite, en remarquant que la formule précédente peut s'écrire sous la forme :

$$\frac{\Delta d}{\Delta p} \cdot \frac{p}{d}$$

Cette limite, si elle existe, est donnée par (comme $d = d(P, R)$) :

$$d'_p(p, R) \frac{p}{d(p, R)}$$

C'est la formule « mathématique » de l'élasticité-prix. Pour les mêmes raisons, l'élasticité-revenu sera donnée par :

$$d'_R(p, R) \frac{R}{d(p, R)}$$

Exemple : soit $d(p, R) = p^{-1/2} R^{1/3}$.

Pour déterminer l'élasticité-prix, on commence par calculer la dérivée partielle, par rapport à p, de $d(p, R)$; soit :

$$d'_p(p, R) = -\frac{1}{2} p^{-3/2} R^{1/3}.$$

L'élasticité-prix est donc donnée par :

$$d'_p(p, R) \frac{p}{d(p, R)} = -\frac{1}{2} p^{-3/2} R^{1/3} \frac{p}{p^{-1/2} R^{1/3}} = -\frac{1}{2}.$$

Elle est constante : une hausse de x % du prix du bien (pour x petit) entraîne une baisse de $(x/2)$ % de la demande de ce bien (approximativement, en raison du passage à la limite qu'implique la dérivée).

L'élasticité-revenu est égale à 1/3 : elle est également constante.

Notons que ce résultat n'a rien de miraculeux : il découle du fait que l'on est en présence d'un produit de fonctions puissance. Le lecteur peut aisément vérifier que les élasticités de fonctions de la forme $x^a y^b$ sont, respectivement, a et b. C'est pourquoi ces fonctions sont dites *à élasticités constantes*. Si on passe aux logarithmes, elles s'écrivent : $a \log x + b \log y$; elles sont linéaires par rapport aux logarithmes (on dit qu'elles sont *log-linéaires*).

Notons, pour en terminer avec les élasticités de la demande, que jusqu'à présent l'élasticité-prix qui a été considérée était celle relative au prix du bien demandé ; on parle, à son propos, d'*élasticité directe*. Mais on peut tout aussi bien définir des *élasticités croisées*, relatives aux prix d'autres biens.

Formule des accroissements finis

Rappelons que dans le cas où il n'y a qu'une seule variable, cette formule s'écrit :

$$f(b) - f(a) = (b - a)\, f'(c) \qquad \text{avec } c \in \,]a, b[.$$

Dans le cas où f est une fonction de deux variables, on a une formule semblable, soit :

$$f(b_1, b_2) - f(a_1, a_2) = (b_1 - a_1)\, f'_{x_1}(c_1, b_2) + (b_2 - a_2)\, f'_{x_2}(a_1, c_2)$$

$$\text{avec } c_1 \in \,]a_1, b_1[\text{ et } c_2 \in \,]a_2, b_2[.$$

Le membre de droite de la formule ci-dessus est une somme de deux termes, chacun ayant la même forme que celui apparaissant lorsque f est à une seule variable, le premier concernant les variations de la première variable (d'où l'apparition de la différence $b_1 - a_1$ et du « nombre intermédiaire », c_1), le deuxième ayant trait à celles de la deuxième (d'où $b_2 - a_2$ et c_2).

Pour établir la formule annoncée, commençons par « intercaler » dans la différence $f(b_1, b_2) - f(a_1, a_2)$ le terme $f(a_1, b_2)$; soit :

$$(1) \quad f(b_1, b_2) - f(a_1, a_2) = f(b_1, b_2) - f(a_1, b_2) + f(a_1, b_2) - f(a_1, a_2),$$

puis considérons la première différence du membre de droite de l'égalité (1) ainsi obtenue : $f(b_1, b_2) - f(a_1, b_2)$. En fait, seule la première variable « bouge », entre a_1 et b_1, alors que la deuxième demeure constante (b_2). On peut donc appliquer la formule des accroissements finis comme si on était en présence d'une seule variable, la première, en considérant, bien entendu, la dérivée partielle relative à cette variable. Soit :

$$(2) \quad f(b_1, b_2) - f(a_1, b_2) = (b_1 - a_1)\, f'_{x_1}(c_1, b_2) \qquad \text{avec } c_1 \in \,]a_1, b_1[.$$

De même, la deuxième différence intervenant dans le membre de droite de (1), $f(a_1, b_2) - f(a_1, a_2)$ peut s'écrire, en appliquant la formule des accroissements finis à la deuxième variable :

$$(3) \quad f(a_1, b_2) - f(a_1, a_2) = (b_2 - a_2)\, f'_{x_2}(a_1, c_2) \qquad \text{avec } c_2 \in \,]a_2, b_2[.$$

En reportant (2) et (3) dans (1), on obtient la formule recherchée.

Remarque Pour que cette formule soit valable, il faut que f soit dérivable aux points considérés, ainsi que dans tous les points « intermédiaires ». Pour s'assurer de cette dernière condition, on peut supposer que (a_1, a_2) et (b_1, b_2) sont dans une boule (ou un pavé) dans lequel f est partout dérivable (par rapport à ses deux variables).

La formule des accroissements finis va nous permettre de démontrer la très importante formule de dérivation d'une fonction de fonction, ou « dérivation en chaîne ».

La « dérivation en chaîne »

Soit la fonction $f(x_1, x_2)$. Supposons, par exemple, que c'est une fonction de production, donnant la quantité produite d'un bien à partir du « panier » de matières premières (x_1, x_2). Supposons, également, que ce dernier évolue dans le temps, c'est-à-dire que l'on a $x_1 = g_1(t)$ et $x_2 = g_2(t)$, où t représente le temps. Dans ce cas, l'évolution dans le temps de la production est donnée par $f(g_1(t), g_2(t))$. Comme elle ne dépend (à travers les fonctions g_1, g_2 et f) que de la seule variable indépendante, t, on peut la noter $F(t)$. Soit, par définition :

$$F(t) = f(g_1(t), g_2(t)).$$

Si on pose $G(t) = (g_1(t), g_2(t))$, alors $F(t)$ résulte de la combinaison de G et de f ; ce qui s'écrit :

$$F(t) = f(g_1(t), g_2(t)) = f(G(t)) = (f \circ G)(t).$$

Cherchons la dérivée de F, par rapport à t : $F'(t)$ (ou, de même, $(f \circ G)'(t)$), en supposant que f et G sont dérivables.

Pour cela, commençons par considérer la variation de F :

$$(4) \quad F(t + \Delta t) - F(t) = f(g_1(t + \Delta t), g_2(t + \Delta t)) - f(g_1(t), g_2(t)).$$

Nous pouvons appliquer la formule des accroissements finis au membre de droite de l'égalité ci-dessus, avec $(g_1(t), g_2(t))$ à la place de (a_1, a_2) et $(g_1(t + \Delta t), g_2(t + \Delta t))$ à la place de (b_1, b_2). Soit :

$$f(g_1(t + \Delta t), g_2(t + \Delta t)) - f(g_1(t), g_2(t)) =$$

$$(g_1(t + \Delta t) - g_1(t))\, f'_{x_1}(c_1, g_2(t + \Delta t)) + (g_2(t + \Delta t) - g_2(t))\, f'_{x_2}(g_1(t), c_2)$$

c_1 étant strictement compris entre $g_1(t)$ et $g_1(t + \Delta t)$, c_2 l'étant entre $g_2(t)$ et $g_2(t + \Delta t)$. Comme le premier membre de l'équation ci-dessus n'est rien d'autre que $F(t + \Delta t) - F(t)$ (cf. relation (4)), il en est de même, évidemment, de son second membre. Donc, en divisant par Δt et en passant à la limite, on obtient la dérivée recherchée. Soit :

(5)

$$F'(t) = \lim_{\Delta t \to 0} \frac{F(t + \Delta t) - F(t)}{\Delta t} = \lim_{\Delta t \to 0} \frac{g_1(t + \Delta t) - g_1(t)}{\Delta t} f'_{x_1}(c_1, g_2(t + \Delta t))$$

$$+ \lim_{\Delta t \to 0} \frac{g_2(t + \Delta t) - g_2(t)}{\Delta t} f'_{x_2}(g_1(t), c_2)$$

Lorsque Δt tend vers 0, c_1 tend vers $g_1(t)$ et c_2 tend vers $g_2(t)$, tandis que $\frac{g_1(t + \Delta t) - g_1(t)}{\Delta t}$ tend, par définition de la dérivée, vers $g_1'(t)$, $\frac{g_2(t + \Delta t) - g_2(t)}{\Delta t}$ tendant vers $g_2'(t)$. Si, en outre, les dérivées de f sont continues, (5) implique :

$$F'(t) = f'_{x_1}(g_1(t), g_2(t))\, g_1'(t) + f'_{x_2}(g_1(t), g_2(t))\, g_2'(t).$$

C'est la *formule de la dérivation en chaîne.*

On voit comment on l'obtient : on dérive la fonction $f(x_1, x_2)$ par rapport à chacun de ses arguments, on calcule ces dérivées au point $(g_1(t), g_2(t))$, puis on les multiplie par la dérivée de g_1 et de g_2, respectivement.

Notons que cette formule est une généralisation de celle que l'on a obtenue, au chapitre précédent, pour la dérivée d'une fonction de fonction d'une seule variable :

(5') $$(f \circ g)'(x) = f'(g(x))\, g'(x).$$

Mais, ici, on considère les dérivées *partielles* de f et on *additionne* des termes semblables à celui qui apparaît dans le membre de droite de l'équation (5').

Exemple : considérons l'expression : $f(t^2, 1/t)$. C'est une fonction de t ; appliquons-lui la formule de dérivation en chaîne, que nous venons d'établir (en supposant que f est dérivable, avec des dérivées partielles continues) ; soit :

(6) $$f'_{x_1}(t^2, 1/t)\, 2t + f'_{x_2}(t^2, 1/t)\, (-1/t^2)$$

puisqu'ici : $g_1(t) = t^2$ (donc $g_1'(t) = 2t$) et $g_2(t) = 1/t$ (donc $g_2'(t) = -1/t^2$).

Supposons maintenant que $f(x_1, x_2) = x_1 \ln(x_2)$. Par conséquent : $f'_{x_1}(x_1, x_2) = \ln(x_2)$ et $f'_{x_2}(x_1, x_2) = x_1/x_2$. Au « point »

$(t^2, 1/t)$ ces dérivées sont égales à : $\ell n\,(1/t)$ et $t^2/(1/t) = t^3$, respectivement.

En remplaçant dans (6), on obtient la dérivée de $f(t^2, 1/t)$, par rapport à t :

$$2t\ \ell n\,(1/t) + t^3\,(-1/t^2) = -2t\ \ell n\,(t) - t.$$

Évidemment, on aurait pu obtenir plus rapidement ce résultat, puisqu'on connaît f, en calculant directement la dérivée de $f(t^2, 1/t) = t^2\ \ell n\,(1/t)$: nous laissons au lecteur le soin de le faire, à titre d'exercice.

En réalité, la formule de dérivation en chaîne est surtout un instrument théorique, permettant, par exemple, d'établir des résultats généraux, telle la formule d'Euler, relative aux fonctions homogènes.

Fonctions homogènes et formule d'Euler

On dit qu'une fonction est *homogène de degré k* si on a :

(7) $$f(\lambda x, \lambda y) = \lambda^k f(x, y) \qquad \text{pour tout } \lambda > 0.$$

Ainsi, la fonction $x^a y^b$ est homogène de degré $a + b$ (puisque $(\lambda x)^a (\lambda y)^b = \lambda^a x^a \lambda^b y^b = \lambda^{a+b} x^a y^b$).

Supposons maintenant que x et y sont *fixés*, et que λ varie. Alors, $f(\lambda x, \lambda y)$ est une fonction de λ, que l'on peut noter $F(\lambda)$. En raison de (7), on peut écrire, à la fois :

(8) $$F(\lambda) = f(\lambda x, \lambda y)$$

(9) $$\mathrm{F}(\lambda) = \lambda^k f(x, y)$$

Dérivons par rapport à λ ces deux expressions. Dans le cas de (8), on applique la formule de dérivation en chaîne, avec ici : $g_1(\lambda) = \lambda x$, $g_2(\lambda) = \lambda y$ et donc : $g_1'(\lambda) = x$, $g_2'(\lambda) = y$; soit :

$$F'(\lambda) = f_x'(\lambda x, \lambda y)\, x + f_y'(\lambda x, \lambda y)\, y,$$

tandis que dans le cas de (9), on a, tout simplement :

$$F'(\lambda) = k\, \lambda^{k-1} f(x, y)$$

D'où, en égalisant ces deux expressions de $F'(\lambda)$, puis en faisant $\lambda = 1$:

$$x f_x'(x, y) + y f_y'(x, y) = k f(x, y).$$

C'est la *formule d'Euler*, qui caractérise les fonctions homogènes dérivables.

Elle permet d'établir le *théorème de l'épuisement du produit* : si f est une fonction de production homogène de degré 1, si x est une quantité de travail, notée L, et si y est une quantité de capital, notée K, la formule d'Euler s'écrit :

$$Lf'_L\,(K, L) + Kf'_K\,(K, L) = f\,(K, L)$$

Ce qui s'interprète de la façon suivante : si travail et capital sont rémunérés à leur productivité marginale ($f'_L\,(K, L)$ et $f'_K\,(K, L)$, respectivement), alors le produit $f\,(K, L)$ se répartit « exactement » entre masse salariale, $Lf'_L\,(K, L)$, et rémunération du capital, $Kf'_K\,(K, L)$. C'est pourquoi on parle de « théorème de l'épuisement du produit ». Il convient de noter qu'il n'est valable que si f est homogène de degré 1 (rendements d'échelle constants) et que s'il y a concurrence parfaite (nous reviendrons sur ce dernier point dans le prochain chapitre).

Montrons, pour terminer avec les fonctions homogènes, que :

les dérivées partielles d'une fonction homogène de degré k sont des fonctions homogènes de degré k - 1.

Pour l'établir, partons à nouveau de l'égalité (7), caractérisant les fonctions homogènes. Mais, maintenant, nous allons considérer que x est la variable, λ et y étant fixés. Soit :

(10) $$F\,(x) = f\,(\lambda x, \lambda y)$$

(11) $$F\,(x) = \lambda^k f\,(x, y)$$

(F n'étant, évidemment, plus la même fonction que dans (8) et (9)).

D'où :

$$F'\,(x) = f'_x\,(\lambda x, \lambda y)\lambda \text{ (en dérivant (10) par rapport à } x)$$

$$F'\,(x) = \lambda^k f'_x\,(x, y) \text{ (en dérivant (11) par rapport à } x)$$

En égalisant ces deux expressions de $F'(x)$, on obtient le résultat recherché :

$$f'_x\,(\lambda x, \lambda y) = \lambda^{k-1} f'_x\,(x, y).$$

On a un résultat similaire pour f'_y.

Ainsi, si on reprend la fonction de production $f\,(K, L)$, que l'on a supposée homogène de degré 1, il s'ensuit que $f'_K\,(K, L)$ et $f'_L\,(K, L)$ sont homogènes de degré 0. Par conséquent, si on fait $\lambda = 1/L$ (avec $L \neq 0$), alors :

$$f'_K\left(\frac{1}{L}K, \frac{1}{L}L\right) = \left(\frac{1}{L}\right)^0 f'_K(K, L)$$

soit :

$$f'_K\left(\frac{K}{L}, 1\right) = f'_K(K, L).$$

De même pour f'_L. Donc : *les dérivées partielles de f (K, L) ne sont fonction que du seul capital par tête, K/L.*

Courbes de niveau et fonctions implicites

Reprenons l'exemple d'une fonction de production, $f(x, y)$, et interessons-nous à tous les « paniers » de matières premières (x, y) permettant d'atteindre un niveau de production q donné, donc tels que :

(12) $$f(x, y) = q.$$

La relation (12) ci-dessus établit un « lien » entre x et y, q étant fixé. Ainsi, si $f(x, y) = (xy)^{1/2}$, alors $(xy)^{1/2} = q$ implique : $y = q^2/x$ (ou $x = q^2/y$), relation donnant le lien recherché, qui prend ici la forme d'une fonction, définie « implicitement » par l'équation $(xy)^{1/2} = q$.

Revenons au cas général. Le problème que l'on se pose est celui de savoir si l'équation $f(x, y) = q$ permet de définir une fonction g, avec $y = g(x)$, telle que $f(x, g(x)) = q$. Si cette fonction existe, on dit que c'est la *fonction implicite* définie par l'équation $f(x, y) = q$. Ainsi, dans l'exemple précédent : $g(x) = q^2/x$. Le graphe de g, pour q donné, est appelé *courbe de niveau,* son « niveau » étant q.

En économie théorique, on raisonne souvent sur des fonctions de production f dont on ne précise pas la forme exacte, tout en supposant qu'elles ont un certain nombre de propriétés « qualitatives » (continuité, dérivabilité, ...). On cherche alors, par exemple, à déduire de ces dernières les propriétés de ses courbes de niveau sans expliciter les fonctions implicites — dont on suppose l'existence — qu'elles représentent.

Ainsi, si g est la fonction implicite correspondant au niveau q, par définition, elle doit vérifier la relation :

$$f(x, g(x)) = q.$$

Si on dérive par rapport à x les deux membres de cette équation, on obtient (en appliquant la formule de dérivation en chaîne à son membre de gauche, et en se rappelant que q est considéré ici comme constant) :

$$f'_x\,(x,g(x)) + f'_y\,(x,g(x))\;g'\,(x) = 0.$$

D'où, si $f'_y\,(x,\,g\,(x)) \neq 0$:

(13) $$g'\,(x) = -f'_x\,(x,g(x))/f'_y\,(x,g(x))$$

Donc : *on peut connaître la dérivée en un point de la fonction g sans avoir à expliciter cette dernière.*

Pour cela, il suffit de calculer directement les dérivées partielles de f au point considéré. L'exemple suivant permet de mieux comprendre le sens de cette proposition.

Exemple Supposons que $f\,(x,\,y) = x^{1/3}y + x^2/y^3$, et que $q = 2$.

Le point (1,1) vérifie bien l'équation $f\,(x,y) = 2$; on peut donc lui faire jouer le rôle du $(x,\,g\,(x))$ de la formule (13). La courbe de niveau passant par ce point y admet donc une tangente de pente :

$$-\frac{f'_x\,(1{,}1)}{f'_y\,(1{,}1)} = -\frac{(1/3)\,(1)^{-2/3}\,(1) + 2\,(1)/(1)^3}{(1)^{1/3} - 3\,(1)^2/(1)^4} = \frac{7}{6}.$$

Soit : $g'(1) = 7/6$: *la pente de la courbe de niveau passant par (1,1) est égale à 7/6.* On a obtenu ce résultat sans connaître la forme de g (nullement évidente, ici).

Remarque : les courbes de niveau d'une fonction de production sont appelées *isoquantes*, celles d'une fonction d'utilité *courbes d'indifférence.*

Application : le multiplicateur keynésien

En macroéconomie, il est souvent supposé qu'il existe une relation entre la consommation, C, et le revenu, R, ce que l'on peut noter $C = c(R)$. Si C et R représentent la consommation et le revenu national, alors on a l'identité comptable :

$$R = C + I$$

où I est l'investissement national (la production est soit consommée, soit investie).

Donc :

$$R = c(R) + I$$

ce que l'on peut écrire :

$$c(R) - R + I = 0.$$

On est donc en présence d'une relation de la forme $f(I, R) = 0$, avec $f(I, R) = c(R) - R + I$, qui définit le revenu en tant que fonction implicite de I. En supposant que cette fonction existe au voisinage d'un point (I_0, R_0) tel que $f(I_0, R_0) = 0$, on a, si on note $g(I)$ cette fonction :

$$g'(I_0) = -f'_I(I_0, R_0) \,/\, f'_R(I_0, R_0) = 1/(1 - c'(R_0)).$$

Ainsi, comme par définition de la dérivée, on a $g'(I_0) = \lim\limits_{\Delta I \to 0} \dfrac{\Delta R}{\Delta I}$, on peut écrire que : $\Delta R \simeq g'(I_0)\, \Delta I$ (valeur approchée). Il résulte de la formule ci-dessus que :

$$\Delta R \simeq \frac{\Delta I}{1 - c'(R_0)}$$

Soit : *une variation ΔI de l'investissement entraîne une variation $\Delta I / (1 - c'(R_0))$ du revenu* : on dit que $1/(1 - c'(R_0))$ est le *multiplicateur keynésien.* Dans le cas où $c(R)$ est de la forme $aR + b$, ce multiplicateur est égal à $1/(1 - a)$, puisqu'alors $c'(R) = a$.

Le théorème des fonctions implicites

Les raisonnements précédents supposaient, implicitement..., que la fonction implicite définie par la relation $f(x, y) = q$ existe, est unique et dérivable. Le théorème des fonctions implicites précise quand cela est le cas (en donnant des conditions suffisantes).

Théorème

Soit une fonction $f(x, y)$ à dérivées partielles continues au voisinage d'un point (a, b) tel que $f(a, b) = q$ et $f'_y(a, b) \neq 0$. Alors, il existe une fonction g telle que $g(a) = b$ et telle que $f(x, g(x)) = q$ pour x se trouvant dans un voisinage de a. En outre, cette fonction est continue et dérivable dans ce voisinage, avec

$$g'(x) = -\, f'_x(x, g(x)) \,/\, f'_y(x, g(x)).$$

Il est important de voir que ce théorème nous donne un résultat *local,* c'est-à-dire valable seulement au voisinage d'un point.

Donnons le principe de sa démonstration, qui s'appuie sur le théorème fondamental des fonctions continues (cf. chapitre IX). On part du fait que $f'_y(a, b) \neq 0$, en supposant, par exemple, que $f'_y(a, b) > 0$.

Comme, par hypothèse, f'_y est continue en (a, b), on peut supposer qu'il existe un « petit » intervalle $[b - h, b + h]$ tel que $f'_y(a, y) > 0$ sur cet intervalle. Par conséquent, $f(a, y)$ y est une fonction strictement croissante de y. Comme $f(a, b) = q$, il s'ensuit que $f(a, b - h) < q$ et $f(a, b + h) > q$; comme f est continue en (a, b), ces inégalités seront vérifiées pour des x « proches » de a. Soit :

$$f(x_0, b-h) < q \text{ et } f(x_0, b+h) > q$$

pour x_0 suffisamment proche de a.

Par conséquent, il résulte du théorème des valeurs intermédiaires, appliqué à la fonction de y, $f(x_0, y)$, qu'il existe un y_0 appartenant à l'intervalle $[b-h, b+h]$ et tel que $f(x_0, y_0) = q$. Comme $f(x, y)$ est une fonction strictement croissante de y sur cet intervalle (toujours à condition que (x, y) soit suffisamment « proche » de (a, b)), cet y_0 est unique. Le raisonnement précédent étant valable pour tout x de l'intervalle compris entre x_0 et a (x_0 pouvant être, successivement, supérieur ou inférieur à a), cela nous assure de l'existence de la fonction recherchée, sur cet intervalle (à chaque x correspond un et un seul y tel que $f(x, y) = q$). On procède de même si $f'_y(a, b) < 0$.

Deux remarques sur cette démonstration :

— la condition $f'_y(a, b) \neq 0$ y joue un rôle décisif ; donc, avant d'appliquer le théorème des fonctions implicites en un point, il faut voir si elle est vérifiée. D'ailleurs, cela apparaît immédiatement lors du calcul de la dérivée de g (qui a f'_y à son dénominateur). Si nécessaire, et si $f'_x(a, b) \neq 0$, on peut contourner cette difficulté en appliquant le théorème à x en tant que fonction implicite de y (cf. exercice 4) ;

— la continuité et la dérivabilité de g se démontre aisément : pour plus de détails, voir Archinard et Guerrien, chapitre XVIII.

Exercices

1. Donner les dérivées partielles de

— $xy / (x^2 + 2y)$
— $\ln(e^{xy} + y^2 + 2)$

2. Soit $f(x, y)$ une fonction homogène de degré 1.

a) Montrer que si $x \neq 0$, $f(x, y) = xf(1, y/x)$

b) Montrer que les dérivées partielles de f ne dépendent que de y/x

3. Montrer que le rapport des dérivées partielles d'une fonction homogène de degré k est homogène de degré 0.

4. Déterminer la fonction implicite liant x et y vérifiant :

$$x^2 + y^2 = 9$$

et passant par le point (3,0).

5. Soit la fonction $f(x, y) = x^2y + x^{1/2}y^2 - 2x$.

a) Déterminer l'équation de la courbe de niveau passant par le point (1,2).

b) Donner l'équation de la tangente en ce point à cette courbe de niveau.

6. La fonction définie, au voisinage de (1, 1) par $f(x, y) = f(1, 1)$, où $f(x, y) = x^3 - xy + y^3$, est-elle convexe ou concave en ce point ?

CHAPITRE XIV

Extrema d'une fonction de plusieurs variables

I. EXTREMA AVEC DES VARIABLES LIBRES

On considère une fonction $f(x, y)$, où x et y peuvent prendre des valeurs quelconques sur son ensemble de définition.

On dit que (a, b) est un *maximum* de f s'il existe un voisinage de (a, b) tel que :

$$f(x, y) \leq f(a, b)$$

pour tout couple (x, y) appartenant à ce voisinage (qui peut être, par exempe, une boule de centre (a, b)). Si cette inégalité est valable pour tout le domaine de définition de f, alors (a, b) est un *maximum absolu, ou global,* de f.

On définit de la même façon un *minimum* de f.

Considérons maintenant la fonction de x, $f(x, b)$. Si (a, b) est un maximum de f, alors on doit avoir, pour h « petit » :

$$f(a-h, b) \leq f(a, b)$$

et

$$f(a+h, b) \leq f(a, b).$$

On peut donc appliquer à $f(x, b)$ le théorème établi lors de l'étude des extrema d'une fonction d'une variable. Soit :

si (a, b) est un maximum de f, alors on doit avoir $f'_x(a, b) = 0$.

De même, si on considère la fonction $f(a, y)$, on doit avoir, pour des raisons semblables : $f'_y(a, b) = 0$.

Si (a, b) est un minimum de f, on a les mêmes conditions. Mais celles-ci ne sont que *nécessaires*. Ainsi, la fonction $f(x, y) = xy$ a ses dérivées partielles qui s'annulent en (0,0), et pourtant ce point n'est ni un maximum, ni un minimum de f (on aura toujours

$f(h, h) = h^2 > 0 = f(0,0)$, quel que soit $h > 0$, « aussi petit que l'on veut », tandis que $f(h, -h) = -h^2 < 0 = f(0,0)$).

Par conséquent, si un point (a, b) est tel que $f'_x(a, b) \neq 0$ ou $f'_y(a, b) \neq 0$, il n'est pas candidat à être un extremum. Les seuls candidats sont donc les points (a, b) tels que $f'_x(a, b) = f'_y(a, b) = 0$. D'où le théorème :

Théorème

Si un point est un extremum d'une fonction dérivable, les dérivées de celle-ci s'annulent en ce point.

Exemple : profit maximum en concurrence parfaite

On considère une fonction de production $f(x_1, x_2)$, les prix des matières premières, dont les quantités sont données par x_1 et x_2, sont notés, respectivement, p_1 et p_2. Par conséquent, le coût du « panier » (x_1, x_2) est $p_1x_1 + p_2x_2$. Si on note p le prix du bien produit, et si le producteur considère :

a) que les prix p, p_1 et p_2 sont des données, qu'il ne peut influencer (ni par ses achats, ni par ses ventes);

b) qu'il peut vendre toute la quantité qu'il veut du produit (pas de contrainte au niveau de ses débouchés) et qu'il peut acheter toute quantité désirée d'inputs (pas de rationnement), alors son profit est donné par :

$$\pi(x_1, x_2) = pf(x_1, x_2) - (p_1x_1 + p_2x_2)$$

Les « candidats » à un extremum du profit, que l'on peut noter $(\bar{x}_1, \bar{x}_2)$, doivent donc annuler les dérivées de $\pi(x_1, x_2)$. Comme, en raison des hypothèses *a*) et *b*) ci-dessus, p, p_1 et p_2 sont indépendants de x_1 et x_2, tout « candidat » $(\bar{x}_1, \bar{x}_2)$ doit vérifier :

$$\pi'_{x_1}(\bar{x}_1, \bar{x}_2) = pf'_{x_1}(\bar{x}_1, \bar{x}_2) - p_1 = 0$$

$$\pi'_{x_2}(\bar{x}_1, \bar{x}_2) = pf'_{x_2}(\bar{x}_1, \bar{x}_2) - p_2 = 0$$

Soit :

$$pf'_{x_1}(\bar{x}_1, \bar{x}_2) = p_1$$

$$pf'_{x_2}(\bar{x}_1, \bar{x}_2) = p_2$$

Ce qui s'énonce : *pour que le profit soit maximum en concurrence parfaite, il faut que le niveau de production soit tel que la productivité marginale, en valeur, d'une matière première soit égale à son prix.*

On peut expliquer ainsi ce résultat : le producteur achètera des matières premières, jusqu'au moment où leur prix sera égal à la valeur de la quantité de bien qu'elles permettent de produire. Évidemment, cela n'est vrai que si les productivités marginales sont décroissantes, le producteur n'ayant pas intérêt à dépasser le « seuil » $(\overline{x}_1, \overline{x}_2)$, car sinon, il produirait à perte.

Rappelons, une fois de plus, que la condition d'annulation des dérivées est une condition *nécessaire*, et non suffisante, pour être en présence d'un extremum.

Notons, pour terminer avec cet exemple, que si productivités marginales et prix sont non nuls, les conditions précédentes impliquent que :

$$\frac{f'_{x_1}(\overline{x}_1, \overline{x}_2)}{f'_{x_2}(\overline{x}_2, \overline{x}_2)} = \frac{p_1}{p_2}$$

Soit : *au point « candidat » à être un extremum, le rapport des productivités marginales est égal au rapport des prix des biens correspondants.*

II. EXTREMA SOUS CONTRAINTE

L'économie consistant, selon l'acception courante, en la gestion de ressources « rares », les agents se trouveront, en général, limités en ce qui concerne leurs possibilités de choix. L'exemple le plus classique est celui du consommateur dont les ressources sont restreintes (ce que l'on traduit, souvent, par une contrainte de revenu).

Ainsi, ce dernier exemple peut être formulé de la façon suivante : maximiser la satisfaction, ou l'utilité, $U(x_1, x_2)$ d'un consommateur, sachant que les paniers de biens (x_1, x_2) qu'il peut consommer doivent être soumis à la contrainte :

$$p_1x_1 + p_2x_2 = R$$

où R est son revenu.

Plus généralement, on cherche à résoudre le « programme » :

$$\text{maximiser } f(x_1, x_2)$$

x_1 et x_2 devant vérifier la contrainte : $g(x_1, x_2) = 0$.

Pour mieux comprendre ce qu'il en est, utilisons une image simple. Supposons que $f(x_1, x_2)$ donne la hauteur atteinte par un individu qui se promène sur une montagne, ses coordonnées planes étant (x_1, x_2). Le sommet de la montagne est donné par le point A, mais on suppose que le promeneur ne peut l'atteindre, car

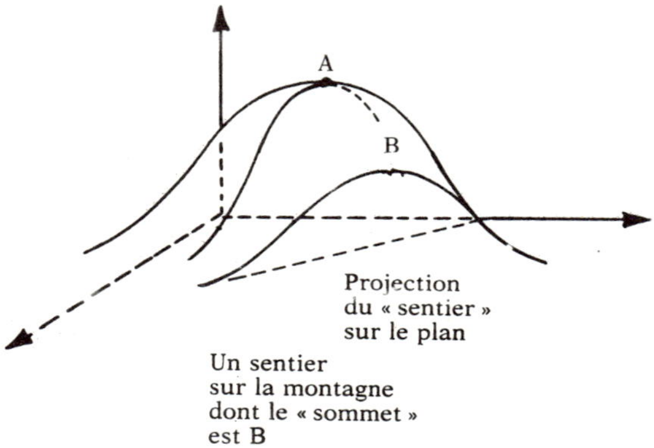

il est obligé de parcourir un certain « sentier », dont les deux premières coordonnées vérifient la contrainte $g(x_1, x_2) = 0$. Dans ces conditions, le point le plus haut qu'il peut atteindre est le point B, qui sera donc un *maximum sous contrainte.*

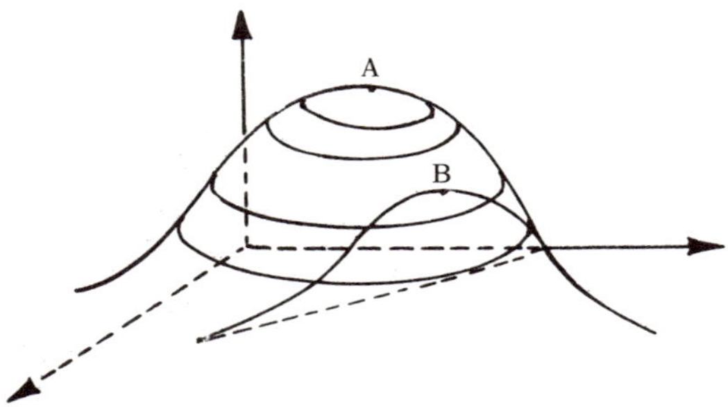

Essayons de caractériser ce point. Pour cela, reprenons la figure précédente, et traçons des plans horizontaux qui coupent, à différentes hauteurs le « pourtour » de la montagne, de façon à obtenir, à l'intersection entre plans et montagne, des « courbes de niveau ».

Si on projette celles-ci, ainsi que le « sentier » représentant la contrainte, on obtient alors la figure de la page 183, qui ressemble à celles que l'on trouve dans les cartes de géographie. On constate sur cette figure que le point B, correspondant à un extremum sous contrainte, est tel que la courbe de niveau passant par B y est tangente à la courbe représentant la contrainte, $g(x_1, x_2) = 0$.

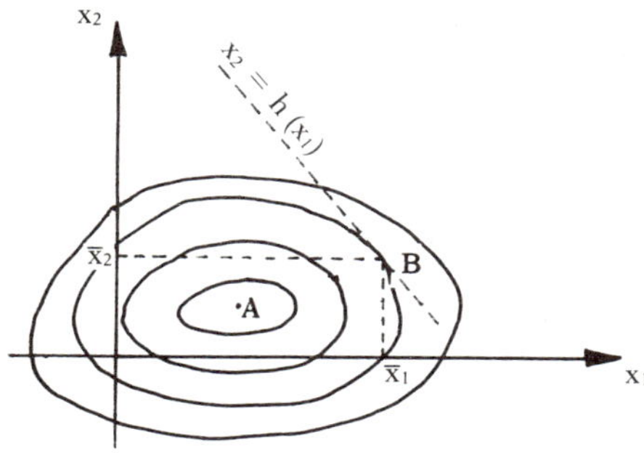

Nous allons maintenant retrouver par le calcul ce résultat « géométrique ».

Pour cela, on remarque que la contrainte $g(x_1, x_2) = 0$ définit x_2 en tant que fonction implicite de x_1, tout au moins au voisinage du point B qui nous intéresse ici (si les hypothèses du théorème des fonctions implicites y sont vérifiées, ce que nous supposerons). Autrement dit, les points (x_1, x_2) vérifiant l'équation $g(x_1, x_2) = 0$ sont tels que : $x_2 = h(x_1)$, au voisinage de B (h étant la fonction implicite associée à la contrainte).

Par conséquent, rechercher un maximum de $f(x_1, x_2)$ sachant que (x_1, x_2) est soumis à la contrainte $g(x_1, x_2) = 0$ est équivalent à rechercher un maximum de $f(x_1,h(x_1))$, où x_1 peut varier « librement ». Ce qui nous ramène à la recherche des extrema d'une fonction d'une seule variable indépendante (x_1).

Tout point $(\overline{x}_1, \overline{x}_2)$ candidat à être un extremum de f sous la contrainte $g(x_1, x_2) = 0$ doit donc être tel que :

— il annule la dérivée de la fonction de x_1, $f(x_1,h(x_1))$,

— il vérifie la contrainte ; soit : $g(\overline{x}_1, \overline{x}_2) = 0$.

La dérivée de la fonction de x_1, $f(x_1,h(x_1))$, est obtenue par dérivation en chaîne ; soit :

$$f'_{x_1}(x_1, h(x_1)) + f'_{x_2}(x_1, h(x_1))\, h'(x_1).$$

Donc, $\overline{x}_1$ doit vérifier :

$$f'_{x_1}(\overline{x}_1, h(\overline{x}_1)) + f'_{x_2}(\overline{x}_1, h(\overline{x}_1))\, h'(\overline{x}_1) = 0.$$

Soit, si $f'_{x_2}(\overline{x}_1, h(\overline{x}_1)) \neq 0$ (et, comme h passe, par hypothèse, par $B = (\overline{x}_1, \overline{x}_2)$, donc comme $h(\overline{x}_1) = \overline{x}_2$) :

$$(1) \qquad h'(\overline{x}_1) = -\frac{f'_{x_1}(\overline{x}_1, \overline{x}_2)}{f'_{x_2}(\overline{x}_1, \overline{x}_2)}.$$

Or, $h'(\overline{x}_1)$ est, par définition de la dérivée, la pente de la tangente en $\overline{x}_1$ à la courbe représentant $g(x_1, x_2) = 0$, c'est-à-dire représentant la contrainte (rappelons que h est la fonction implicite définie par cette dernière, et passant par $(\overline{x}_1, \overline{x}_2)$).

Par ailleurs, le membre de droite de l'égalité (1) donne la pente de la courbe de niveau passant par $(\overline{x}_1, \overline{x}_2)$, d'équation : $f(x_1, x_2) = f(\overline{x}_1, \overline{x}_2)$ (cf. chapitre précédent : dérivée d'une fonction implicite, avec ici : $q = f(\overline{x}_1, \overline{x}_2) =$ constante).

Ainsi l'équation (1) traduit le résultat apparu graphiquement dans notre exemple « montagnard » : la courbe de niveau correspondant au maximum d'altitude atteint en parcourant le « sentier » associé à la contrainte est tangente à la courbe représentant celle-ci.

Contrainte et multiplicateur de Lagrange

Revenons à l'équation (1), que doivent vérifier les « candidats » à être un extremum, sous la contrainte $g(x_1, x_2) = 0$. Comme h est la fonction implicite définie par cette dernière équation, et passant par le point $(\overline{x}_1, \overline{x}_2)$, on a (cf. chapitre précédent) :

$$h'(\overline{x}_1) = -\frac{g'_{x_1}(\overline{x}_1, \overline{x}_2)}{g'_{x_2}(\overline{x}_1, \overline{x}_2)}.$$

Autrement dit, (1) s'écrit :

$$(2) \qquad \frac{g'_{x_1}(\overline{x}_1, \overline{x}_2)}{g'_{x_2}(\overline{x}_1, \overline{x}_2)} = \frac{f'_{x_1}(\overline{x}_1, \overline{x}_2)}{f'_{x_2}(\overline{x}_1, \overline{x}_2)}$$

ou encore, de façon équivalente :

$$(3) \qquad \frac{f'_{x_1}(\overline{x}_1, \overline{x}_2)}{g'_{x_1}(\overline{x}_1, \overline{x}_2)} = \frac{f'_{x_2}(\overline{x}_1, \overline{x}_2)}{g'_{x_2}(\overline{x}_1, \overline{x}_2)}.$$

En appelant $-\lambda$ ce dernier rapport, il découle de l'équation (3) ci-dessus que

$$(4) \qquad \begin{aligned} f'_{x_1}(\overline{x}_1, \overline{x}_2) + \lambda\, g'_{x_1}(\overline{x}_1, \overline{x}_2) &= 0 \\ f'_{x_2}(\overline{x}_1, \overline{x}_2) + \lambda\, g'_{x_2}(\overline{x}_1, \overline{x}_2) &= 0 \end{aligned}$$

Par conséquent : tout extremum $(\overline{x}_1, \overline{x}_2)$ de $f(x_1, x_2)$ sous la contrainte $g(x_1, x_2) = 0$ doit vérifier les équations (4), avec, en plus, $g(\overline{x}_1, \overline{x}_2) = 0$. Ainsi, on est en présence d'un système de 3 équations (les deux données par (4), plus la contrainte), avec 3 inconnues : $\overline{x}_1$, $\overline{x}_2$ et λ, qui peut donc avoir une, ou des, solution(s) bien déterminée(s).

On appelle λ (défini, au signe près, par les rapports (3)) le *multiplicateur de Lagrange* associé au point candidat $(\bar{x}_1, \bar{x}_2)$. Ce « multiplicateur » est donc un *nombre*, et non une variable, associé à un point candidat précis ; autrement dit, il varie lorsqu'on change de point candidat.

Le système d'équation (4) peut s'écrire plus simplement en faisant appel à la notion de *lagrangien*. On appelle lagrangien du programme : maximiser $f(x_1, x_2)$ avec $g(x_1, x_2) = 0$ la fonction $L(x_1, x_2) = f(x_1, x_2) + \lambda\, g(x_1, x_2)$, où λ est une constante inconnue.

Dans ces conditions, les conditions (4) s'écrivent :

$$(5) \qquad \begin{cases} L'_{x_1}(\bar{x}_1, \bar{x}_2) = 0 \\ L'_{x_2}(\bar{x}_1, \bar{x}_2) = 0. \end{cases}$$

Exemple. Maximisation de l'utilité sous contrainte de revenu

L'objectif d'un consommateur est de maximiser son utilité $U(x_1, x_2)$ sous la contrainte de revenu : $p_1x_1 + p_2x_2 = R$. La contrainte $g(x_1, x_2) = 0$ s'écrit ici : $R - p_1x_1 - p_2x_2 = 0$, donc : $g(x_1, x_2) = R - p_1\, x_1 - p_2\, x_2$.

Par conséquent, le lagrangien de ce programme est :

$$L(x_1, x_2) = U(x_1, x_2) + \lambda\,(R - p_1\, x_1 - p_2\, x_2)$$

les conditions (5) s'écrivant :

$$(6) \qquad \begin{cases} U'_{x_1}(\bar{x}_1, \bar{x}_2) - \lambda p_1 = 0 \\ U'_{x_2}(\bar{x}_1, \bar{x}_2) - \lambda p_2 = 0 \end{cases}$$

Soit, en éliminant λ de ces deux équations :

$$(7) \qquad \frac{U'_{x_1}(\bar{x}_1, \bar{x}_2)}{U'_{x_2}(\bar{x}_1, \bar{x}_2)} = \frac{p_1}{p_2}$$

(remarquons que l'on obtient là l'équivalent des relations (2), appliquées dans le cas particulier du consommateur).

La relation (7), rapport des utilités marginales égal au rapport des prix, caractérise le choix optimal du consommateur. Remarquons que son membre de droite donne, au signe près, la pente de la droite de revenu (la contrainte), son membre de gauche celle (au signe près) de la courbe de niveau — appelée ici courbe d'indifférence — passant par le panier optimal : on retrouve l'image du « promeneur » même si, ici, la « montagne » risque fort de ne pas avoir de sommet (mais, peu importe, puisque l'individu est limité dans sa « montée » par le « sentier », c'est-à-dire sa contrainte de revenu).

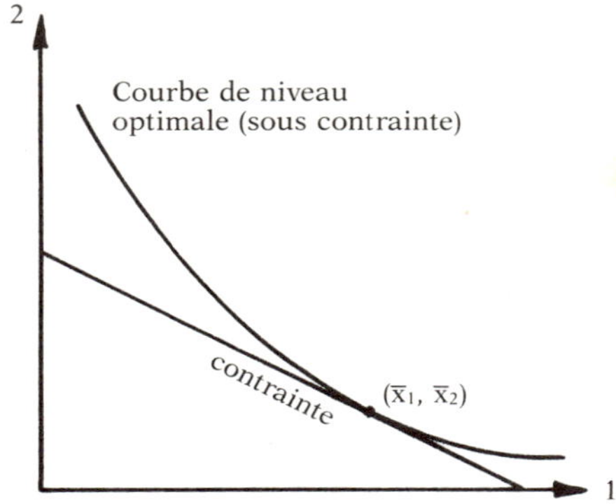

Dans le cas particulier où $U(x_1, x_2) = x_1^a x_2^b$, alors (7) s'écrit :

$$\frac{a\overline{x}_1^{a-1}\,\overline{x}_2^{b}}{b\overline{x}_1^{a}\,\overline{x}_2^{b-1}} = \frac{p_1}{p_2}$$

soit :

$$\frac{a\overline{x}_2}{b\overline{x}_1} = \frac{p_1}{p_2}$$

En se servant de la contrainte de revenu, $p_1x_1 + p_2x_2 = R$, on obtient le point candidat :

$$\overline{x}_1 = aR/(a+b)p_1 \text{ et } \overline{x}_2 = bR/(a+b)p_2.$$

Multiplicateur de Lagrange et intensité de la contrainte

Reprenons l'exemple précédent. Le couple $(\overline{x}_1, \overline{x}_2)$ obtenu, donnant la *demande* de chaque bien par le consommateur, est tel que celle-ci est une fonction du revenu, ce qui est bien naturel. On peut donc noter : $\overline{x}_1 = x_1(R)$ et $\overline{x}_2 = x_2(R)$. Supposons que ces fonctions sont continues et dérivables (ce qui est le cas dans l'application ci-dessus). L'utilité procurée par le choix optimal $(x_1(R), x_2(R))$ étant donnée par $U(x_1(R), x_2(R))$, elle est également une fonction de R, que l'on peut noter $V(R)$. Soit :

$$V(R) = U(x_1(R), x_2(R)).$$

D'où, par dérivation en chaîne par rapport à R :

$$V'(R) = U'_{x_1}(x_1(R), x_2(R))x_1'(R) + U'_{x_2}(x_1(R), x_2(R))x_2'(R)$$

Donc, en raison de (6) :

$$V'(R) = \lambda\,(p_1 x'_1(R) + p_2 x'_2(R)).$$

Par ailleurs, le panier optimal vérifie la contrainte de revenu :

$$p_1 x_1(R) + p_2 x_2(R) = R.$$

En dérivant celle-ci par rapport à R, on obtient :

$$p_1 x'_1(R) + p_2 x'_2(R) = 1.$$

En reportant dans $V'(R)$, il s'ensuit que :

$$V'(R) = \lambda$$

Ainsi, le multiplicateur de Lagrange λ donne la variation d'utilité maximum lorsqu'on relâche « un peu » la contrainte de revenu : il mesure donc l'intensité de la contrainte de revenu.

Donnons un autre exemple, permettant d'utiliser des notations plus générales.

Multiplicateur de Lagrange et coût marginal

Supposons que le coût du panier de matières premières (x, y) soit $c(x, y)$, et que l'on veuille produire une quantité q, la fonction de production étant $f(x, y)$. Le producteur cherchant à minimiser ses coûts pour produire q, son programme est :

minimiser le coût $c(x, y)$

avec $f(x, y) = q$, q étant donné.

Le lagrangien de ce programme est :

$$L(x, y) = c(x, y) + \lambda\,(q - f(x, y))$$

Le point candidat $(\bar{x}, \bar{y})$ devant annuler les dérivées de ce lagrangien, on a :

$$(8) \qquad c'_x(\bar{x}, \bar{y}) = \lambda\, f'_x(\bar{x}, \bar{y}) \text{ et } c'_y(\bar{x}, \bar{y}) = \lambda\, f'_y(\bar{x}, \bar{y}).$$

Comme le coût dépend de la quantité produite q, on a : $\bar{x} = x(q)$ et $\bar{y} = y(q)$; $c(x(q), y(q))$, dépense minimum pour produire q, est la *fonction de coût*, que l'on note $C(q)$. Soit :

$$C(q) = c(x(q), y(q)).$$

En la dérivant par rapport à q, on obtient :

$$C'(q) = c'_x(x(q), y(q))\,x'(q) + c'_y(x(q), y(q))\,y'(q)$$

Soit, en raison de (8) (comme $\overline{x} = x(q)$ et $\overline{y} = y(q)$) :

$$(9) \qquad C'(q) = \lambda\,(f'_x(x(q), y(q))\,x'(q) + f'_y(x(q), y(q))\,y'(q)).$$

Or, comme $(x(q), y(q))$ doit vérifier la contrainte :

$$f(x(q), y(q)) = q$$

la dérivée par rapport à q du membre de droite de cette égalité étant égale à 1, il en sera de même de celle du membre de gauche, qui n'est rien d'autre que le terme en facteur du membre de droite de (9). Donc, finalement :

$$C'(q) = \lambda$$

Le multiplicateur de Lagrange mesure bien l'intensité de la contrainte, donnée ici par le coût marginal, $C'(q)$.

Notons que la démonstration précédente est relativement générale, pouvant s'appliquer à tous les programmes du type minimisation sous contrainte.

Contraintes sous forme d'inégalités et relations d'exclusion

Reprenons l'exemple du consommateur, mais en écrivant la contrainte de revenu sous la forme plus générale :

$$p_1x_1 + p_2x_2 \leq R.$$

Si, au panier optimal $(\overline{x}_1, \overline{x}_2)$ il utilise tout son revenu, alors on est ramené au cas précédent, avec les conditions (6) et $p_1\overline{x}_1 + p_2\overline{x}_2 = R$. Donc, en particulier : $\lambda\,(R - p_1\,\overline{x}_1 - p_2\overline{x}_2) = 0$.

Dans le cas où le ménage n'utilise pas tout son revenu, cela veut dire que l'« intensité » de la contrainte est nulle, soit $\lambda = 0$. On a, à nouveau : $\lambda\,(R - p_1\overline{x}_1 - p_2\overline{x}_0) = 0$

Ainsi, quel que soit le cas, le panier optimal doit vérifier la *relation d'exclusion :*

$$\lambda\,(R - p_1\overline{x}_1 - p_2\overline{x}_2) = 0.$$

Celle-ci s'écrit, dans le cas du producteur, si on met la contrainte sous la forme : $f(x, y) \leq q$,

$$\lambda\,(q - f(\overline{x}, \overline{y})) = 0$$

Dans le cas général, lorsqu'on cherche l'extremum d'une fonction $f(x, y)$, avec la contrainte $g(x, y) \leq c$, où c est une constante, alors la relation d'exclusion au point candidat $(\bar{x}, \bar{y})$ s'écrit :

$$\lambda\,(c - g(\bar{x}, \bar{y})) = 0.$$

Notons que lorsque $\lambda = 0$, le lagrangien se réduit à la fonction dont on cherche l'extremum, et dont on annule les dérivées, comme dans le cas où les variables sont « libres » (ce qui est le cas, puisque la contrainte n'est pas serrée).

Le résultat précédent est dû à Kuhn et Tucker : pour résoudre un programme avec des contraintes sous forme d'inégalités, on annule les dérivées du lagrangien associé à ce programme, et on se sert des relations d'exclusion (à la place de la contrainte).

III. CONDITIONS DU DEUXIÈME ORDRE

Revenons au cas d'une fonction d'une variable. Nous savons que $\bar{x}$ est un candidat à être un extremum de f si : $f'(\bar{x}) = 0$.

Supposons que f ait des dérivées seconde et troisième et écrivons la formule de Taylor en $\bar{x}$:

$$f(x) = f(\bar{x}) + (x - \bar{x})\,f'(\bar{x}) + \frac{(x - \bar{x})^2}{2}\,f''(\bar{x}) + \frac{(x - \bar{x})^3}{3\,!}\,f^{(3)}(c),$$

c étant compris entre x et $\bar{x}$.

Comme $f'(\bar{x}) = 0$, par hypothèse, la relation ci-dessus peut s'écrire :

$$(10) \qquad f(x) - f(\bar{x}) = \frac{(x - \bar{x})^2}{2}\left(f''(\bar{x}) + \frac{(x - \bar{x})}{3}\,f^{(3)}(c)\right).$$

Supposons que $f''(\bar{x}) > 0$ et que $f^{(3)}(x)$ est continue au voisinage de $\bar{x}$. Dans ces conditions, si on prend x suffisamment proche de $\bar{x}$, $f''(\bar{x}) + \frac{(x - \bar{x})}{3}\,f^{(3)}(c)$ est du même signe que $f''(\bar{x})$, soit, ici, strictement positif. Comme $(x - \bar{x})^2$ est strictement positif si $x \neq \bar{x}$, il résulte de (10) et du fait que $f''(\bar{x}) > 0$ que, si x est suffisamment proche de $\bar{x}$, $f(x) - f(\bar{x}) > 0$. Par conséquent, $\bar{x}$ est un *minimum* de f.

On montre de même que si $f''(\bar{x}) < 0$, alors $\bar{x}$ est un *maximum* de f.

C'est le *critère de la dérivée seconde* :

$$f'(\bar{x}) = 0 \text{ et } f''(\bar{x}) > 0 \Rightarrow \bar{x} \text{ est un minimum de } f$$

$$f'(\bar{x}) = 0 \text{ et } f''(\bar{x}) < 0 \Rightarrow \bar{x} \text{ est un maximum de } f$$

Notons que, dans ce cas, maximum et minimum sont *stricts*. Reste le cas où $f''(\overline{x}) = 0$, qui ne permet de rien dire quant à la nature de $\overline{x}$. Si on veut déterminer cette dernière, alors il faut continuer le développement de Taylor, à un ordre supérieur, et raisonner de façon similaire.

On a donc un critère permettant de déterminer la nature de tout point candidat (du moins si on peut continuer à dériver f indéfiniment).

Fonctions de plusieurs variables

On procède de même dans le cas d'une fonction de plusieurs variables. Mais ici la formule de Taylor est passablement plus compliquée, puisque faisant intervenir le produit des écarts, $x_1 - \overline{x}_1$ et $x_2 - \overline{x}_2$ (dans le cas de deux variables).

Ainsi, toujours dans le cas de deux variables, cette formule s'écrit (à l'ordre 2) :

$$f(x_1, x_2) =$$

$$f(\overline{x}_1, \overline{x}_2) + (x_1 - \overline{x}_1) f'_{x_1}(\overline{x}_1, \overline{x}_2) + (x_2 - \overline{x}_2) f'_{x_2}(\overline{x}_1, \overline{x}_2) + \frac{1}{2}\left((x_1 - \overline{x}_1)^2 f''_{x_1^2}(\overline{x}_1, \overline{x}_2)\right.$$

$$\left. + (x_1 - \overline{x}_1)(x_2 - \overline{x}_2) f''_{x_1 x_2}(\overline{x}_1, \overline{x}_2) + (x_2 - \overline{x}_2)^2 f''_{x_2^2}(\overline{x}_1, \overline{x}_2)\right)$$

$$+ \text{ terme résiduel}$$

le terme résiduel, que nous n'avons pas écrit, car il est compliqué, fait intervenir des produits d'ordre 3 des écarts : il est donc relativement négligeable, pour de « petits » écarts, par rapport au terme d'ordre 2 qui le précède, à condition que celui-ci ne s'annule pas.

Si $(\overline{x}_1, \overline{x}_2)$ est un point candidat à être un extremum, les dérivées partielles s'y annulent, l'expression ci-dessus pouvant s'écrire :

$$f(x_1, x_2) - f(\overline{x}_1, \overline{x}_2)) =$$

$$\frac{1}{2}\left((x_1 - \overline{x}_1)^2 f''_{x_1^2}(\overline{x}_1, \overline{x}_2) + (x_1 - \overline{x}_1)(x_2 - \overline{x}_2) f''_{x_1 x_2}(\overline{x}_1, \overline{x}_2) + (x_2 - \overline{x}_2)^2 f''_{x_2^2}(\overline{x}_1, \overline{x}_2)\right)$$

$$+ \text{ terme résiduel}$$

La nature du point candidat dépend donc du signe de l'expression se trouvant dans le membre de droite de cette équation (hors terme résiduel) : si elle est strictement positive, quelle que soit la forme des écarts, $(\overline{x}_1, \overline{x}_2)$ est un minimum (strict), si elle est strictement négative, c'est un maximum (strict). Par contre, si elle s'annule pour certains écarts, il y a indétermination : pour la lever, il faut étudier le signe du terme résiduel, donc poursuivre le développement de Taylor à un ordre supérieur.

Remarquons que l'expression précédente, faisant intervenir les dérivées secondes de f, est une *forme quadratique*. Pour plus de détails sur la façon dont on peut déterminer son signe, voir *Algèbre Linéaire pour Économistes* de B. Guerrien (chapitre 26).

Le lecteur peut également consulter cet ouvrage s'il s'intéresse aux critères de détermination de la nature des points candidats lorsqu'on recherche un extremum sous contrainte.

Exercices

1. Déterminer les extremums, s'ils existent, des fonctions :

a) $f(x, y) = ax^2 + by^2 \qquad a \neq 0$ et $b \neq 0$

b) $f(x, y) = x^2 - 3\,xy + y^2$

c) $f(x, y) = x^{1/2}\, y^{1/3} - (x + 2\,y)$

2. Déterminer les extremus de la fonction d'utilité $U(x, y) = (xy)^a$ $(a > 0)$, les quantités x et y étant soumises à la contrainte budgétaire $2\,x + 3\,y = 12$.

3. Déterminer, et préciser la nature, des extrema de la fonction $f(x, y) = x^2 + y$, x et y étant soumis à la contrainte $x^2 + y^2 = 5$.

SIXIÈME PARTIE
Algèbre linéaire

Nous avons déjà eu l'occasion de souligner, dans les parties précédentes, l'importance du cas « linéaire ». Cette importance découle du caractère particulièrement simple de ce cas ; ainsi, la droite est la plus simple des courbes possibles, le plan la plus simple des surfaces possibles, etc. Une des caractéristiques fondamentales du calcul différentiel est, justement, de permettre la « linéarisation » d'une courbe au voisinage d'un point, cette « linéarisation » étant faite par la tangente (cf. chapitre X).

En outre, l'économiste se trouve souvent confronté à des problèmes qui sont directement de type « linéaire ». C'est ce qui lui arrive, par exemple, lorsqu'il utilise des tableaux d'échanges interindustriels, sous l'hypothèse de coefficients techniques constants. Plus généralement, les modèles de Léontieff, de Von Neuman, de Marx (schémas de reproduction) et de Sraffa, pour ne citer que des économistes très célèbres, sont des modèles linéaires. A cela s'ajoute la programmation linéaire, qui constitue une des branches des plus fécondes de la théorie économique contemporaine.

L'aspect purement « calculatoire » de l'algèbre linéaire est très important. Ainsi, le calcul matriciel est largement utilisé dans toutes les sciences faisant appel aux mathématiques, et notamment les sciences appliquées.

L'algèbre linéaire de base, que nous présentons ici, n'est pas d'un abord difficile (contrairement à l'analyse mathématique, construite sur la notion délicate de limite); car elle consiste en quelques définitions, des règles de calcul faciles à apprendre et un unique concept central: celui de *rang*. Même si l'expérience prouve que la signification de ce concept n'est pas très bien perçue par le débutant, il ne pose, en fait, pas de problème majeur : un peu de réflexion et quelques exercices doivent en permettre l'assimilation. Probablement, la difficulté la plus importante se trouve dans le caractère nouveau du langage utilisé, ainsi que dans certaines notations (symboles Σ, doubles indices) ; mais cet obstacle peut être aisément surmonté, l'habitude aidant.

Cette partie se décompose en 5 chapitres :

— le premier est purement « calculatoire », donnant une méthode systématique de résolution des systèmes d'équations linéaires, très souvent utilisée dans les chapitres ultérieurs ;
— le deuxième présente les caractéristiques des ensembles sur lesquels « opère » l'algèbre linéaire : les espaces vectoriels ;
— le troisième introduit la notion de *rang* d'un ensemble de vecteurs d'un espace donné, ainsi que celles de base et de dimension ;
— le quatrième traite des applications linéaires, opérant le passage d'un espace vectoriel à un autre ;
— le cinquième aborde le calcul matriciel, tout en montrant le lien entre matrices et applications linéaires.

Remarque

Cette partie étant totalement indépendante des précédentes, elle aurait pu figurer en début d'ouvrage (certains cours commencent, d'ailleurs, par l'algèbre linéaire). Nous l'avons donc rédigée de façon à ce qu'elle puisse être lue directement, en redéfinissant, si nécessaire, certains concepts (par exemple, les vecteurs et les opérations sur les vecteurs).

CHAPITRE XV

Une méthode de résolution des systèmes d'équations linéaires

En algèbre linéaire, on rencontre fréquemment des systèmes d'équations linéaires, comme nous le constaterons dans les prochains chapitres. Il est donc important de savoir les résoudre correctement, notamment en en déterminant toutes les solutions, dans le cas où ces dernières sont multiples.

C'est pourquoi nous allons présenter ici une méthode, dite « du pivot », qui permette de faire une telle résolution, complètement, et dans tous les cas possibles. Il est vivement recommandé au lecteur de l'appliquer dès qu'il se trouve devant un système d'équations linéaires dont la solution ne sauterait pas aux yeux. Commençons par un exemple.

Soit le système de 3 équations à 3 inconnues ;

$$\begin{array}{ll} (1) & x + 2y + z = 3 \\ (2) & 2x - y + 3z = 2 \\ (3) & x + 4y - 2z = 4 \end{array}$$

Laissons la première ligne inchangée (elle « sert de pivot ») et en la combinant aux deux autres, « faisons disparaître » x dans ces dernières. Pour cela, soustrayons à la deuxième équation la première multipliée par 2 et soustrayons la première à la troisième. Ce qui donne le système équivalent au premier (les chiffres sur la gauche représentant les opérations qui ont été faites ; ainsi (3) - (1) signifie la troisième équation moins la première) :

$$\begin{array}{ll} (1) & x + 2y + z = 3 \\ (2) - 2\,(1) & -5y + z = -4 \\ (3) - (1) & 2y - 3z = 1 \end{array}$$

Les deux dernières équations du système obtenu ne comportent donc plus que deux variables. On considère maintenant ce « nouveau » système ; on en garde les deux premières équations et « on fait apparaître un zéro » dans la troisième, en lui rajoutant la deuxième (qui sert de « pivot ») multipliée par 3. D'où le système équivalent :

$$\begin{aligned} x + 2y + z &= 3 \\ -5y + z &= -4 \\ -13y \quad &= -11 \end{aligned}$$

De la dernière équation, on tire : $y = 11/13$. En reportant cette valeur dans l'équation qui la précède on obtient : $-4 + 5\,(11/13) = 3/13$. Enfin, en reportant ces valeurs de y et z dans la première équation, on obtient : $x = 14/13$.

Le système a donc une *solution unique* :

$$x = 14/13 \qquad y = 11/13 \qquad z = 3/13$$

Un autre exemple

Considérons le système :

$$\begin{aligned} &(1) \qquad 5x + y - z = 6 \\ &(2) \qquad 3x - y + 2z = 3 \\ &(3) \qquad 2x + 2y - 3z = 4 \end{aligned}$$

Comme le coefficient de x est « compliqué », dans chacune des équations, mieux vaut « faire disparaître » y dans les deux dernières équations (par exemple), en se servant de la première équation comme pivot. Soit :

(1) $5x + y - z = 6$

(2) + (1) $8x + z = 9$ (deuxième équation plus la première)

(3) − 2(1) $-8x - z = -8$ (troisième équation moins deux fois la première)

En additionnant les deux dernières équations de ce système, on trouve : $0 = 1$, ce qui est impossible. Autrement dit : *ce système n'a pas de solution.*

Reprenons l'exemple précédent, mais en modifiant le second membre de la dernière équation. Soit :

$$\begin{aligned} 5x + y - z &= 6 \\ 3x - y + 2z &= 3 \\ 2x + 2y - 3z &= 3 \end{aligned}$$

En procédant comme précédemment, « en faisant disparaître » y dans les deux dernières équations, on obtient :

$$\begin{aligned} 5x + y - z &= 6 \\ 8x \quad + z &= 9 \\ -8x \quad - z &= -9 \end{aligned}$$

La deuxième et la troisième équation de ce dernier système sont identiques, au signe près. On est donc en présence, ici, d'un système de deux équations à trois inconnues. Il résulte de la dernière équation que : $z = 9 - 8x$; en reportant dans la première, on obtient : $y = 15 - 13x$. Il s'ensuit que le système comporte une *infinité de solutions* de la forme :

$$x \text{ quelconque, } y = 15 - 13x,\ z = 9 - 8x.$$

Par exemple, en faisant $x = 0$, on a la solution : $x = 0$, $y = 15$ et $z = 9$. De même : $x = 1$, $y = 2$ et $z = 1$ est une solution, etc.

Autres exemples

Jusqu'à présent, nous avons considéré des systèmes « carrés », comportant autant d'équations que d'inconnues, et d'ordre 3. Mais notre démarche est évidemment valable pour des systèmes « carrés » d'ordre supérieur, ou pour des systèmes « rectangulaires » (nombre d'équations différent du nombre d'inconnues).

A titre d'exemple, considérons le système :

$$\begin{array}{ll}(1) & 3x + 2y + z + 4t = a \\ (2) & x + y + 2z + t = b \\ (3) & 3x + y - 3z + 6t = c\end{array}$$

où a, b et c sont des nombres donnés (des paramètres).

La variable y étant celle qui a les coefficients les plus simples, on peut prendre la deuxième ligne comme pivot, pour « faire apparaître des 0 » à la place de y dans la première et la troisième équation.

Soit :

$$\begin{array}{ll}(1) - 2\,(2) & x - 3z + 2t = a - 2b \\ (2) & x + y + 2z + t = b \\ (3) - (2) & 2x - 5z + 5t = c - b\end{array}$$

En éliminant x des deuxième et troisième équations, on obtient :

$$\begin{aligned} x \qquad - 3z + 2t &= a - 2b \\ x + y + 2z + t &= b \\ z + t &= (c - b) - 2\,(a - 2b) = -2a + 3b + c. \end{aligned}$$

De la dernière équation, on peut tirer :

$$z = -t + (-2a + 3b + c).$$

En reportant cette valeur dans la première équation, on obtient :

$$x = 3z - 2t + a - 2b = -5t - 5a + 7b + 3c$$

puis en reportant ces valeurs de z et de x dans la deuxième équation, on obtient y, en fonction de t et des données, a, b et c.

On a donc une infinité de solutions, puisqu'on peut donner à t n'importe quelle valeur.

Ainsi, en règle générale, lorsqu'on dispose de plus d'inconnues que d'équations, on a des solutions non uniques. Mais attention ! Il peut arriver qu'un système de ce type n'ait pas de solution, ou que ses solutions prennent les formes les plus diverses. C'est pourquoi, pour savoir quelle(s) variable(s) peuvent être prises « quelconques » (comme t dans l'exemple précédent), il vaut mieux toujours appliquer la méthode de « faire apparaître des 0 » que nous venons de décrire. Rappelons que cette méthode consiste à prendre, à chaque étape, *une et une seule* ligne comme pivot, le choix de ce dernier dépendant, évidemment, de la forme du système.

Dans le cas où il y a plus d'équations que d'inconnues, alors, *en général*, le système n'a pas de solution (« trop » d'équations, incompatibles entre elles). Mais attention ! Dans certains cas, il peut en avoir une ou plusieurs. Soit l'exemple très simple suivant :

(1) $\quad x + 2y = a$
(2) $\quad x - y = b$
(3) $\quad -x + 3y = c$

où a, b et c sont des nombres donnés.

On prend la première équation « pour pivot » et on s'en sert pour « faire apparaître des 0 » à la place de x, dans les deux autres équations ; soit :

(1) $\quad x + 2y = a$
(2) − (1) $\quad -3y = b - a$
(3) + (1) $\quad 5y = c + a$

Des deux dernières équations on tire :

$$y = \frac{a - b}{3} \qquad \text{et} \qquad y = \frac{c + a}{5}$$

ce qui est impossible, en général (si a, b et c sont quelconques). *Sauf* si a, b et c sont tels que : $(a - b)/3 = (c + a)/5$, donc tels que : $2a - 5b - 3c = 0$.

Ce système n'aura donc de solution que dans ce cas très particulier, la solution étant alors : $y = (a - b)/3$ et $x = b - y = (4b - a)/3$ (solution unique).

Les quelques exemples précédents nous donnent donc la voie à suivre pour résoudre, sans risque de se tromper, un système d'équations linéaires. Nous en trouverons d'autres dans les pages qui suivent : cette méthode devrait donc devenir familière au lecteur.

Remarque importante

Il est évident que toute solution du système « initial », si elle existe, sera solution des systèmes déduits « en faisant apparaître des zéros ». Par contre, la réciproque n'est pas évidente : est-on sûr que la, ou les, solution(s) de ces derniers sont solution(s) du système initial ? La réponse est *oui*, à condition d'appliquer scrupuleusement la règle définie précédemment (on le démontre aisément en raisonnant sur le rang de matrices, dont nous parlerons dans un chapitre ultérieur).

CHAPITRE XVI

Structure d'espace vectoriel

Les ensembles utilisés en algèbre linéaire sont appelés *espaces vectoriels*. Comme nous le verrons un peu plus loin, ils sont munis de deux opérations, ayant un certain nombre de propriétés, dont on dit qu'elles sont caractéristiques d'une « structure » d'espace vectoriel. En fait, les ensembles sur lesquels travaille l'économiste sont quasiment toujours des espaces vectoriels (c'est le cas, par exemple, de l'ensemble des réels). Nous allons commencer ici par présenter un cas particulièrement simple, celui de $\mathbb{R}^2$, qui nous servira à introduire la définition plus générale.

Le cas de $\mathbb{R}^2$

Considérons une ménagère qui achète x_1 unités de carottes et x_2 unités de pommes. Le couple (x_1, x_2) représente donc un *panier de biens* ; c'est un *vecteur*, dont le premier élément représente des quantités de carottes, le deuxième des quantités de pommes. Notons que l'*ordre* des éléments du vecteur est très important ; ainsi le vecteur (2,1) représente 2 kilos de carottes et 1 kilo de pommes, alors que le vecteur (1,2) représente 1 kilo de carottes et 2 kilos de pommes : ce n'est pas pareil !

L'ensemble des *couples ordonnés* de la forme (x_1, x_2), où x_1 et x_2 sont des nombres réels, est noté $\mathbb{R}^2$. Soit :

$$\mathbb{R}^2 = \{(x_1, x_2) ; x_1 \in \mathbb{R} \text{ et } x_2 \in \mathbb{R}\}.$$

Pour simplifier les notations, on représentera les éléments de $\mathbb{R}^2$ par des majuscules. Ainsi, ici, on peut poser : $X = (x_1, x_2)$.

Si la ménagère achète un autre panier de biens, $Y = (y_1, y_2)$, alors elle disposera, en tout, de $x_1 + y_1$ carottes et de $x_2 + y_2$ pommes. Autrement dit, il apparaît comme naturel de définir la somme de deux éléments de $\mathbb{R}^2$ (de deux paniers formés chacun de quantités de deux biens) par :

$$X + Y = (x_1, x_2) + (y_1, y_2) = (x_1 + y_1, x_2 + y_2).$$

Il découle immédiatement de cette définition de la somme de deux éléments de $\mathbb{R}^2$ (et des propriétés des nombres réels) que :

(1.a) $X + Y = Y + X$ (la somme est *commutative*)

(1.b) $(X + Y) + Z = X + (Y + Z)$ (la somme est *associative* : l'ordre de sommation n'a pas d'importance)

(1.c) $X + \vec{0} = X$ où $\vec{0} = (0, 0)$ est appelé *élément neutre* pour la somme (vecteur nul)

(1.d) $X + (-X) = \vec{0}$ où $-X = (-x_1, -x_2)$ est l'*opposé* de X

On retrouve là toutes les propriétés habituelles de la somme (appelée ici *loi de composition interne*).

Si on revient à l'exemple de panier de biens, on peut envisager le cas où la quantité de chacun des biens qui le composent est multipliée par une constante, que nous noterons λ, et définir ainsi, de façon « naturelle », l'opération :

$$\lambda\,(x_1, x_2) = (\lambda x_1, \lambda x_2), \text{ avec } \lambda \in \mathbb{R}$$

consistant à « rallonger », ou « raccourcir », un vecteur, tout en préservant les proportions entre ses éléments. Cette opération est appelée *produit par un scalaire* (le nombre λ étant appelé ici *scalaire*) ou *homothétie.* On dit que c'est une *loi de composition externe* car elle « compose » un élément de $\mathbb{R}^2$, (x_1, x_2), avec un élément « extérieur » à $\mathbb{R}^2$ (le nombre λ).

Il découle immédiatement de la définition de cette loi de composition, et des propriétés des nombres réels, que :

(2.a) $(\alpha + \beta)\,X = \alpha X + \beta X$ } *distributivité* des lois de com-
(2.b) $\alpha(X + Y) = \alpha X + \alpha Y$ } position interne et externe
(2.c) $\alpha\,(\beta X) = (\alpha\beta)\,X$
(2.d) $1X = X$

pour tous X et Y de $\mathbb{R}^2$, α et β étant des nombres réels quelconques.

Un peu de géométrie...

Les lois de composition interne et externe que nous venons de définir peuvent être représentées géométriquement, en assimilant $\mathbb{R}^2$ à un plan, comme dans les dessins suivants. Le plan est muni d'un système d'axes perpendiculaires (mais tout autre système d'axes ferait l'affaire), x_1 et y_1 étant considérées comme les abscisses, respectives, de X et Y, x_2 et y_2 comme leurs ordonnées.

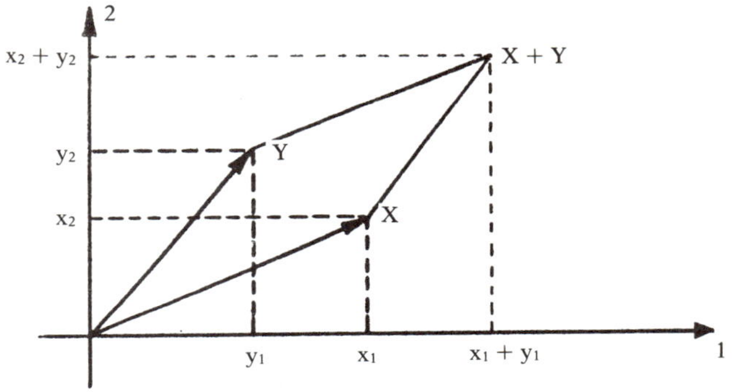

Le vecteur $X + Y$ est obtenu par la règle dite « du parallélogramme » : c'est la diagonale du parallélogramme formé à partir des vecteurs $X + Y$.

La loi de composition externe, ou « homothétie » consiste, tout simplement, à « étirer » ou à « raccourcir » un vecteur, sans en changer la direction (mais en changeant le sens si λ est négatif).

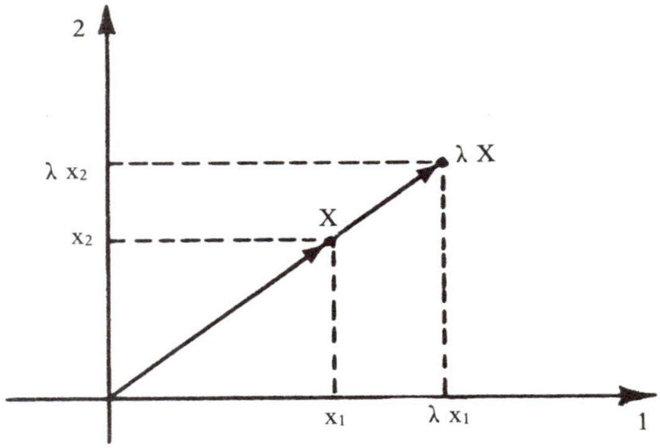

Structure d'espace vectoriel

Revenons à notre exemple de départ. Si on considère des « triplets » de la forme (x_1, x_2, x_3), dont l'ensemble est noté $\mathbb{R}^3$ (lorsque x_1, x_2 et x_3 sont des nombres réels), alors on peut définir de façon similaire somme et produit par un scalaire. Soit :

$$(x_1, x_2, x_3) + (y_1, y_2, y_3) = (x_1 + y_1, x_2 + y_2, x_3 + y_3)$$

$$\lambda\,(x_1, x_2, x_3) = (\lambda x_1, \lambda x_2, \lambda x_3) \text{ où } \lambda \in \mathbb{R}$$

opérations qui vérifient, comme on le constate aisément, les propriétés (1.a) à (1.d) et (2.a) à (2.d).

On peut appliquer le même raisonnement à l'ensemble des n-uples $(x_1, x_2, ..., x_n)$, ensemble noté $\mathbb{R}^n$ (si les x sont des nombres réels).

Mais, comme cela est souvent le cas en mathématiques, on préfère faire un pas de plus dans l'abstraction, en considérant des ensembles plus généraux, ayant les mêmes propriétés que $\mathbb{R}^2$, ou $\mathbb{R}^n$, que l'on appellera des espaces vectoriels. D'où la définition suivante :

Définition

On appelle *espace vectoriel* un ensemble muni d'une loi de composition interne (appelée somme) vérifiant les propriétés (1.a), (1.b), (1.c) et (1.d) ainsi que d'une loi de composition externe (appelée « produit par un scalaire ») vérifiant les propriétés (2.a), (2.b), (2.c) et (2.d).[1]

Les nombres intervenant dans la loi de composition externe sont appelés des *scalaires.* Ils forment un *corps,* généralement désigné par la lettre **K**. Dans ce qui suit, **K** sera toujours l'ensemble des nombres réels, $\mathbb{R}$.

Les éléments d'un espace vectoriel sont, eux, appelés des *vecteurs.* Pour les définitions et les démonstrations, nous considérerons un espace vectoriel quelconque, mais dans les exercices, nous travaillerons essentiellement sur $\mathbb{R}^2$ ou $\mathbb{R}^3$ (le passage à $\mathbb{R}^n$ ne posant, en général, pas de problème).

Combinaisons linéaires de vecteurs

Soient deux éléments X_1 et X_2 d'un espace vectoriel quelconque, et deux scalaires, α_1 et α_2. Le vecteur $\alpha_1 X_1 + \alpha_2 X_2$, obtenu en « combinant » ces vecteurs et ces scalaires, est appelé *combinaison linéaire* de X_1 et X_2, avec les coefficients α_1 et α_2.

Plus généralement, le vecteur $\alpha_1 X_1 + \alpha_2 X_2 + ... + \alpha_n X_n$ est appelé combinaison linéaire de $X_1, X_2, ... X_n$, avec les coefficients $\alpha_1, \alpha_2, ..., \alpha_n$.

Une combinaison linéaire est donc obtenue en appliquant à un ensemble de vecteurs, et à un ensemble de scalaires, les deux lois de composition définissant la structure d'un espace vectoriel.

1. Les propriétés (1.c) et (1.d) s'énonçant, dans le cas général : il *existe,* dans l'espace vectoriel, un élément, noté $\vec{0}$, tel que $X + \vec{0} = X$ pour tout X, et, pour chaque X, un élément, noté $-X$, tel que $X + (-X) = \vec{0}$.

Sous-espaces vectoriels

Soit un espace vectoriel E et soit A une partie, ou un sous-ensemble, de cet espace vectoriel.

Les éléments de A étant aussi des éléments de E, les lois de composition interne et externe de ce dernier s'appliquent donc à A ; elles vérifient, évidemment, les propriétés (1.a) à (1.d) et (2.a) à (2.d). On pourrait donc considérer que A est muni d'une structure d'espace vectoriel, donc qu'il est lui-même un espace vectoriel. Mais pour que cela soit bien le cas, il faut s'assurer que lorsqu'on « combine » des éléments de A, le résultat de ces combinaisons linéaires est toujours un élément de A. Il faut donc que la *somme* de deux éléments (quelconques) de A appartienne à A et que *le produit par un scalaire* (quelconque) d'un élément (quelconque) de A appartienne à A. D'où la définition suivante :

Définition

Une partie A d'un espace vectoriel E est un *sous-espace vectoriel* de E si :

$$X \in A \text{ et } Y \in A \Rightarrow X + Y \in A$$

$$X \in A \text{ et } \lambda \text{ scalaire} \Rightarrow \lambda X \in A.$$

Donc : A est un sous-espace vectoriel de E s'il est *stable* pour les lois de composition interne et externe.

Exemples

— si on prend pour E l'ensemble $\mathbb{R}^2$, représenté par les points d'un plan, celui-ci ayant une origine 0 quelconque (sans avoir même besoin de représenter un système d'axes de référence), on voit que les seuls sous-espaces vectoriels possibles sont les *droites passant par l'origine* (la somme de deux éléments de l'une de ces droites en est encore un élément ; de même pour le produit par un scalaire). Ainsi, dans la figure ci-dessous, A est un sous-espace vectoriel, B et C ne le sont pas (si on prend un élément de B, ou de C, et si on le multiplie par un scalaire, suffisamment grand dans le cas de B, alors on « sort » de B, ou de C).

— soit $E = \mathbb{R}^3$ et soit $A = \{(x, y, z) \in \mathbb{R}^3 ; 2x + y - z = 0\}$. On vérifie que $(0,0,0) \in A$ (condition nécessaire pour être en présence d'un espace vectoriel). Pour voir si A est stable pour la somme, on commence par considérer deux éléments quelconques de A : (x, y, z) et (x', y', z') et on cherche à prouver que leur somme $(x + x', y + y', z + z')$ est aussi un élément de A.

Or, $(x, y, z) \in A$ si et seulement si $2x + y - z = 0$ (par définition de A) et $(x', y', z') \in A$ si et seulement si $2x' + y' - z' = 0$. Pour que $(x + x', y + y', z + z')$ appartienne à A, il faut et il suffit que $2(x + x') + (y + y') - (z + z') = 0$ donc que $(2x + y - z) + (2x' + y' - z') = 0$. Ce qui découle des deux égalités traduisant le fait que $(x, y, z) \in A$ et $(x', y', z') \in A$. De même, si $(x, y, z) \in A$, alors $\alpha (x, y, z) \in A$. En effet, on a :

$$(x, y, z) \in A \Rightarrow 2x + y - z = 0 \Rightarrow \alpha (2x + y - z) = 0 \Rightarrow 2\alpha x + \alpha y - \alpha z = 0$$

$$\Rightarrow (\alpha x, \alpha y, \alpha z) \in A \Rightarrow \alpha (x, y, z) \in A.$$

Donc A est bien un sous-espace vectoriel de E.

Cet exemple nous donne la démarche à suivre lorsque on veut déterminer si une partie de $\mathbb{R}^n$ en est un sous-espace : c'est une démarche purement « mécanique », dont les exercices suivants donnent quelques exemples.

Exercices

1. Montrer que l'élément neutre, pour la somme, d'un espace vectoriel est unique. Montrer, également, que l'opposé, pour la somme, d'un élément quelconque d'un espace vectoriel est unique.

2. Soit un espace vectoriel E et soient X, Y et Z des éléments quelconques de cet espace. Montrer que :

a) $X + Y = X + Z \Rightarrow Y = Z$.

b) $\lambda \vec{0} = \vec{0}$ (où $\vec{0}$ est l'élément neutre de E), $\forall \lambda \in \mathbf{K}$.

c) $0X = \vec{0}$

d) $(-1)X = -X$, où $-X$ est l'opposé de X.

3. Peut-on additionner (1,2) et (4, 7, – 1) ? Peut-on multiplier (4,3) et (7,12) ?

4. Les ensembles :

$A = \{(x, y, z) \in \mathbb{R}^3 ; 2x + y - z = 0\}$

$B = \{(x, y, z, t\} \in \mathbb{R}^4 ; xyzt = 0\}$

$C = \{(x, y, z, t) \in \mathbb{R}^4 ; (x, y, z, t) = (x + y - z)(1, 2, 3, 4) + (z - t)(7, 2, 1, 7)\}$

sont-ils des sous-espaces vectoriels ?

RÉSULTATS A RETENIR

Un *espace vectoriel,* sur un corps **K**, est un ensemble muni d'une *loi de composition interne* ayant les propriétés habituelles de la somme, et d'une *loi de composition externe* (produit par un scalaire ou homothétie).

L'opération de base dans un espace vectoriel est la *combinaison linéaire,* obtenue à partir des lois de composition interne et externe.

Un *sous-espace vectoriel* d'un espace vectoriel est une partie de cet espace qui est stable pour la somme et le produit par un scalaire.

CHAPITRE XVII

Dépendance et indépendance linéaire Rang et dimension

Nous avons vu au chapitre précédent que les combinaisons linéaires occupent une place centrale dans l'étude des espaces vectoriels. Nous allons maintenant nous intéresser à celles d'entre elles qui « engendrent » ces derniers. Ce qui amène à introduire les notions de système de générateur et de base d'un espace vectoriel.

Systèmes de générateurs

Revenons à notre exemple initial, l'espace vectoriel $\mathbb{R}^2$. Prenons deux vecteurs particuliers, par exemple (1,0) et (0,1). On voit immédiatement que tout élément (x, y) de $\mathbb{R}^2$ peut se mettre sous la forme d'une combinaison linéaire de ces deux vecteurs, puisque l'on a :

$$(x, y) = x\ (1,0) + y\ (0,1)$$

On dit alors que {(1,0), (0,1)} *engendre* $\mathbb{R}^2$.

Évidemment, il existe d'autres ensembles de vecteurs qui engendrent $\mathbb{R}^2$. Considérons, par exemple, l'ensemble {(1,1), (1,2)} et cherchons si pour tout vecteur (x, y) de $\mathbb{R}^2$ il existe des nombres a et b tels que :

$$(x, y) = a\ (1,1) + b\ (1,2)$$

ce qui revient à résoudre le système d'équations linéaires :

$$\begin{aligned} x &= a + b \\ y &= a + 2b. \end{aligned}$$

dont les inconnues sont a et b, x et y étant considérés comme donnés. Système qui se résoud aisément : on soustrait la première équation à la deuxième, ce qui fait disparaître a et donne : $b = y - x$; en reportant dans la première équation, on obtient :

$$a = x - b = x - (y - x) = 2x - y.$$

Finalement, on a montré que l'on peut écrire :

$$(x, y) = (2x - y)(1,1) + (y - x)(1,2)$$

et donc que tout vecteur de $\mathbb{R}^2$ peut se mettre sous la forme d'une combinaison linéaire de (1,1) et (1,2) : ceux-ci engendrent $\mathbb{R}^2$. En fait, si on prend deux vecteurs de $\mathbb{R}^2$ non proportionnels, alors on peut voir, de la même façon, qu'ils engendrent $\mathbb{R}^2$. Par conséquent, $\mathbb{R}^2$ comporte une infinité de couples de vecteurs qui l'engendrent. La présentation précédente nous amène à donner la définition suivante :

Définition

On dit qu'un ensemble de vecteurs $\{V_1, V_2, ..., V_n\}$ d'un espace vectoriel E *engendre* ce dernier si tout vecteur de E peut s'écrire sous la forme d'une combinaison linéaire de $V_1, V_2, ..., V_n$.

Donc, $\{V_1, V_2, ..., V_n\}$ engendre E, ou est un *système générateur de E*, si pour tout $X \in E$, il existe n scalaires $\lambda_1, \lambda_2, ..., \lambda_n$ tels que :

$$X = \lambda_1 V_1 + \lambda_2 V_2 + ... + \lambda_n V_n$$

ce qui s'écrit, de façon plus succinte :

$$X = \sum_{i=1}^{n} \lambda_i V_i.$$

Notons que si un ensemble de vecteurs **V** engendre un espace vectoriel, il en sera de même de tout ensemble de vecteurs comportant les éléments de **V**, plus d'autres vecteurs. Ainsi, si on reprend l'exemple précédent, où $\{V_1, V_2, ..., V_n\}$ engendre E, alors, par exemple, $\{V_1, V_2, ..., V_n, V_{n+1}\}$, où V_{n+1} est un vecteur quelconque de E, engendre E. Pour le montrer, il suffit de remarquer que comme $X = \sum_{i=1}^{n} \lambda_i V_i$, on a forcément :

$$X = \sum_{i=1}^{n} \lambda_i V_i + 0V_{n+1}, \text{ puisque } 0V_{n+1} = \vec{0}.$$

Ainsi, si on reprend les exemples précédents, comme {(1,0), (0,1)} engendre $\mathbb{R}^2$, il en sera de même, par exemple, de {(1,0), (0,1), (1,1)}. Notons que, dans ce cas, les coefficients de la combinaison linéaire donnant un vecteur par rapport aux générateurs *ne sont pas uniques*. Ainsi, on a, à la fois :

$$(2,1) = 2\ (1,0) + 1\ (0,1) + 0\ (1,1)$$

$$(2,1) = 0\ (1,0) - 1\ (0,1) + 2\ (1,1).$$

En fait, cette non-unicité résulte de ce que {(1,0), (0,1), (1,1)} comporte un élément « en trop » (ainsi, (1,1) est lui-même une combinaison linéaire de (1,0) et (0,1), puisque (1,1) = 1 (1,0) + 1 (0,1)).

Afin de savoir si un système de générateurs d'un espace vectoriel comporte, ou pas, des éléments « en trop », on introduit les notions de dépendance, ou d'indépendance, linéaire ainsi que celle de rang, qui leur est étroitement associée.

Dépendance et indépendance linéaire

Reprenons le cas des 3 vecteurs : (1,0), (0,1) et (1,1). Nous avons vu que (1,1) est une combinaison linéaire de (1,0) et (0,1) ; mais, de même, (1,0) est une combinaison linéaire de (1,1) et (0,1), puisqu'on a : (1,0) = (1,1) - (0,1) ; enfin, (0,1) est aussi une combinaison linéaire de (1,1) et (1,0), puisque (0,1) = (1,1) - (1,0). Autrement dit, n'importe lequel de ces trois vecteurs est une combinaison linéaire des deux autres ; ce qui amène à exprimer le « lien » entre ces trois vecteurs sous la forme « symétrique » (sans privilégier, ou isoler, l'un d'entre eux, relativement aux autres) :

$$(1,1) - (1,0) - (0,1) = \vec{0}$$

Autrement dit : il existe une combinaison linéaire de ces trois vecteurs qui donne le vecteur nul (élément neutre pour la somme).

Dans ce cas, on dit que les vecteurs (1,1), (1,0) et (0,1) sont *liés* ou *linéairement dépendants*.

Plus généralement, on a la définition suivante :

Définition

On dit que les vecteurs $X_1, X_2, ..., X_m$ sont *linéairement dépendants* (ou *liés*) si on peut former avec eux une combinaison linéaire *à coefficients non tous nuls* égale au vecteur $\vec{0}$; autrement dit, s'il existe m scalaires $\alpha_1, \alpha_2, ..., \alpha_m$ tels que :

$$\alpha_1 X_1 + \alpha_2 X_2 + ... + \alpha_m X_m = \vec{0}$$

au moins l'un de ces scalaires n'étant pas nul.

Si l'un des vecteurs est une combinaison linéaire des autres, alors ils sont forcément linéairement dépendants. Par exemple, si $X_1 = \alpha_2 X_2 + \alpha_3 X_3$, alors on peut écrire $X_1 - \alpha_2 X_2 - \alpha_3 X_3 = \vec{0}$ (donc : $\alpha_1 = 1 \neq 0$).

En réalité, ce qui nous intéresse surtout ici, suite à notre étude sur les systèmes de générateurs, c'est de déterminer des ensembles de vecteurs ne comportant pas de vecteurs « en trop », c'est-à-dire qui ne soient pas linéairement dépendants. D'où la définition :

Définition

On dit que les vecteurs $X_1, X_2, \ldots, X_m$ *sont linéairement indépendants* s'ils ne sont pas linéairement dépendants, donc *s'il n'existe pas* de scalaires non tous nuls $\alpha_1, \alpha_2, \ldots, \alpha_m$ tels que :

$$\alpha_1 X_1 + \alpha_2 X_2 + \ldots + \alpha_m X_m = \vec{0}$$

Par conséquent, si on veut prouver que des vecteurs sont linéairement indépendants, on écrit une combinaison linéaire quelconque de ces vecteurs, on pose qu'elle est égale à $\vec{0}$ et on cherche à montrer que les coefficients d'une telle combinaison ne peuvent qu'être tous nuls. Soit :

$X_1, X_2, \ldots, X_m$ sont linéairement indépendants si et seulement si :

$$\alpha_1 X_1 + \alpha_2 X_2 + \ldots + \alpha_m X_m = \vec{0} \Rightarrow \alpha_1 = \alpha_2 = \ldots = \alpha_m = 0.$$

Exemple Déterminons si les vecteurs de $\mathbb{R}^3$: (1,2,1), (1,1,1) et (2,1,0) sont linéairement indépendants, ou pas. Pour cela posons :

$$(1) \qquad \alpha_1 (1,2,1) + \alpha_2 (1,1,1) + \alpha_3 (2,1,0) = (0,0,0)$$

et cherchons les α_1, α_2 et α_3 qui vérifient cette relation. Ce qui nous amène à résoudre le système d'équations linéaires :

$$(2) \qquad \begin{aligned} \alpha_1 + \alpha_2 + 2\alpha_3 &= 0 \\ 2\alpha_1 + \alpha_2 + \alpha_3 &= 0 \\ \alpha_1 + \alpha_2 \qquad &= 0 \end{aligned}$$

En soustrayant la dernière équation de la première, on trouve $\alpha_3 = 0$; le système se réduit aux deux équations :

$$\begin{aligned} \alpha_1 + \alpha_2 &= 0 \\ 2\alpha_1 + \alpha_2 &= 0 \end{aligned}$$

En soustrayant la première équation à la deuxième, il vient $\alpha_1 = 0$; en reportant cette valeur dans la première équation, on obtient $\alpha_2 = 0$; la *seule* solution de (1) étant $\alpha_1 = \alpha_2 = \alpha_3 = 0$, il s'ensuit que *les vecteurs considérés sont linéairement indépendants.*

Remarque importante Lorsqu'on résoud un système du type (1), il faut être conscient que la solution nulle ($\alpha_1 = \alpha_2 = \alpha_3 = 0$) est *toujours* une solution possible ; tout le problème est donc de savoir *s'il en existe d'autres*. C'est pourquoi lorsqu'on cherche à résoudre un système d'équations linéaires du type (2), il faut faire attention de ne pas « rater » cette éventuelle solution non nulle, en adoptant une méthode systématique, telle celle du pivot, qui a été présentée au chapitre XV.

Rang d'un ensemble de vecteurs

Lorsqu'on est en présence d'un ensemble de vecteurs, la première question qui se pose est donc celle de savoir s'ils sont linéairement indépendants. S'ils ne le sont pas, il semble alors naturel de se demander combien il y en a « en trop ». Ce qui amène à introduire la notion de rang d'un ensemble de vecteurs.

Définition

On appelle *rang d'un ensemble de vecteurs* le nombre *maximum* de vecteurs linéairement indépendants que l'on peut extraire de cet ensemble.

La notion de rang est une notion *fondamentale* en algèbre linéaire : nous la rencontrerons constamment par la suite, puisque c'est une des caractéristiques essentielles de tout ensemble de vecteurs.

Exemples :

— l'exemple traité dans la section précédente montre que :

$$\text{rang } \{(1,2,1), (1,1,1), (2,1,2)\} = 3$$

puisque ces trois vecteurs sont linéairement indépendants ;

— cherchons le rang de $\{(1,2), (1,1), (3,4)\}$. Pour cela, posons :

$$\alpha_1 (1,2) + \alpha_2 (1,1) + \alpha_3 (3,4) = (0,0)$$

D'où le système d'équations :

$$\begin{aligned} \alpha_1 + \alpha_2 + 3\alpha_3 &= 0 \\ 2\alpha_1 + \alpha_2 + 4\alpha_3 &= 0 \end{aligned}$$

En soustrayant la première équation à la deuxième, on obtient le système équivalent (en gardant la première équation) :

$$\begin{aligned} \alpha_1 + \alpha_2 + 3\alpha_3 &= 0 \\ \alpha_1 + \alpha_3 &= 0 \end{aligned}$$

On tire de la deuxième équation : $\alpha_1 = -\alpha_3$; en reportant dans la première : $\alpha_2 = -2\alpha_3$. Par conséquent, le système a la solution non nulle (si $\alpha_3 \neq 0$) :

$$\alpha_1 = -\alpha_3, \ \alpha_2 = -2\alpha_3, \ \alpha_3 \text{ quelconque};$$

le rang recherché est donc inférieur à 3. On voit immédiatement qu'il est égal à 2.

— cherchons le rang de $\{(1,2,1,2), (1,1,1,-1), (2,5,2,7)\}$. Pour cela, posons :

$$\alpha_1 \ (1,2,1,2) + \alpha_2 \ (1,1,1,-1) + \alpha_3 \ (2,5,2,7) = (0,0,0,0).$$

D'où le système d'équations :

$$\begin{aligned} \alpha_1 + \alpha_2 + 2\alpha_3 &= 0 \\ 2\alpha_1 + \alpha_2 + 5\alpha_3 &= 0 \\ \alpha_1 + \alpha_2 + 2\alpha_3 &= 0 \\ 2\alpha_1 - \alpha_2 + 7\alpha_3 &= 0 \end{aligned}$$

En soustrayant la première équation de la deuxième et de la troisième, et en la rajoutant à la quatrième, on obtient :

$$\begin{aligned} \alpha_1 + \alpha_2 + 2\alpha_3 &= 0 \\ \alpha_1 \qquad + 3\alpha_3 &= 0 \\ 0 + 0 + \quad 0 &= 0 \\ 3\alpha_1 \qquad + 9\alpha_3 &= 0 \end{aligned}$$

La deuxième et la dernière ligne de ce système étant proportionnelles, la troisième disparaissant, il se réduit à un système de deux équations à trois inconnues, dont la solution est :

$$\alpha_1 = -3\alpha_3, \ \alpha_2 = \alpha_3, \ \alpha_3 \text{ quelconque.}$$

Les trois vecteurs considérés sont liés. En éliminant le dernier, par exemple, donc en faisant $\alpha_3 = 0$, il découle du système ci-dessus que $\alpha_1 = \alpha_2 = 0$. Par conséquent, les deux premiers vecteurs sont linéairement indépendants : le rang du système est égal à 2.

Ces exemples nous montrent que la recherche du rang d'un système de vecteurs se traduit, sur le plan « opératoire », par la résolution d'un système d'équations linéaires (dont le second membre est formé de 0) ; on constate, une fois de plus, la nécessité de faire correctement cette résolution, en utilisant une méthode systématique, telle celle du « pivot ».

Bases et dimension d'un espace vectoriel

Revenons à notre problème de départ : celui de la détermination d'un système de générateurs ayant un nombre « minimum » d'éléments. Considérons donc un système de générateurs, que nous supposons formé de n vecteurs :

$$\{V_1, \ V_2, \ \ldots, \ V_n\}.$$

Si ces vecteurs sont linéairement indépendants, donc si leur rang est égal à n, alors il n'y a pas de vecteur « en trop » : ils forment bien un système « minimal », que l'on appelle une base de l'espace vectoriel considéré.

Définition

On dit qu'un ensemble de vecteurs d'un espace vectoriel est une *base* de cet espace s'il l'engendre et si ses éléments sont linéairement indépendants. Si les bases de cet espace vectoriel comportent un nombre fini d'éléments, alors ce nombre est appelé la *dimension* de l'espace vectoriel.

Bien entendu, un espace vectoriel quelconque a plus d'une base ; par exemple $\{(1,0), (0,1)\}$ et $\{(1,2), (3,2)\}$ sont des bases de $\mathbb{R}^2$. Pour que la définition de la dimension ait un sens, il faut donc que toutes les bases d'un espace vectoriel donné aient *le même nombre d'éléments* : ce qui est bien le cas (voir la démonstration en annexe à ce chapitre).

Il découle de ce résultat que :

le rang d'un ensemble quelconque de vecteurs d'un espace vectoriel de dimension n ne peut être supérieur à n.

En effet, s'il y avait $n + 1$ vecteurs linéairement indépendants dans un espace de dimension n, on pourrait prendre les n premiers (forcément linéairement indépendants) comme base de l'espace, et donc exprimer le $n + 1$-ième en fonction des n premiers (puisqu'une base est un système de générateurs), ce qui est contradictoire (pour une démonstration plus précise, voir l'annexe à ce chapitre).

Le résultat précédent peut s'écrire de façon synthétique :

$$\text{rang } S \leq \dim E$$

où S est un ensemble quelconque de vecteurs appartenant à un espace vectoriel E, lui-même quelconque.

En particulier :

$$\text{rang } S = \dim E \Rightarrow S \text{ engendre } E.$$
$$S \text{ libre et rang } S = \dim E \Rightarrow S \text{ est une base de } E$$

Ainsi, si on connaît la dimension n d'un espace vectoriel, pour déterminer si un ensemble formé par n de ses vecteurs en est une base, il *suffit* de déterminer le rang de cet ensemble de vecteurs : s'il est égal à n, alors on est bien en présence d'une base.

Exemple

Comme {(1,0,0), (0,1,0), (0,0,1)} est une base de $\mathbb{R}^3$ (on vérifie immédiatement que ces vecteurs engendrent $\mathbb{R}^3$, puisqu'on a $(x, y, z) = x(1,0,0) + y(0,1,0) + z(0,0,1)$ pour tout $(x, y, z) \in \mathbb{R}^3$, et qu'ils sont linéairement indépendants), il s'ensuit que $\mathbb{R}^3$ est de dimension 3.

Est-ce que {(1,2,1), (1,1,1), (2,1,0)} forme une base de $\mathbb{R}^3$? Oui, car nous avons vu précédemment (page 214) que le rang de cet ensemble de 3 vecteurs est égal à 3, c'est-à-dire à la dimension de $\mathbb{R}^3$.

Coordonnées d'un vecteur dans une base

Soit une base $\{B_1, B_2, ..., B_n\}$ d'un espace vectoriel E de dimension n. Par définition, cette base engendre E ; donc, tout vecteur X de E peut se mettre comme une combinaison linéaire des vecteurs de cette base ; soit, il existe n scalaires $\alpha_1, \alpha_2, ..., \alpha_n$ tels que :

$$X = \alpha_1 B_1 + \alpha_2 B_2 + ... + \alpha_n B_n.$$

Ces scalaires sont appelés les *coordonnées* de X dans la base $\{B_1, B_2, ..., B_n\}$. On les représente sous la forme du *vecteur-colonne* :

$$\begin{pmatrix} \alpha_1 \\ \alpha_2 \\ \vdots \\ \alpha_n \end{pmatrix}$$

Évidemment, ce vecteur-colonne dépend de la base choisie. Autrement dit : *lorsqu'on est en présence d'un vecteur-colonne, il faut préciser la base sous-jacente.*

Exemple Déterminer les coordonnées d'un vecteur (x, y, z), élément quelconque de $\mathbb{R}^3$, dans les bases :

— {(1,0,0), (0,1,0), (0,0,1)} (dite *base canonique*)
— {(1,1,1), (1, - 1, 1), (1,1, - 1)}

Dans la première de ces bases, comme $(x, y, z) = x\,(1,0,0) + y\,(0,1,0) + z\,(0,0,1)$ les coordonnées sont x, y et z. D'où le vecteur-colonne ;

$$\begin{pmatrix} x \\ y \\ z \end{pmatrix}$$

Dans la deuxième base, les coordonnées α_1, α_2 et α_3 de (x, y, z) sont telles que :

$$(x, y, z) = \alpha_1 (1,1,1) + \alpha_2 (1, -1,1) + \alpha_3 (1,1, -1)$$

Ce qui amène à résoudre le système d'équations linéaires :

$$\begin{array}{ll} (1) & x = \alpha_1 + \alpha_2 + \alpha_3 \\ (2) & y = \alpha_1 - \alpha_2 + \alpha_3 \\ (3) & z = \alpha_1 + \alpha_2 - \alpha_3 \end{array}$$

On « fait apparaître des 0 » à la place de α_1 dans les deuxième et troisième équations, en leur soustrayant la première. On obtient :

$$\begin{array}{ll} (1) & x = \alpha_1 + \alpha_2 + \alpha_3 \\ (2) - (1) & y - x = -2\alpha_2 \\ (3) - (1) & z - x = -2\alpha_3 \end{array}$$

De la deuxième équation on tire : $\alpha_2 = (x - y)/2$, de la troisième : $\alpha_3 = (x - z)/2$; en reportant dans la première, on obtient : $\alpha_1 = (y + z)/2$. Donc, les coordonnées de (x, y, z) dans cette base sont représentées par le vecteur-colonne :

$$\begin{pmatrix} \dfrac{y + z}{2} \\ \dfrac{x - y}{2} \\ \dfrac{x - z}{2} \end{pmatrix}$$

Cet exemple nous permet de constater que les coordonnées dans une base donnée sont uniques, ce que nous avons supposé implicitement lorsque nous avons défini les coordonnées d'un vecteur. On établit facilement ce résultat, en se servant du fait que les vecteurs d'une base sont linéairement indépendants. Pour cela, on suppose qu'un vecteur X quelconque de E peut se mettre sous les deux formes :

$$X = \alpha_1 B_1 + \alpha_2 B_2 + ... + \alpha_n B_n$$
$$X = \beta_1 B_1 + \beta_2 B_2 + ... + \beta_n B_n$$

En soustrayant membre ces deux égalités, on obtient :

$$\vec{0} = (\alpha_1 - \beta_1) B_1 + (\alpha_2 - \beta_2) B_2 + ... + (\alpha_n - \beta_n) B_n$$

Or, comme, par hypothèse, les vecteurs B_1, B_2, ..., B_n sont linéairement indépendants, il découle de l'égalité précédente que l'on doit avoir :

$$\alpha_1 - \beta_1 = 0,\ \alpha_2 - \beta_2 = 0,\ ...,\ \alpha_n - \beta_n = 0$$

soit ;

$$\alpha_1 = \beta_1,\ \alpha_2 = \beta_2,\ ...,\ \alpha_n = \beta_n$$

ce qui montre que les coordonnées de X sont uniques.

Exercices

1. Montrer que tout ensemble de vecteurs comprenant l'élément neutre $(\vec{0})$ d'un espace vectoriel est forcément lié.

2. Montrer que pour que deux vecteurs d'un espace vectoriel quelconque soient liés, il faut et il suffit qu'ils soient proportionnels (ou homothétiques).

3. L'ensemble :

$$S = \{(2,1,1),\ (0,3,5),\ (2,4,6),\ (1,6,6)\}$$

forme-t-il une base de l'espace auquel il appartient ? Déterminer le rang de S. Extraire une base de S. Combien de bases peut-on extraire de S ?

4. Donner une base et la dimension du sous-espace vectoriel de $\mathbb{R}^4$:

$$\{(x,\ y,\ z,\ t)\ \in\ \mathbb{R}^4 ;\ x + y + z - t = 0\}$$

En déduire le rang de :

$$\{(1,1,1,3),\ (0,0,1,1),\ (1,-1,1,1),\ (4,-2,-2,0),\ (1,-2,3,2)\}.$$

5. Donner une base et la dimension du sous-espace vectoriel de $\mathbb{R}^4$:

$$\{(x,\ y,\ z,\ t)\ \in\ \mathbb{R}^4 ;\ x + y + z = 0 \text{ et } y - z + 2t = 0\}.$$

6. Soient trois vecteurs linéairement indépendants X, Y et Z d'un espace vectoriel E.

a) Que peut-on dire sur la dimension de E ?
b) Déterminer

$$\text{rang}\ \{2X + Y - Z,\ X + 2Y + Z,\ 3X + 3Y\}.$$

CE QU'IL FAUT RETENIR DE CE CHAPITRE

• *Un conseil pratique important.* Lorsqu'on est en présence d'un ensemble de vecteurs, on commence par *calculer son nombre d'éléments,* que l'on compare à la dimension de l'espace. Si ce nombre est strictement supérieur à cette dimension, alors, ces vecteurs sont forcément liés. S'il est strictement inférieur, alors ces vecteurs ne peuvent former une base (ni engendrer l'espace).

• Soit un ensemble (fini) S de vecteurs d'un espace vectoriel E. Alors :

$$\text{rang } S \leq \dim E$$

$$S \text{ générateur de } E \Leftrightarrow \text{rang } S = \dim E$$

• S base de $E \Leftrightarrow$ (rang $S = \dim E$ et nombre d'éléments de $S = \dim E$)

• S lié $\Leftrightarrow$ rang $S <$ nombre d'éléments de S.

ANNEXE
Théorèmes de la dimension et de la base incomplète

Commençons par établir le théorème suivant, qui nous permettra de montrer une série de résultats importants, souvent utilisés (implicitement du moins) dans ce chapitre. Soit :

Théorème

Dans un espace vectoriel engendré par un nombre fini de vecteurs, tout système de générateurs comporte au moins autant d'éléments que tout ensemble de vecteurs linéairement indépendants de cet espace.

Démonstration

Soit $G = \{X_1, X_2, ..., X_m\}$ un système de générateurs d'un espace vectoriel quelconque E et soit $L = \{Y_1, Y_2, ..., Y_r\}$ un ensemble de vecteurs liés de cet espace. On veut montrer que, forcément : $r \leq m$.

G engendrant E, Y_1 est combinaison linéaire des X_i et par conséquent le système $G_1 = \{Y_1, X_1, ..., X_m\}$ engendre E et est dépendant. Il existe donc des scalaires a_i non tous nuls tels que :

$$Y_1 + \sum_{i=1}^{m} a_i X_i = 0$$

Par conséquent, comme il existe au moins un $a_j \neq 0$ (sinon on aurait $Y_1 = 0$, en contradiction avec le fait que L est libre), X_j peut s'exprimer comme une combinaison linéaire des autres X_i

et de Y_l. Pour simplifier les notations, supposons que $j = 1$ (l'ordre des vecteurs n'intervenant pas).

Il s'ensuit que $G_1' = \{Y_1, X_2, ..., X_m\}$ engendre E.

Considérons ensuite le système $G_2 = \{Y_1, Y_2, X_2, ..., X_m\}$ qui engendre E et qui est dépendant. On a alors :

$$b_1 Y_1 + Y_2 + \sum_{i=2}^{m} a_i' X_i = 0$$

les a_i' ne pouvant être tous nuls (car par hypothèse $\{Y_1, Y_2\}$ est libre). Donc l'un des X_i, nous supposerons que c'est X_2 pour simplifier les notations, est combinaison linéaire des autres vecteurs du système G_2 et peut être éliminé de ce système. On obtient alors le système $G_2' = \{Y_1, Y_2, X_3, ..., X_m\}$ qui engendre E.

En procédant de même, on remplace successivement les X_i par les Y_i.

Montrons qu'on ne peut pas avoir $r > m$. En effet, si cela était le cas, le système $\{Y_1, Y_2, ..., Y_m\}$ obtenu en remplaçant, comme il a été vu précédemment, les m vecteurs de G par les m premiers vecteurs de L, engendrerait E et par conséquent les $r - m$ vecteurs restants $Y_{m+1}, ..., Y_r$ seraient des combinaisons linéaires de $Y_1, ..., Y_m$, ce qui est impossible, puisque L est libre par hypothèse. Donc $r \leq m$, ce que l'on voulait démontrer.

Les importants corollaires suivants découlent de ce théorème.

Corollaire 1 (ou théorème de la dimension)

Toutes les bases d'un espace vectoriel engendré par un nombre fini de vecteurs comportent le même nombre d'éléments.

Démonstration

Soient deux bases quelconques de l'espace vectoriel, la première ayant n_1 éléments, la deuxième n_2. La première étant formée de vecteurs libres, et la deuxième étant génératrice (propriétés des bases), il résulte du théorème précédent que :

$$n_1 \leq n_2$$

Mais, comme la première est également génératrice et la deuxième libre, on doit aussi avoir :

$$n_2 \leq n_1.$$

Il découle de ces inégalités que $n_1 = n_2$, ce que l'on voulait démontrer.

Corollaire 2

Toute partie libre d'un espace vectoriel de dimension finie n comporte, au plus, n éléments. Si elle en a juste n, elle est une base de cet espace.

Démonstration

Le premier point découle immédiatement du théorème, en prenant pour système générateur G une base quelconque de l'espace considéré.

Deuxième point : si n vecteurs libres n'engendraient pas l'espace, cela voudrait dire qu'il existe, au moins, un autre vecteur de cet espace non lié à ces n vecteurs ; par conséquent, l'espace considéré comporterait un système formé de $n + 1$ vecteurs linéairement indépendants, ce qui contredirait le premier point établi ci-dessus.

Corollaire 3 (théorème de la base incomplète)

Dans un espace de dimension finie, on peut former une base à partir de tout ensemble de vecteurs libres, en lui adjoignant des vecteurs (libres) supplémentaires.

Démonstration

Elle se fait de la même façon que celle qui a servi à établir le théorème : on « part » du système libre L, à p éléments, et d'une base quelconque ayant n éléments (si la dimension de l'espace est n), puis on « remplace » l'un après l'autre, et de façon appropriée, p vecteurs de la base par les p vecteurs du système libre. On obtient ainsi la base recherchée.

CHAPITRE XVIII

Les applications linéaires

On va maintenant considérer deux espaces vectoriels, E et F, chacun étant donc muni d'une loi de composition interne (somme) et d'une loi de composition externe. Une *application linéaire,* permettant de passer de E dans F, est une fonction telle que :

— $f(X + Y) = f(X) + f(Y)$ pour tout X et pour tout Y de E

— $f(\lambda X) = \lambda f(X)$ pour tout $X \in E$ et tout scalaire λ.

Par conséquent, l'image d'une combinaison linéaire de vecteurs par une application linéaire est obtenue en faisant la même combinaison linéaire des images de ces vecteurs. Donc f est linéaire si :

$$f(\lambda_1 X_1 + ... + \lambda_m X_m) = \lambda_1 f(X_1) + ... + \lambda_m f(X_m).$$

Une application linéaire est parfois appelée un *homomorphisme.*

Il résulte de la définition même d'une application linéaire que $f(\vec{0}) = \vec{0}$; on le voit en faisant $\lambda = 0$ dans $f(\lambda X) = \lambda f(X)$. Donc :

une condition nécessaire pour que f soit une application linéaire est que $f(\vec{0}) = \vec{0}$ (soit : f linéaire $\Rightarrow f(\vec{0}) = \vec{0}$).

Il convient de noter que le symbole $\vec{0}$ désigne ici, à la fois, le $\vec{0}$ de l'espace de départ, E, et le $\vec{0}$ de l'espace d'arrivée, F. Si on veut éviter toute confusion, on peut écrire : $f(\vec{0}_E) = \vec{0}_F$.

Exemples

— l'application de $\mathbb{R}^2$ dans $\mathbb{R}^3$ définie par :

$$f(x, y) = (x + y, 2x - y, 3x + 4y)$$

est une application linéaire, comme on le voit facilement. Notons que l'on peut la mettre sous la forme (« en séparant » les termes en x des termes en y).

$$f(x, y) = x\,(1,2,3) + y\,(1,-1,4)$$

— par contre, les applications de $\mathbb{R}^2$ dans $\mathbb{R}$ définies par : $f(x, y) = 2x + y - 3$ ou par $f(x, y) = xy$ ne sont pas des applications linéaires. La première parce qu'elle ne vérifie pas la condition nécessaire $f(\vec{0}) = \vec{0}$, la deuxième parce que si on multiplie (x, y) par λ, alors l'image est multipliée par λ^2 (et non par λ).

Image d'une base par une application linéaire

Considérons une base $\{B_1, B_2, ..., B_n\}$ de l'espace de départ, E. Par définition d'une base, tout vecteur X de cet espace s'écrit sous la forme d'une combinaison linéaire unique des éléments de cette base ; soit :

$$X = \alpha_1 B_1 + \alpha_2 B_2 + ... + \alpha_n B_n.$$

Si f est une application linéaire quelconque de E dans un autre espace vectoriel F (ou dans E lui-même), alors, par définition d'une application linéaire, on a :

$$f(X) = f(\alpha_1 B_1 + \alpha_2 B_2 + ... + \alpha_n B_n)$$

$$= \alpha_1 f(B_1) + \alpha_2 f(B_2) + ... + \alpha_n f(B_n).$$

Par conséquent, si on connaît les vecteurs $f(B_1)$, $f(B_2)$, ..., $f(B_n)$, on peut connaître l'image de X par f. Comme X est quelconque, il s'ensuit que :

pour connaître l'image par une application linéaire de tout élément d'un espace vectoriel, il suffit de connaître les images par cette application linéaire des éléments d'une base de cet espace vectoriel.

Ainsi, si on a :

$$f(B_1) = V_1,\ f(B_2) = V_2,\ ...,\ f(B_n) = V_n$$

et si on connaît les vecteurs de base $B_1, B_2, ..., B_n$ et les vecteurs image $V_1, V_2, ..., V_n$, alors on détermine l'image d'un vecteur X de l'espace vectoriel de départ :

— en calculant ses coordonnées $\alpha_1, \alpha_2, ..., \alpha_n$ dans cette base, c'est-à-dire en résolvant le système d'équations linéaires :

$$X = \alpha_1 B_1 + \alpha_2 B_2 + ... + \alpha_n B_n$$

dont les $\alpha_1, \alpha_2, ..., \alpha_n$ sont les inconnues ;

— en se servant du fait que f est linéaire, donc du fait que :

$$\begin{aligned} f(X) &= f(\alpha_1 B_1 + \alpha_2 B_2 + ... + \alpha_n B_n) \\ &= \alpha_1 f(B_1) + \alpha_2 f(B_2) + ... + \alpha_n f(B_n) \end{aligned}$$

Comme on connaît, par hypothèse, $f(B_1)$, $f(B_2)$,... , $f(B_n)$, donnés respectivement par V_1, V_2,..., V_n, il s'ensuit que :

$$f(X) = \alpha_1 V_1 + \alpha_2 V_2 + ... + \alpha_n V_n.$$

Comme on connaît les α_i et les V_i, on connaît $f(X)$, image de X par f.

Exemple :

Soit une application linéaire f de $\mathbb{R}^2$ dans $\mathbb{R}^3$ définie par :

$$f(1,1) = (2, -1, 3)$$

$$f(0,1) = (1, 2, -4)$$

Déterminons, à partir de cette « information », $f(x, y)$, où (x, y) est un élément quelconque de $\mathbb{R}^2$.

Cherchons les coordonnées de (x, y) dans la base formée par (1,1) et (0,1) (si, par hasard, ces derniers ne formaient pas une base, on s'en apercevrait lors de cette recherche de coordonnées). Pour cela, on pose :

$$(x, y) = \alpha_1 (1,1) + \alpha_2 (0,1)$$

d'où on tire, immédiatement : $\alpha_1 = x$ et $\alpha_2 = y - x$.

On a donc :

$$(x, y) = x(1,1) + (y - x)(0,1)$$

Soit, comme f est, par hypothèse, linéaire :

$$f(x, y) = xf(1,1) + (y - x) f(0,1)$$

Comme on connaît $f(1,1) = (2, -1, 3)$ et $f(0,1) = (1,2,-4)$, il s'ensuit que :

$$f(x, y) = x(2,-1,3) + (y - x)(1,2,-4)$$

et donc :

$$f(x, y) = (y + x, 2y - 3x, 7x - 4y).$$

Rang d'une application linéaire

Revenons au cas général. Si les vecteurs B forment une base de l'espace de départ E, et si f est une application linéaire « partant » de cet espace, on a :

$$f(X) = f(\alpha_1 B_1 + \alpha_2 B_2 + \dots + \alpha_n B_n)$$
$$= \alpha_1 f(B_1) + \alpha_2 f(B_2) + \dots + \alpha_n f(B_n)$$

quel que soit $X \in E$.

Par conséquent, comme tous les éléments de l'image de E par f, notée $f(E)$, sont des combinaisons linéaires de $f(B_1)$, $f(B_2)$, ..., $f(B_n)$, il s'ensuit que *$f(E)$ est un sous-espace vectoriel de l'espace d'arrivée, engendré par $f(B_1)$, $f(B_2)$, ... $f(B_n)$*. La dimension de $f(E)$ est donc donnée par le rang de ce système de générateurs (cf. chapitre précédent). Soit :

$$\dim f(E) = \text{rang}\,\{f(B_1), f(B_2), \dots f(B_n)\}$$

à condition que $\{B_1, B_2, \dots, B_n\}$ soit une base de E.

En raison de cette égalité, on appelle *rang de f* la dimension de $f(E)$. Soit, par définition :

$$\text{rang}\, f = \dim f(E).$$

Par conséquent :

pour déterminer le rang d'une application linéaire, il suffit de calculer les images par elle d'une base quelconque de l'espace de départ, et de déterminer le rang de l'ensemble de vecteurs ainsi obtenu.

Exemple

Cherchons le rang de l'application linéaire f définie par :

$$f(x, y, z, t) = (x + y - t,\ 2y + z + t,\ 3x - y + z).$$

Commençons par noter que l'espace de départ est, ici, $\mathbb{R}^4$, celui d'arrivée étant $\mathbb{R}^3$, puis remarquons qu'on peut mettre $f(x, y, z, t)$ sous la forme :

$$f(x, y, z, t) = x\,(1,0,3) + y\,(1,2,-1) + z\,(0,1,1) + t\,(-1,1,0)$$

ce qui montre que les éléments de $f(\mathbb{R}^4)$ sont engendrés par les vecteurs $(1,0,3)$, $(1,2,-1)$, $(0,1,1)$ et $(-1,1,0)$ (on vérifie immédiatement que ces derniers sont les images par f des éléments de la *base canonique* de $\mathbb{R}^4$: $\{(1,0,0,0), (0,1,0,0), (0,0,1,0), (0,0,0,1)\}$).

Donc, ici :

$$\text{rang}\, f = \text{rang}\,\{(1,0,3), (1,2,-1), (0,1,1), (-1,1,0)\}.$$

On montre aisément, par la méthode du pivot, que les trois premiers vecteurs-image, par exemple, sont linéairement indépendants. Par conséquent : rang $f = 3$,

Applications linéaires surjectives

Notons que jusqu'à présent nous n'avons pas eu à nous occuper de la dimension de l'espace d'arrivée : seule celle de l'espace de départ est intervenue dans nos raisonnements (d'ailleurs, nous avons toujours implicitement supposé qu'elle était finie). Nous allons donc maintenant nous intéresser de façon plus précise à l'espace d'arrivée, en supposant également qu'il est de dimension finie, m. Soit : $\dim F = m$.

f étant une application de E dans F, l'image $f(E)$ est incluse dans F. Deux situations peuvent alors se présenter :

— soit $f(E)$ « recouvre » complètement F, autrement dit : $f(E) = F$; on dit alors que f est *surjective* ;

— soit $f(E)$ ne « recouvre » pas complètement F, $f(E)$ étant strictement incluse dans F ; on dit alors que f n'est pas surjective.

Ce qui peut se représenter graphiquement de la façon suivante :

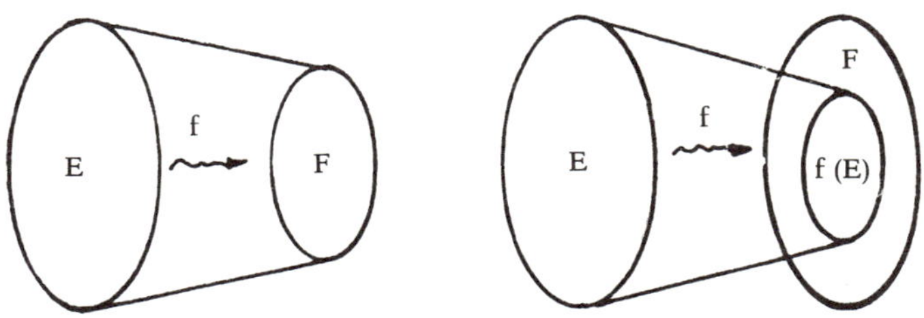

f surjective $\qquad\qquad$ f non surjective

Remarquons que comme $f(E)$ est engendrée par $\{f(B_1), f(B_2), ..., f(B_n)\}$, où les B forment une base de E, la dimension de $f(E)$ est au maximum égale à n, c'est-à-dire à celle de E. Soit :

$$\dim f(E) \leq \dim E.$$

Par conséquent, pour que f soit surjective, il *faut* que la dimension de E soit supérieure ou égale à celle de F. Soit :

$$f \text{ surjective} \Rightarrow \dim F \leq \dim E.$$

Donc, lorsqu'on cherche à déterminer si une fonction de E dans F est surjective, on commence par comparer la dimension de F à celle de E. Si elle lui est supérieure (strictement), on peut conclure tout de suite, que cette fonction *n'est pas surjective.* Dans le cas contraire, on calcule le rang de la fonction et on le compare à la dimension de F.

Ainsi, dans le dernier exemple traité, l'application f est surjective, son rang (3) étant égal à la dimension de l'espace d'arrivée ($\mathbb{R}^3$).

Applications linéaires injectives. La notion de noyau

On dit qu'une application f de E dans F est injective si tout élément de $f(E)$ est l'image d'*un seul* élément de E.

Ce qui s'écrit :

$$f \text{ injective} \Leftrightarrow (f(X) = f(Y) \Rightarrow X = Y).$$

Si f est linéaire :

$$f(X) = f(Y) \Leftrightarrow f(X) - f(Y) = \vec{0} \Leftrightarrow f(X - Y) = \vec{0}$$

Si, en outre, f est injective, alors $f(X) = f(Y) \Rightarrow X = Y \Rightarrow X - Y = \vec{0}$; autrement dit : si f est injective, *le seul vecteur de E dont l'image est le $\vec{0}$ de F est le $\vec{0}$ de E.*

Ce qui peut se formuler plus simplement en introduisant la notion de noyau d'une application linéaire.

Définition

On appelle *noyau de l'application linéaire* f l'ensemble des vecteurs de l'espace de départ E tels que leur image soit le $\vec{0}$ de F. On le note ker f. Soit : $\ker f = \{X \in E\,;\, f(X) = \vec{0}\}$.

On montre aisément que ker f est un sous-espace vectoriel de E.

Comme f est une application linéaire nous savons que $f(\vec{0}) = \vec{0}$. Soit : *quelle que soit f linéaire,* $\vec{0} \in \ker f$.

Et le raisonnement fait plus haut peut être résumé par la proposition suivante ; f injective $\Rightarrow \ker f = \vec{0}$.

La réciproque est également vraie : en effet, si $f(X) = f(Y)$, alors $f(X - Y) = \vec{0}$ (car f linéaire) et donc $X - Y \in \ker f$; comme par hypothèse, $\ker f = \vec{0}$, donc $X - Y = \vec{0}$: $X = Y$ et f est injective.

En résumé : *une application linéaire est injective si et seulement si son noyau se réduit au $\vec{0}$ de l'espace de départ.*

Exemple

Soit $f(x, y, z) = (x + y - z, x - 2y - 3z)$.

Son noyau est :

$$\ker f = \{(x, y, z) \in \mathbb{R}^3 ; (x + y - z, x - 2y - 3z) = (0,0)\}.$$

Les éléments du noyau vérifient le système d'équations linéaires :

$$\begin{aligned} x + y - z &= 0 \\ x - 2y - 3z &= 0 \end{aligned}$$

Soit, par équivalence :

$$\begin{aligned} x + y - z &= 0 \\ 3y + 2z &= 0 \end{aligned}$$

Le noyau de f est donc formé par les vecteurs de $\mathbb{R}^3$ de la forme :

$(5z/3, -2z/3, z)$ où z peut prendre n'importe quelle valeur.

Donc : $\ker f$ ne se réduisant pas à $\vec{0}$, f n'est pas injective. Notons que $\ker f$ est ici le sous-espace vectoriel engendré par le vecteur $(5/3, -2/3, 1)$, donc de dimension 1.

Le théorème des dimensions

Ce théorème nous donne un moyen simple de savoir si f est injective, ou pas, à condition de connaître son rang, ou de déterminer ce dernier si on connaît la dimension du noyau de f ($\ker f$ étant un sous-espace vectoriel de E, comme on le montre aisément).

Il s'énonce ainsi :

$$\text{rang } f + \dim \ker f = \dim E$$

où E est *l'espace de départ*.

Ce théorème se démontre facilement (voir, pour cela, l'annexe à ce chapitre).

Remarquons que la dimension de l'espace d'arrivée ne joue *aucun rôle* dans cette formule.

Il résulte de celle-ci que :

—rang $f < \dim E \Rightarrow f$ n'est pas injective

puisque, dans ce cas, la dimension de $\ker f$ n'est pas nulle ;

— rang $f = \dim E \Rightarrow f$ injective

puisque, dans ce cas, la dimension de ker f est égale à 0.

Nous voyons, une fois de plus, l'importance de la notion de rang (et donc de la recherche du rang d'un système de vecteurs) : si on connaît le rang d'une application linéaire, on peut déterminer immédiatement, et à la fois, si elle est surjective et si elle est injective. A condition, bien entendu, que la dimension de l'espace de départ soit finie, et connue, ce qui est toujours le cas en ce qui nous concerne ici.

Ainsi, si on veut étudier les caractéristiques d'une fonction linéaire, il suffit de rechercher soit son rang, soit la dimension de son noyau, puis d'appliquer le théorème des dimensions.

Par exemple, si on se reporte au dernier exemple traité, la fonction définie par : $f(x, y, z, t) = (x + y - t, 2y + z + t, 3x - y + z)$, nous avons vu que la dimension de son noyau était égal à 1. Comme, ici, $E = \mathbb{R}^4$, donc $\dim E = 4$, on a : rang $f = \dim E - \dim \ker f = 4 - 1 = 3$. Soit : rang $f = 3$. Comme l'espace d'arrivée est, ici, $\mathbb{R}^3$, de dimension 3, il s'ensuit que f est surjective.

Exemple

Soit une application linéaire f définie par :

$$\begin{aligned} f(1,2,0) &= (1,1,2) \\ f(2,1,7) &= (0,2,1) \\ f(4,6,3) &= (1,-1,1) \end{aligned}$$

Pour déterminer si f est injective et surjective, ou pas, cherchons le rang de f. Soit, comme les vecteurs (1,2,0), (2,1,7), (4,6,3) forment une base de $\mathbb{R}^3$ (on vérifie qu'ils sont linéairement indépendants), on a :

$$\text{rang } f = \text{rang } \{(1,1,2), (0,2,1), (1,-1,1)\}.$$

Ce qui se ramène à l'étude du système :

$$\alpha_1 (1,1,2) + \alpha_2 (0,2,1) + \alpha_3 (1,-1,1) = (0,0,0)$$

qui implique :

$$\begin{aligned} &(1) \qquad \alpha_1 + + \alpha_3 = 0 \\ &(2) \qquad \alpha_1 + 2\alpha_2 - \alpha_3 = 0 \\ &(3) \qquad 2\alpha_1 + \alpha_2 + \alpha_3 = 0 \end{aligned}$$

D'où, en éliminant α_2 de la deuxième ligne, en lui soustrayant deux fois la troisième :

$$
\begin{array}{lrcrcrl}
(1) & \alpha_1 & & & + & \alpha_3 & = 0 \\
(2) - 2\,(3) & -\,3\alpha_1 & & & - & 3\alpha_3 & = 0 \\
(3) & 2\alpha_1 & + & \alpha_2 & + & \alpha_3 & = 0
\end{array}
$$

Les deux premières lignes de ce système étant proportionnelles, les 3 vecteurs ne sont pas linéairement indépendants. Donc : rang $f < 3$; comme la dimension de l'espace d'arrivée est égale à 3, il s'ensuit que *f n'est pas surjective*. En outre, comme la dimension de l'espace de départ est égale à 3, et le rang de f inférieur à 3, il résulte du théorème des dimensions que la dimension du noyau de f est supérieure ou égale à 1 : *f n'est pas injective.*

Exercices

1. Soit l'application linéaire f définie par :

$$f(x, y, z) = (x + y,\ 2x + z,\ x - z,\ x + y + z)$$

a) Cette application est-elle surjective ?

b) Est-elle injective ?

2. Soit l'application linéaire f définie par :

$$
\begin{aligned}
f(1,0,1,0) &= (2,4,-1) \\
f(0,1,0,0) &= (0,1,2) \\
f(0,0,1,1) &= (0,0,-3) \\
f(0,0,0,1) &= (2,2,0)
\end{aligned}
$$

a) Cette application est-elle injective ?
b) Est-elle surjective ?
c) Déterminer le noyau de f.
d) Donner l'image par f d'un vecteur (x, y, z, t) de l'espace de départ.

3. Soit une application linéaire f définie par :

$$
\begin{aligned}
f(B_1) &= V_1 \\
f(B_2) &= V_2 \\
f(B_3) &= 2V_1 - V_2
\end{aligned}
$$

où B_1, B_2 et B_3 forment une base de l'espace de départ de f, et où V_1, V_2 sont supposés être linéairement indépendants.

a) Déterminer le rang de f. f est-elle surjective ?
b) f est-elle injective ? Déterminer son noyau.
c) Déterminer l'image par f d'un vecteur quelconque de l'espace de départ, en fonction des V_i et des coordonnées dans la base donnée de ce vecteur.

4. Montrer que l'image par une application linéaire f d'un espace vectoriel est un sous-espace vectoriel de l'espace d'arrivée.

CE QU'IL FAUT RETENIR DE CE CHAPITRE

• Une application linéaire est définie dès que l'on connaît l'image, par elle, d'une base quelconque de l'espace de départ.

• Le *rang d'une application linéaire*, dimension de cette image, est donné par le rang de l'ensemble des vecteurs formé par les images des éléments de la base retenue.

• On a toujours :

rang $f \leq$ dimension de l'espace de départ
rang $f \leq$ dimension de l'espace d'arrivée

• Le *noyau* d'une application linéaire est l'ensemble des vecteurs de l'espace de départ dont l'image est le vecteur $\vec{0}$ de l'espace d'arrivée.

• Une application linéaire est *injective* si, et seulement si, son noyau se réduit au vecteur $\vec{0}$ de l'espace de départ.

• Théorème des dimensions :

rang f + dim ker f = dimension de l'espace de départ.

ANNEXE
Démonstration du théorème des dimensions

Soit f une application linéaire quelconque dont l'espace de départ E est de dimension n, et soit $\{X_1, X_2, ..., X_p\}$ une base du noyau de f (qui peut se résoudre au seul vecteur $\vec{0}$). On peut « compléter » cet ensemble de vecteurs par $n-p$ vecteurs, de façon à obtenir une base de E (cf. théorème de la base incomplète, démontré dans l'annexe du précédent chapitre) ; soit :

$$\{X_1, X_2, ..., X_p, X_{p+1}, X_{p+2}, ..., X_n\}$$

cette base.

Par définition du rang d'une application linéaire, on a :

$$\text{rang } f = \text{rang } \{f(X_1), f(X_2), ..., f(X_p), f(X_{p+1}), ..., f(X_n)\}$$

Or, comme les p premiers éléments de cet ensemble appartiennent, par construction, au noyau de f, leur image se réduit au vecteur $\vec{0}$; par conséquent :

$$\text{rang } f = \text{rang } \{f(X_{p+1}), \ldots, f(X_n)\}.$$

Montrons que ce rang est égal à $n - p$ (le résultat recherché en découle), donc que les vecteurs image ci-dessus sont linéairement indépendants.

Pour cela, posons :

$$\alpha_{p+1} f(X_1) + \ldots + \alpha_n f(X_n) = \vec{0}.$$

D'où, comme f est linéaire :

$$f(\alpha_{p+1} X_{p+1} + \ldots + \alpha_n X_n) = \vec{0}.$$

Donc, $\alpha_{p+1}X_{p+1} + \ldots + \alpha_n X_n$ appartient au noyau de f. Comme celui-ci est engendré par $X_1, \ldots, X_p$ (par hypothèse), il existe $\alpha_1, \ldots, \alpha_p$ tels que :

(1) $$\alpha_{p+1}X_{p+1} + \ldots + \alpha_n X_n = \alpha_1 X_1 + \ldots + \alpha_p X_p.$$

Mais, comme, par construction, $\{X_1, \ldots, X_p, X_{p+1}, \ldots, X_n\}$ est une base de E, ses éléments sont linéairement indépendants et, par conséquent, (1) implique que : $\alpha_{p+1} = \ldots = \alpha_n = 0$ (ainsi que $\alpha_1 = \ldots = \alpha_p = 0$, d'ailleurs), et donc que $f(X_{p+1}), \ldots, f(X_n)$ sont linéairement indépendants. On a donc montré que rang $f = n - p = \dim E - \dim \ker f$; c'est le résultat annoncé.

Remarquons que la démonstration est valable aussi pour le cas où $p = 0$, c'est-à-dire où $\ker f = \{\vec{0}\}$ (le seul espace vectoriel de dimension nulle est $\{\vec{0}\}$.) Dans ce cas, la base $\{X_1, X_2, \ldots, X_n\}$ considérée est arbitraire et l'argument utilisé dans la démonstration montre que $f(X_1), f(X_2), \ldots, f(X_n)$ sont linéairement indépendants, donc que rang $f = n$.

CHAPITRE XIX

Matrices et calcul matriciel

Comme nous l'avons signalé dans la présentation de cette partie, les matrices sont des « objets » mathématiques simples (des tableaux de chiffres), mais très pratiques, notamment sur le plan des calculs. Afin de mieux le voir, nous allons commencer par un exemple « économique » classique, et important, à partir duquel nous déduirons certaines propriétés du calcul matriciel, puis nous passerons au cas général, en faisant le lien entre matrices et applications linéaires, ce qui nous permettra d'utiliser les résultats des chapitres précédents.

Un exemple simple

Considérons une entreprise qui produit du papier et du carton, à partir de pâte à papier, de travail et d'énergie (par exemple).

Supposons que pour :

— produire une unité de papier (disons, 1 kilo), il faille :

2 unités de pâte à papier, 1 unité de travail et 2 unités d'énergie

— produire une unité de carton, il faille :

1 unité de pâte à papier, 2 unités de travail et 2 unités d'énergie

Soit x le nombre d'unités de papier et y celui de carton. Donc, si la consommation des matières premières (ou « inputs ») : pâte à papier, travail et énergie, augmente proportionnellement avec la production, pour produire (x, y) de papier et de carton, il faut :

$2x + y$ de pâte à papier
$x + 2y$ de travail
$2x + 2y$ d'énergie

Ce que l'on peut écrire, de façon différente :

$$x \begin{pmatrix} 2 \\ 1 \\ 2 \end{pmatrix} + y \begin{pmatrix} 1 \\ 2 \\ 2 \end{pmatrix} \quad \begin{matrix} \text{pâte à papier} \\ \text{travail} \\ \text{énergie} \end{matrix}$$

On voit donc que les quantités d'inputs nécessaires pour produire (x, y) s'obtiennent en faisant une combinaison linéaire des vecteurs-colonne donnant les quantités d'inputs nécessaires pour produire une unité de chacun des biens (papier et carton).

Ce que l'on peut écrire, de façon symbolique :

$$\begin{pmatrix} 2 & 1 \\ 1 & 2 \\ 2 & 2 \end{pmatrix} \begin{pmatrix} x \\ y \end{pmatrix}$$

ou, encore, de façon encore plus synthétique :

$$\mathbf{AV}$$

$$\text{avec } \mathbf{A} = \begin{pmatrix} 2 & 1 \\ 1 & 2 \\ 2 & 2 \end{pmatrix} \text{ et } \mathbf{V} = \begin{pmatrix} x \\ y \end{pmatrix}.$$

On appelle *matrice des coefficients techniques* le tableau de nombres **A**.

On a donc quatre écritures symboliques possibles :

$$\begin{matrix} 2x + y \\ x + 2y \\ 2x + 2y \end{matrix} \qquad \begin{pmatrix} 2 & 1 \\ 1 & 2 \\ 2 & 2 \end{pmatrix} \begin{pmatrix} x \\ y \end{pmatrix} \qquad x \begin{pmatrix} 2 \\ 1 \\ 2 \end{pmatrix} + y \begin{pmatrix} 1 \\ 2 \\ 2 \end{pmatrix} \text{ et } \mathbf{AV}.$$

Comme $\begin{pmatrix} x \\ y \end{pmatrix}$ est également une matrice (c'est une *matrice-colonne*), on voit qu'on passe de la seconde de ces expressions à la première en appliquant la règle du produit matriciel, dite « ligne par colonne ». Par exemple, si on retient la première ligne de la matrice **A**, cette règle s'écrit :

$$(2 \quad 1) \begin{pmatrix} x \\ y \end{pmatrix} = 2x + y.$$

Soit : on multiplie le premier élément de la ligne par le premier élément de la colonne et on lui ajoute le produit du deuxième élément de la ligne par le deuxième élément de la colonne. Évidemment, pour qu'une telle règle ait un sens, il faut que ligne et colonne aient le même nombre d'éléments.

On vérifie immédiatement qu'il en est de même avec la deuxième et la troisième ligne de **A**. Finalement, on a bien :

$$\begin{pmatrix} 2 & 1 \\ 1 & 2 \\ 2 & 2 \end{pmatrix} \begin{pmatrix} x \\ y \end{pmatrix} = \begin{matrix} 2x + y \\ x + 2y \\ 2x + 2y \end{matrix}$$

Afin de voir si cette règle peut être généralisée, ou si elle est cohérente, poursuivons avec notre exemple. Supposons maintenant que le papier et le carton produits sont utilisés pour fabriquer des livres et des produits d'emballage. Pour produire :

— *un livre,* il faut 2 unités de papier et 1 unité de carton ;
— *une unité d'emballage,* il faut 1 unité de papier et 3 de carton.

Soit u le nombre de livres et v le nombre d'unités d'emballage que l'on veut produire. Donc, si l'utilisation de papier et de carton augmente proportionnellement avec la production de livres et d'emballage, il faut :

$$\begin{matrix} 2u + v & \text{de papier} \\ u + 3v & \text{de carton} \end{matrix}$$

pour produire u livres et v emballages.

Ce que l'on peut écrire, en adoptant la notation matricielle :

$$\begin{matrix} 2u + v \\ u + 3v \end{matrix} = \begin{pmatrix} 2 & 1 \\ 1 & 3 \end{pmatrix} \begin{pmatrix} u \\ v \end{pmatrix} = \mathbf{BZ}.$$

Cherchons maintenant combien il faut de pâte à papier, de travail et d'énergie pour produire u livres et v emballages. Pour le savoir, il suffit de se reporter au système de départ, en y remplaçant x par $2u + v$ et y par $u + 3v$. On en déduit qu'il faut :

$$\begin{matrix} 2\,(2u + v) + \,(u + 3v) & \text{de pâte à papier} \\ (2u + v) + 2\,(u + 3v) & \text{de pâte à papier} \\ 2\,(2u + v) + 2\,(u + 3v) & \text{d'énergie} \end{matrix}$$

pour produire u livres et v emballages.

Soit, en simplifiant :

$$\begin{matrix} 5u + 5v & \text{de pâte à papier} \\ 4u + 7v & \text{de travail} \\ 6u + 8v & \text{d'énergie.} \end{matrix}$$

Ce que l'on peut écrire sous forme matricielle :

$$\begin{pmatrix} 5 & 5 \\ 4 & 7 \\ 6 & 8 \end{pmatrix} \begin{pmatrix} u \\ v \end{pmatrix}$$

soit : **CZ**, en posant :

$$\mathbf{C} = \begin{pmatrix} 5 & 5 \\ 4 & 7 \\ 6 & 8 \end{pmatrix} \text{ et } \mathbf{Z} = \begin{pmatrix} u \\ v \end{pmatrix}$$

En fait, comme ces quantités de matières premières sont données par **AV**, avec :

$$\mathbf{V} = \begin{pmatrix} x \\ y \end{pmatrix} = \begin{pmatrix} 2u + v \\ u + 3v \end{pmatrix} = \mathbf{BZ}$$

donc par **A (BZ)** = **ABZ**, on doit avoir :

$$\mathbf{ABZ} = \mathbf{CZ}$$

quel que soit **Z**. Donc : **AB** = **C**. Résultat que l'on retrouve en appliquant la règle du produit matriciel, « ligne par colonne » :

$$\mathbf{AB} = \begin{pmatrix} 2 & 1 \\ 1 & 2 \\ 2 & 2 \end{pmatrix} \begin{pmatrix} 2 & 1 \\ 1 & 3 \end{pmatrix} = \begin{pmatrix} 2 \cdot 2 + 1 \cdot 1 & 2 \cdot 1 + 1 \cdot 3 \\ 1 \cdot 2 + 2 \cdot 1 & 1 \cdot 1 + 2 \cdot 3 \\ 2 \cdot 2 + 2 \cdot 1 & 2 \cdot 1 + 2 \cdot 3 \end{pmatrix} = \begin{pmatrix} 5 & 5 \\ 4 & 7 \\ 6 & 8 \end{pmatrix} = \mathbf{C}.$$

Cet exemple nous permet donc de mieux comprendre pourquoi on applique cette règle ; nous verrons plus loin comment on la justifie en raisonnant sur les applications linéaires composées.

Caractéristiques du produit matriciel

Nous avons vu comment on fait ce produit. Pour qu'il soit possible, il faut que le nombre de colonnes de la première matrice soit égal au nombre de lignes de la seconde (notons que, dans notre exemple, ce nombre correspondait aux « produits intermédiaires », papier et carton). Il se peut (c'est le cas le plus fréquent) que si **AB** est possible, **BA** ne le soit pas, car ne respectant pas cette règle, comme on le voit dans notre exemple précédent. Mais, même si on peut calculer **AB** et **BA**, ces deux produits sont, sauf cas exceptionnel, différents. Ainsi, par exemple :

$$\underset{\mathbf{P}}{\begin{pmatrix} 3 & 5 \\ 2 & 1 \end{pmatrix}} \underset{\mathbf{Q}}{\begin{pmatrix} 4 & 2 \\ 1 & 3 \end{pmatrix}} = \underset{\mathbf{PQ}}{\begin{pmatrix} 17 & 21 \\ 9 & 7 \end{pmatrix}}$$

alors que :

$$\underset{\mathbf{Q}}{\begin{pmatrix} 4 & 2 \\ 1 & 3 \end{pmatrix}} \underset{\mathbf{P}}{\begin{pmatrix} 3 & 5 \\ 2 & 1 \end{pmatrix}} = \underset{\mathbf{QP}}{\begin{pmatrix} 16 & 22 \\ 9 & 8 \end{pmatrix}}$$

Donc : *le produit matriciel n'est pas commutatif.*

Par contre, on vérifie immédiatement qu'il est associatif :

$$(\mathbf{AB})\,\mathbf{C} = \mathbf{A}\,(\mathbf{BC})$$

et, par conséquent, la notation **ABC** est sans ambiguïté.

Si **0** est une matrice formée de nombres 0 telle que le produit **A0** soit possible (nombre de colonnes de **A** = nombres de lignes de **0**), alors on a :

$$\mathbf{A0} = \mathbf{0}$$

De même, si **0A** est possible, alors : **0A** = **0**.

Enfin, si on considère les *matrices unitaires* de la forme :

$$\mathbf{I} = \begin{pmatrix} 1\ 0\ 0 & \ldots & 0 \\ 0\ 1\ 0 & \ldots & 0 \\ 0\ 0\ 1 & \ldots & 0 \\ \ldots & \ldots & \ldots \\ 0\ 0\ 0 & \ldots & 1 \end{pmatrix}$$

c'est-à-dire des matrices *carrées* (nombre de lignes = nombre de colonnes), ayant des 1 sur la « diagonale » et des 0 partout ailleurs, alors on a, si le produit **AI** est possible :

$$\mathbf{AI} = \mathbf{A}$$

ou, si le produit **IA** est possible, **IA** = **A**, comme on le vérifie immédiatement.

Plus loin, nous reviendrons sur un autre aspect du produit matriciel, l'inversion. Auparavant, définissons d'autres opérations simples avec des matrices.

Somme de matrices, produit d'une matrice par un scalaire

On dit que deux matrices ont *même format* si elles ont le même nombre de lignes et le même nombre de colonnes.

Par définition, la somme de deux matrices de même format est la matrice obtenue lorsqu'on additionne les termes occupant la même place dans chacune des matrices. Par exemple :

$$\begin{pmatrix} 2 & 3 & -1 \\ 4 & -2 & 7 \end{pmatrix} + \begin{pmatrix} -3 & 5 & 2 \\ 6 & 1 & 4 \end{pmatrix} = \begin{pmatrix} 2-3 & 3+5 & -1+2 \\ 4+6 & -2+1 & 7+4 \end{pmatrix} =$$

$$\begin{pmatrix} -1 & 8 & 1 \\ 10 & -1 & 11 \end{pmatrix}$$

Cette somme est associative et commutative, comme on le vérifie immédiatement ; elle admet un élément neutre : la matrice de même format formée de 0 ; toute matrice admet un symétrique, que l'on peut noter $-\mathbf{A}$, si $\mathbf{A}$ est la matrice considérée.

Remarquons que : *la somme matricielle n'est définie que pour des matrices de même format.*

Par définition, le produit d'une matrice pas un scalaire est la matrice obtenue en multipliant par ce scalaire chaque élément de la matrice donnée. Par exemple, si a est un scalaire quelconque :

$$a \begin{pmatrix} 1 & 2 & 7 \\ -3 & 8 & 15 \end{pmatrix} = \begin{pmatrix} a & 2a & 7a \\ -3a & 8a & 15a \end{pmatrix}.$$

Notons que l'ensemble des matrices d'un format donné, muni des deux opérations que nous venons de définir, forme un espace vectoriel (de dimension mn si les matrices considérées sont de format mn).

Remarque importante Si ce format est tel que $m = n$ (on a donc des *matrices carrées*), alors cet espace vectoriel est doté, en plus, d'une opération produit, telle que nous l'avons précédemment définie. Mais il faut faire attention lorsqu'on « combine » somme et produit de matrices, car, notamment en raison de la non-commutativité de ce dernier, *on ne peut pas toujours appliquer les formules valables avec des nombres.* Ainsi :

$$(\mathbf{A} + \mathbf{B})(\mathbf{A} - \mathbf{B}) = \mathbf{A}^2 - \mathbf{AB} + \mathbf{BA} - \mathbf{B}^2$$

expression différente, en général, de $\mathbf{A}^2 - \mathbf{B}^2$ (car, en général, $\mathbf{AB} \neq \mathbf{BA}$).

De même, il faut écrire :

$$(\mathbf{A} + \mathbf{B})^2 = \mathbf{A}^2 + \mathbf{AB} + \mathbf{BA} + \mathbf{B}^2$$

et non $\mathbf{A}^2 + 2\mathbf{AB} + \mathbf{B}^2$.

On peut également avoir $\mathbf{AB} = \mathbf{0}$, avec $\mathbf{A}$ et $\mathbf{B}$ *tous deux* différents de $\mathbf{0}$. Exemple :

$$\begin{pmatrix} 1 & -1 \\ -1 & 1 \end{pmatrix} \begin{pmatrix} 1 & -1 \\ 1 & -1 \end{pmatrix} = \begin{pmatrix} 0 & 0 \\ 0 & 0 \end{pmatrix}.$$

Matrices et applications linéaires - Rang d'une matrice

Nous allons maintenant introduire l'importante notion de *rang d'une matrice*. Pour cela, nous allons établir un lien entre matrices et applications linéaires, qui nous permettra d'utiliser les résultats du chapitre précédent et de donner un sens plus précis à la notion de matrice.

Revenons, par exemple, à notre exemple initial, la fabrication de papier et de carton à partir de certains inputs. La consommation de ces dernières pour produire x unités de papier et y unités de carton était donnée par :

$$\begin{array}{r} 2x + \ \ y \\ x + 2y \\ 2x + 2y \end{array} \qquad \text{(sous forme matricielle : } \begin{pmatrix} 2 & 1 \\ 1 & 2 \\ 2 & 2 \end{pmatrix} \begin{pmatrix} x \\ y \end{pmatrix}\text{)}.$$

Si on suppose que x et y peuvent prendre des valeurs quelconques, on peut considérer que cette consommation est une fonction linéaire de l'« espace papier-carton » dans l'« espace des inputs ». Si on note f cette fonction, elle est donc donné par :

$$f(x, y) = (2x + y,\ x + 2y,\ 2x + 2y)$$

(le premier élément du vecteur-image représentant la quantité de pâte à papier, la deuxième celle de travail, la troisième celle d'énergie).

Ce qui peut aussi se mettre sous la forme (en séparant les inputs servant à produire le papier de ceux qui servent à produire le carton) :

$$f(x, y) = x\ (2,1,2) + y\ (1,2,2).$$

Dans ces conditions, le rang de f est donné par le rang des vecteurs qui engendrent son image, soit :

$$\text{rang } f = \text{ rang } \{(2,1,2),\ (1,2,2)\}.$$

Or, les deux vecteurs qui déterminent ce rang ne sont rien d'autre que les colonnes de *la matrice des coefficients techniques,* qui a servi à construire f.

D'où la définition suivante :

Définition

On appelle *rang d'une matrice* le rang de l'ensemble de vecteurs formé par ses colonnes.

En fait, on montre que le rang de l'ensemble des colonnes d'une matrice est égal au rang de l'ensemble de ses lignes. Donc, la recherche du rang d'une matrice peut se faire à partir de ses lignes ou de ses colonnes.

Pour déterminer le rang d'une matrice, on peut se servir de la méthode du pivot, ou de « faire apparaître des 0 », utilisée lors de l'étude des systèmes d'équations linéaires.

Exemple

Cherchons le rang de la matrice :

$$\mathbf{M} = \begin{pmatrix} 2 & 3 & 0 & 2 & -1 \\ 1 & 0 & 1 & 3 & 1 \\ 4 & 2 & -1 & 1 & -2 \\ 1 & 2 & 1 & 0 & 3 \end{pmatrix}.$$

Nous allons « faire apparaître des 0 » dans sa troisième colonne, celle dont les coefficients sont les plus simples, en nous servant de la troisième ligne comme « pivot ». Soit, en additionnant cette ligne à la deuxième et à la quatrième :

$$\begin{pmatrix} 2 & 3 & 0 & 2 & -1 \\ 5 & 2 & 0 & 4 & -1 \\ 4 & 2 & -1 & 1 & -2 \\ 5 & 4 & 0 & 1 & 1 \end{pmatrix}$$

En utilisant la dernière ligne comme pivot, en l'additionnant aux deux premières, on fait apparaître des 0 dans la dernière colonne ; soit :

$$\begin{pmatrix} 7 & 7 & 0 & 3 & 0 \\ 10 & 6 & 0 & 5 & 0 \\ 4 & 2 & -1 & 1 & -2 \\ 5 & 4 & 0 & 1 & 1 \end{pmatrix}$$

On voit alors immédiatement que les 4 dernières colonnes de cette matrice, équivalente à **M**, sont linéairement indépendantes (de même pour ses quatre lignes). Si le lecteur a un doute, il peut le constater en combinant les deux premières lignes de façon à « faire apparaître un 0 » à la place du 3 de la première ligne de la matrice ci-dessus.

Inversion d'une matrice

Étant donné une matrice quelconque **A**, on se demande s'il existe une matrice **B** telle que :

$$\mathbf{BA} = \mathbf{AB} = \mathbf{I}$$

où **I** est une matrice unité. Notons que pour que les égalités ci-dessus aient un sens, il faut que **A**, et donc **B**, soit carrée.

S'il existe une matrice **B** telle que $\mathbf{AB} = \mathbf{BA} = \mathbf{I}$, on dit que c'est *la matrice inverse de* **A**, et on la note $\mathbf{A}^{-1}$. Elle est forcément unique : en effet, s'il existait **C** telle que $\mathbf{CA} = \mathbf{I}$, alors, en multipliant « à gauche » par **C** les deux membres de l'égalité $\mathbf{AB} = \mathbf{I}$, on aurait : $\mathbf{CAB} = \mathbf{C}$, soit, comme $\mathbf{CA} = \mathbf{I}$, $\mathbf{B} = \mathbf{C}$.

Déterminons une condition nécessaire et suffisante pour que **A** ait une inverse. Pour cela, rappelons que comme nous l'avons vu précédemment, on peut considérer que **A** représente une application linéaire. Comme **AX** est l'image de **X** par cette application, et comme par définition de $\mathbf{A}^{-1}$ on doit avoir $\mathbf{A}^{-1}\,\mathbf{AX} = \mathbf{X}$, pour que $\mathbf{A}^{-1}$ existe il faut que cette application soit surjective et injective (chaque élément de l'espace d'arrivée est l'image d'un, et d'un seul, élément de l'espace de départ). Comme **A** est forcément carrée, il s'ensuit que espace de départ et espace d'arrivée ont la même dimension.

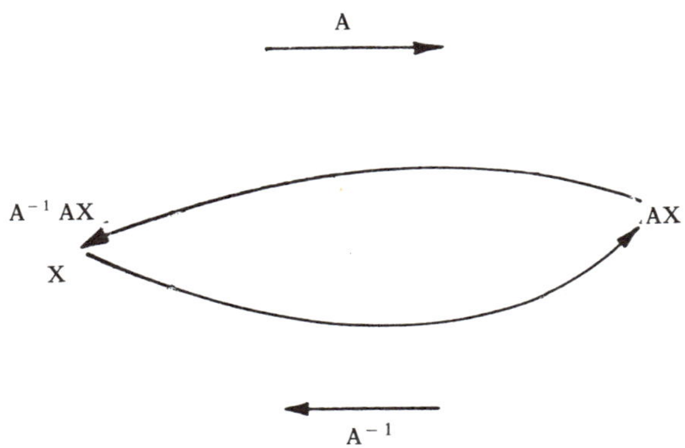

Pour que f soit surjective, il faut donc que le rang de f soit égal à cette dimension. En outre, si cette condition est vérifiée, alors il résulte du théorème des dimensions (puisqu'alors : dimension de l'espace de départ = dimension de l'espace d'arrivée = rang f) que $\dim \ker f = 0$, donc que f est injective. En résumé :

pour qu'une matrice soit inversible, il faut et il suffit qu'elle soit carrée et que son rang soit égal à sa dimension (c'est-à-dire à son nombre de lignes, ou de colonnes).[1]

Calcul pratique de l'inverse d'une matrice

Nous allons voir que ce calcul se ramène à la résolution d'un système d'équations linéaires.

Pour cela, on va considérer, par exemple, une matrice 3 × 3 quelconque. Soit :

$$\mathbf{B} = \begin{pmatrix} a & b & c \\ d & e & f \\ g & h & i \end{pmatrix}$$

Si on « prémultiplie » cette matrice par la matrice ligne $(x\ y\ z)$, on a :

$$(x \quad y \quad z) \begin{pmatrix} a & b & c \\ d & e & f \\ g & h & i \end{pmatrix} = (xa + yd + zg \quad xb + ye + zh \quad xc + yf + zi)$$

Le membre de droite pouvant se mettre sous la forme :

$$x\,(a \quad b \quad c) + y\,(d \quad e \quad f) + z\,(g \quad h \quad i)$$

on voit que le produit considéré est donné par une *combinaison linéaire, pondérée par x, y et z, des lignes de* **B**.

Soit, si on appelle $\mathbf{B}_1$, $\mathbf{B}_2$ et $\mathbf{B}_3$ ces lignes :

$$(x \quad y \quad z)\,\mathbf{B} = (x \quad y \quad z) \begin{pmatrix} \mathbf{B}_1 \\ \mathbf{B}_2 \\ \mathbf{B}_3 \end{pmatrix} = x\mathbf{B}_1 + y\mathbf{B}_2 + z\mathbf{B}_3.$$

Appliquons cette propriété pour trouver la matrice recherchée. Soit une matrice **A** donnée et soit **B** son inverse (on les supposera (3 × 3)) ; donc :

$$\mathbf{AB} = \mathbf{I}$$

ou encore :

1. On définit parfois des « inverses à gauche » et des « inverses à droite », mais nous ne n'en occuperons pas ici (de toutes façons, si la matrice est carrée, ils sont forcément égaux). Ce type d'inverse n'a pas d'intérêt pour l'économiste.

$$(1) \qquad \mathbf{A}\begin{pmatrix}\mathbf{B}_1\\ \mathbf{B}_2\\ \mathbf{B}_3\end{pmatrix}=\begin{pmatrix}1&0&0\\0&1&0\\0&0&1\end{pmatrix}.$$

On est donc en présence d'un système d'équations linéaires, dont les coefficients sont donnés par les éléments de **A**, et dont les inconnues sont les *matrices lignes* $\mathbf{B}_1$, $\mathbf{B}_2$ et $\mathbf{B}_3$.

Donnons un exemple, en posant $(1 \quad 0 \quad 0) = \mathbf{E}_1$, $(0 \quad 1 \quad 0) = \mathbf{E}_2$ et $(0 \quad 0 \quad 1) = \mathbf{E}_3$ et en prenant pour **A** :

$$\mathbf{A}=\begin{pmatrix}1&2&0\\1&2&4\\0&1&1\end{pmatrix}.$$

Le système (1), représentant $\mathbf{AB} = \mathbf{I}$, s'écrit ici :

$$\begin{aligned}\mathbf{B}_1 + 2\mathbf{B}_2 \qquad\quad &= \mathbf{E}_1\\ \mathbf{B}_1 + 2\mathbf{B}_2 + 4\mathbf{B}_3 &= \mathbf{E}_2\\ \mathbf{B}_2 + \ \mathbf{B}_3 &= \mathbf{E}_3\end{aligned}$$

En « faisant apparaître des 0 » dans la première colonne, on obtient :

$$\begin{aligned}\mathbf{B}_1 + 2\mathbf{B}_2 \qquad\quad &= \mathbf{E}_1\\ 4\mathbf{B}_3 &= \mathbf{E}_2 - \mathbf{E}_1\\ \mathbf{B}_2 + \ \mathbf{B}_3 &= \mathbf{E}_3\end{aligned}$$

D'où :

$$\begin{aligned}\mathbf{B}_3 &= (\mathbf{E}_2 - \mathbf{E}_1)/4 = (-1/4,\ 1/4,\ 0)\\ \mathbf{B}_2 &= \mathbf{E}_3 - \mathbf{B}_3 = (1/4,\ -1/4,\ 1)\\ \mathbf{B}_1 &= \mathbf{E}_1 - 2\mathbf{B}_2 = (1/2,\ 1/2,\ -2)\end{aligned}$$

La matrice inverse de **A** est donc :

$$\mathbf{A}^{-1}=\mathbf{B}=\begin{pmatrix}1/2&1/2&-2\\1/4&-1/4&1\\-1/4&1/4&0\end{pmatrix}.$$

Remarque

La solution d'un système d'équations linéaires $\mathbf{AX} = \mathbf{U}$, où **A** est carrée de format (n, n) et de rang n, est donnée par $\mathbf{X} = \mathbf{A}^{-1}$ **U**. Mais, pratiquement, on trouve plus rapidement cette solution en appliquant la méthode du « pivot » qu'en cherchant l'inverse de **A**.

Application : le modèle de Léontieff

On considère une économie comportant n biens, dont les quantités sont données par une matrice colonne **X**. Pour produire **X**, il faut faire appel à des matières premières ; si on suppose que la consommation de ces dernières augmente proportionnellement à la quantité produite de chaque bien, alors le besoin en matières premières pour produire les quantités de biens représentées par **X** sera donnée par **AX**, où **A** est la matrice des coefficients techniques (voir, à titre d'exemple, le cas du « papier-carton » traité au début de ce chapitre). Comme ici on considère *tous* les biens produits dans l'économie, ces biens pouvant eux-mêmes servir de matières premières, la matrice **A** sera carrée, de format (n, n).

Par conséquent, la production **X**, à un moment donné, de l'économie sert, d'une part, pour les consommations intermédiaires, représentées par **AX**, d'autre part, pour la consommation finale (ou l'« épargne ») des agents, **Y** (on peut considérer **Y** comme étant le « surplus » résultant de la production). Soit :

$$\mathbf{X} = \mathbf{AX} + \mathbf{Y}$$

ce qui s'écrit :

$$\mathbf{Y} = (\mathbf{I} - \mathbf{A})\,\mathbf{X}$$

Si $\mathbf{I} - \mathbf{A}$ est inversible, alors le niveau de production **X**, compte tenu des consommations intermédiaires, nécessaires pour dégager un surplus **Y**, est donné par :

$$\mathbf{X} = (\mathbf{I} - \mathbf{A})^{-1}\,\mathbf{Y}$$

Deux problèmes se posent à propos de ce résultat :

— la matrice $\mathbf{I} - \mathbf{A}$ est-elle inversible ? On peut le supposer sans trop de problèmes : il est très peu probable que les coefficients techniques qui forment **A** soient tels que les lignes, ou colonnes, de $\mathbf{I} - \mathbf{A}$ soient liées ;

— comme **X** représente des productions, il ne peut avoir d'éléments négatifs : il y a là un problème important (traduisant, en quelque sorte, le fait qu'une économie disposant d'une technologie donnée, ne peut produire « n'importe quoi »). On peut chercher à y répondre en remarquant que :

$$(\mathbf{I} + \mathbf{A} + \mathbf{A}^2 + \dots + \mathbf{A}^{n-1})\,(\mathbf{I} - \mathbf{A}) = \mathbf{I} - \mathbf{A}^n$$

(même calcul que lors de l'étude d'une progression géométrique, la matrice **A** jouant ici le rôle de la raison q : cf. chapitre V).

Si $\mathbf{A}^n$ tend vers $\mathbf{0}$ lorsque n tend vers l'infini, alors, à la limite, la relation ci-dessus s'écrit :

$$(\mathbf{I} + \mathbf{A} + \mathbf{A}^2 + \ldots)\,(\mathbf{I} - \mathbf{A}) = \mathbf{I}$$

ce qui montre, par définition de l'inverse de $\mathbf{I} - \mathbf{A}$, que :

$$(\mathbf{I} - \mathbf{A})^{-1} = \mathbf{I} + \mathbf{A} + \mathbf{A}^2 + \ldots.$$

Comme les éléments de $\mathbf{A}$ sont tous non négatifs, il en sera de même de ceux de $\mathbf{I} + \mathbf{A} + \mathbf{A}^2 + \ldots$, donc de $(\mathbf{I} - \mathbf{A})^{-1}$.

Notre problème est résolu, *à condition* que $\mathbf{A}^n$ tende vers $\mathbf{0}$ lorsque n tend vers l'infini. Cette condition est remplie, par exemple, lorsque la matrice $\mathbf{A}$ est « productive », c'est-à-dire lorsque les consommations intermédiaires, pour chaque bien, sont inférieures à la quantité produite (pour plus de détails, voir l'exercice 1 du chapitre XXIV d'*Algèbre Linéaire pour Économistes*, de B. Guerrien). Notons que la somme $\mathbf{I} + \mathbf{A} + \mathbf{A}^2 + \ldots$ a un sens économique précis : elle donne les diverses « vagues » successives pour produire la consommation finale, compte tenu des consommations intermédiaires nécessaires pour produire cette dernière, des consommations intermédiaires nécessaires pour produire ces consommations intermédiaires, etc.

Après avoir mis l'accent sur l'aspect « opérationnel » des matrices, aspect qui en font un des intérêts essentiels, nous allons revenir à la « théorie », en examinant de plus près leurs relations avec les applications linéaires.

Retour sur matrices et applications linéaires

Considérons, par exemple, une application linéaire de $\mathbb{R}^4$ dans $\mathbb{R}^3$. Soit $\{B_1, B_2, B_3, B_4\}$ une base de $\mathbb{R}^4$; tout vecteur X de cet espace pouvant s'écrire : $X = \alpha_1 B_1 + \alpha_i B_2 + \alpha_2 B_3 + \alpha_4 B_4$, on a, comme f est linéaire :

$$f(X) = \alpha_1 f(B_1) + \alpha_2 f(B_2) + \alpha_3 f(B_3) + \alpha_4 f(B_4) \tag{2}$$

Considérons maintenant une base $\{B_1', B_2', B_3'\}$ de l'espace d'arrivée, $\mathbb{R}^3$. Comme $f(B_1)$, $f(B_2)$, $f(B_3)$ et $f(B_4)$ sont des vecteurs de cet espace, on peut les écrire comme combinaisons linéaires (uniques) de la base $\{B_1', B_2', B_3'\}$. Soit :

$$\begin{aligned} f(B_1) &= a_{11}B_1' + a_{21}B_2' + a_{31}B_3' \\ f(B_2) &= a_{12}B_1' + a_{22}B_2' + a_{32}B_3' \\ f(B_3) &= a_{13}B_1' + a_{23}B_2' + a_{33}B_3' \\ f(B_4) &= a_{14}B_1' + a_{24}B_2' + a_{34}B_3' \end{aligned} \tag{3}$$

Si on reporte ces expressions des $f(B_j)$, $j = 1, ..., 4$, dans la formule (2) donnant $f(X)$, on obtient, après regroupement des termes :

$$
\begin{aligned}
f(X) &= (\alpha_1 a_{11} + \alpha_2 a_{12} + \alpha_3 a_{13} + \alpha_4 a_{14})\, B'_1 \\
&+ (\alpha_1 a_{21} + \alpha_2 a_{22} + \alpha_3 a_{23} + \alpha_4\, a_{24})\, B'_2 \qquad (3') \\
&+ (\alpha_1 a_{31} + \alpha_2 a_{32} + \alpha_3 a_{33} + \alpha_4 a_{34})\, B'_3.
\end{aligned}
$$

Donc : *si on connaît les coefficients* a_{ij}, $i = 1, ..., 3$, $j = 1, ..., 4$, *on peut obtenir les coordonnées, dans une base donnée, de n'importe quel vecteur X de l'espace de départ à partir des coordonnées de X dans cet espace.*

Comme les coefficients a_{ij} du système (3) sont les *coordonnées* des $f(B_j)$ dans la base $\{B'_1, B'_2, B'_3\}$, il est normal de les écrire sous la forme de matrices-colonne (cf. chapitre 18). En les regroupant, on obtient le tableau :

$$
\mathbf{A} = \begin{pmatrix} a_{11} & a_{12} & a_{13} & a_{14} \\ a_{21} & a_{22} & a_{23} & a_{24} \\ a_{31} & a_{32} & a_{33} & a_{34} \end{pmatrix}
$$

qui est appelé *matrice de f*, relativement aux bases $\{B_1, B_2, B_3, B_4\}$ et $\{B'_1, B'_2, B'_3\}$ des espaces de départ et d'arrivée, respectivement. Si on connaît la matrice de f relativement à des bases données, on peut donc connaître les coordonnées de l'image par f de n'importe quel vecteur de l'espace de départ.

Autrement dit : si on se donne une matrice par rapport à des bases données, on peut toujours lui associer une application linéaire, et vice versa.

Bien entendu, une même application linéaire sera représentée par des matrices différentes si on considère des bases différentes.

Exemple

Soit : $f(x, y) = (x + y, x - y, 2x + 3y)$. Prenons pour base d'arrivée la base canonique : $\{(1,0,0), (0,1,0), (0,0,1)\}$. Si la base de départ est aussi la base canonique, on a :

$$
f(1,0) = (1,1,2)
$$
$$
f(0,1) = (1,-1,3)
$$

la matrice associée étant (car dans la base canonique, et *seulement dans elle,* « une ligne devient une colonne ») :

$$\begin{pmatrix} 1 & 1 \\ 1 & -1 \\ 2 & 3 \end{pmatrix}$$

tandis que si la base de départ est : {((1,1), (2,1)}, on a :

$$f(1,1) = (2,0,5)$$
$$f(2,1) = (3,1,7)$$

et donc la matrice, dans la base canonique de l'espace d'arrivée :

$$\begin{pmatrix} 2 & 3 \\ 0 & 1 \\ 5 & 7 \end{pmatrix}$$

est complètement différente de la précédente, bien que représentant la même application linéaire.

Réciproquement, supposons qu'on nous donne la matrice $\begin{pmatrix} 1 & 2 & 1 \\ 5 & 4 & 6 \end{pmatrix}$, en précisant qu'elle représente une application linéaire f relativement à la base de départ {(1,0,1), (0,2,1), (1,1,0)} et à la base d'arrivée {(1,2), (2,1)}.

Comme la première colonne de la matrice, $\begin{pmatrix} 1 \\ 5 \end{pmatrix}$, donne les coordonnées de l'image, dans la base d'arrivée, du premier élément de la base de départ, $f(1,0,1)$, on a :

$$f(1,0,1) = 1\ (1,2) + 5\ (2,1) = (11,7)$$

De même, en raisonnant avec la deuxième colonne de la matrice $\begin{pmatrix} 2 \\ 4 \end{pmatrix}$:

$$f(0,2,1) = 2\ (1,2) + 4\ (2,1) = (10,8)$$

et avec la troisième colonne, $\begin{pmatrix} 1 \\ 6 \end{pmatrix}$:

$$f(1,1,0) = 1\ (1,2) + 6\ (2,1) = (13,8)$$

Donc, on a obtenu les images par f de trois vecteurs d'une base de l'espace de départ : on peut déterminer $f(x, y, z)$ selon la méthode développée au chapitre précédent.

Remarques

— Par construction, le nombre de colonnes d'une matrice donne la dimension de l'espace de départ (chaque colonne correspondant à l'image d'un vecteur d'une base de l'espace de départ), le nombre de lignes donnant celle de l'espace d'arrivée ;

— Si on se réfère à la formule (3') donnant $f(X)$, on retrouve la règle du produit matriciel « ligne par colonne » :

$$\begin{pmatrix} a_{11} & a_{12} & a_{13} & a_{14} \\ a_{21} & a_{22} & a_{23} & a_{24} \\ a_{31} & a_{32} & a_{33} & a_{34} \end{pmatrix} \begin{pmatrix} \alpha_1 \\ \alpha_2 \\ \alpha_3 \\ \alpha_4 \end{pmatrix} = \begin{pmatrix} a_{11}\alpha_1 + a_{12}\alpha_2 + a_{13}\alpha_3 + a_{14}\alpha_4 \\ a_{21}\alpha_1 + a_{22}\alpha_2 + a_{23}\alpha_3 + a_{24}\alpha_3 \\ a_{31}\alpha_1 + a_{32}\alpha_2 + a_{33}\alpha_3 + a_{34}\alpha_4 \end{pmatrix}$$

(ce qui est cohérent avec nos notations : les α_i étant des coordonnées, on les écrit sous la forme d'une colonne ; de même pour le membre de droite, donnant des coordonnées dans la base $\{B_1', B_2', B_3'\}$).

Plus généralement, si on se donne une autre matrice, **C**, représentant une application g de $\mathbb{R}^3$, espace d'arrivée de f, dans un autre espace, muni d'une base précise, alors on vérifie aisément, par un raisonnement similaire au précédent, que le produit des deux matrices, **CA**, est la matrice de l'application composée $g \circ f$, par rapport aux bases de référence.

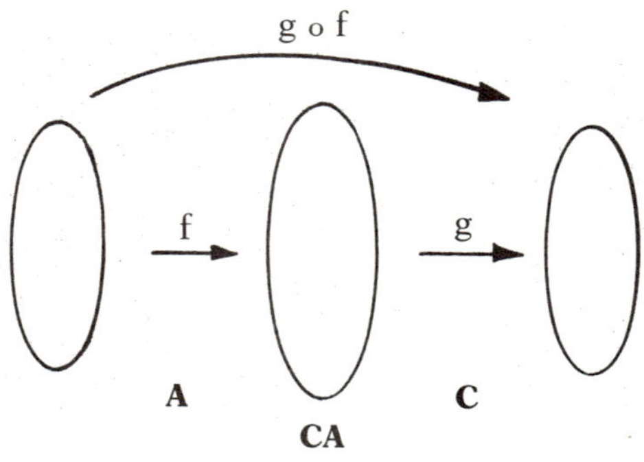

Bien entendu, les résultats précédents sont valables quel que soit l'espace de départ et d'arrivée considérés (à condition qu'ils soient de dimension finie).

— Lorsqu'on est en présence d'une matrice **A**, ou d'un système d'équations linéaires de la forme **AX** = **U**, sans autre précision, on peut toujours supposer qu'ils sont définis par rapport à la base canonique (cas le plus simple, où on peut raisonner indifféremment sur les lignes ou sur les colonnes). Ainsi, par exemple, on peut considérer que :

$$\begin{pmatrix} 1 & 2 & 3 \\ 2 & 7 & 6 \end{pmatrix}$$

représente $f(x, y, z) = (x + 2y + 3z, 2x + 7y + 6z)$, par rapport aux bases canoniques.

Diagonalisation d'une matrice carrée

Soit une matrice carrée **A**, de format (n, n), que l'on peut supposer représenter une application linéaire de $\mathbb{R}^n$ dans $\mathbb{R}^n$, par rapport aux bases canoniques. Supposons qu'il existe n vecteurs linéairement indépendants P_i, $i = 1, ..., n$, de $\mathbb{R}^n$ tels que :

$$f(P_i) = \lambda_i P_i \qquad i = 1, ..., n. \tag{4}$$

Si on prend $\{P_1, ..., P_n\}$ comme base de départ et d'arrivée, la matrice de f par rapport à ces bases sera, en raison des égalités (4) :

$$\mathbf{D} = \begin{pmatrix} \lambda_1 & 0 & 0 & \ldots\ldots & 0 \\ 0 & \lambda_2 & 0 & \ldots\ldots & 0 \\ . & . & . & \ldots\ldots & 0 \\ 0 & 0 & 0 & \ldots\ldots & \lambda_n \end{pmatrix}$$

On dit que **D** est une *matrice diagonale.*

Il résulte également de (4), si **A** est la matrice de f par rapport aux bases canoniques (les vecteurs P_i pouvant s'écrire « en colonne ») que :

$$\mathbf{AP}_i = \lambda_i \mathbf{P}_i \qquad \mathrm{i} = 1, ..., n$$

ces n égalités pouvant être regroupées de la façon suivante :

$$\mathbf{A}\,(\mathbf{P}_1\ \mathbf{P}_2\ .....\ \mathbf{P}_n) = (\lambda_1\mathbf{P}_1\ \lambda_2\mathbf{P}_2\ ...\ \lambda_3\mathbf{P}_3)$$

où les termes dans les parenthèses représentent des matrices colonne. Ce qui peut se mettre sous la forme, en notant **P** la matrice dont les colonnes sont formées par les $\mathbf{P}_i$:

$$\mathbf{AP} = \mathbf{PD} \tag{5}$$

P étant inversible, puisque les $\mathbf{P}_i$ sont supposés linéairement indépendants, en multipliant à droite les deux membres de (5) par $\mathbf{P}^{-1}$, on obtient :

$$\mathbf{A} = \mathbf{PDP}^{-1} \tag{6}$$

relation entre **A** et sa matrice diagonale associée. La relation (6) est très pratique ; ainsi, comme :

$$(7) \qquad \mathbf{A}^n = (\mathbf{PDP}^{-1})\,(\mathbf{PDP}^{-1}) \ldots (\mathbf{PDP}^{-1}) = \mathbf{PD}^n\,\mathbf{P}^{-1}.$$

elle donne une façon facile de calculer $\mathbf{A}^n$. Remarquons qu'il résulte de (7) que pour que $\mathbf{A}^n$ tende vers la matrice **0**, de format (n, n), il faut et il suffit que $|\lambda_i| < 1$, $i = 1, \ldots, n$.

Évidemment, tout le problème consiste à déterminer les *vecteurs propres* P_i et les *valeurs propres* λ_i, ce qui se ramène, comme d'habitude, à la résolution d'un système d'équations linéaires (ici (4)). Résolution qui n'est pas toujours simple, en raison de l'« interférence » des paramètres λ_i. D'ailleurs, il se peut qu'*il n'existe pas n* vecteurs linéairement indépendants P_i vérifiant la relation (4). Pour plus de détails, se reporter à *Algèbre Linéaire pour Économistes*, de B. Guerrien.

Exercices

1. Soit la matrice :

$$\mathbf{M} = \begin{pmatrix} 0 & a & b & c \\ 0 & 0 & d & e \\ 0 & 0 & 0 & f \\ 0 & 0 & 0 & 0 \end{pmatrix}$$

Calculer $\mathbf{M}^2$, $\mathbf{M}^3$, puis $\mathbf{M}^n$.

2. Soient deux matrices **A**, de format (m, n), et **B**, de format (p, q). Quelles conditions doivent vérifier m, n, p et q pour que l'on puisse effectuer les produits **AB** et **BA** ?

3. Soient les matrices :

$$\mathbf{P} = \begin{pmatrix} 2 & 0 \\ 2 & 4 \\ 4 & 2 \end{pmatrix} \text{ et } \mathbf{Q} = \begin{pmatrix} 1 & 1 & -2 \\ 1 & -1 & 0 \end{pmatrix}$$

Calculer **PQ** et **QP**.

4. Développer $(\mathbf{A} + \mathbf{B})^3$.

5. Donner l'application linéaire f associée à la matrice :

$$\begin{pmatrix} 2 & 4 \\ 1 & 1 \\ 6 & 5 \end{pmatrix}$$

par rapport aux bases $\{(1,2), (1,0)\}$ et $\{(2,1,1), (1,4,2), (1,2,3)\}$.

6. Déterminer vecteurs et valeurs propres de $\mathbf{A} = \begin{pmatrix} 1 & 1 \\ 1/4 & 1 \end{pmatrix}$. En déduire $\mathbf{A}^n$.

CE QU'IL FAUT RETENIR DE CE CHAPITRE

- on ne peut additionner que des matrices de même format ;
- pour pouvoir faire le produit de deux matrices, il faut que le nombre de colonnes de la première matrice du produit soit égal au nombre de lignes de la seconde ;
- en général, le produit matriciel n'est pas commutatif ;
- se rappeler de la façon dont on additionne et multiplie les matrices (si les conditions de format sont vérifiées) ;
- une matrice représente une application linéaire, par rapport à des bases données.
- on appelle *transposée* de la matrice **A** la matrice, notée **A'** ou $^{T}\mathbf{A}$, dont les lignes sont les colonnes de **A**. En particulier, on a :

$$(\mathbf{AB})' = \mathbf{B}'\mathbf{A}'.$$

SEPTIÈME PARTIE
Statistique

Dans cette partie, nous allons aborder certains éléments de statistique de base, que doivent connaître tous ceux qui s'intéressent aux faits et qui ont à traiter avec des données chiffrées.

Le problème central, devant celles-ci, c'est d'en tirer le maximum d'information, tout en ne se laissant pas submerger par elle. La question essentielle pour le statisticien consiste donc à « résumer » au maximum, grâce à certains indicateurs choisis par lui, l'information fournie par les tableaux de chiffres dont il dispose, tout en ne « sacrifiant » pas trop cette information, en ne lui enlevant pas une bonne partie de sa substance.

Il n'existe, évidemment, pas de solution idéale à ce problème : il faut à la fois éviter de sombrer dans le simplisme, en résumant par deux ou trois nombres une masse de chiffres, sans avoir une attitude pointilliste, interdisant d'en extraire quoi que ce soit.

En fait, il faut procéder au cas par cas, la décision finale relevant de l'utilisateur : économiste, sociologue, etc., le statisticien ne lui fournissant que les moyens de l'appliquer. Ce problème de choix se pose d'ailleurs au niveau même de la collecte des données : quelle population va-t-on étudier (toute ? un échantillon ? de quelle taille ?) ? Comment va-t-on la définir (les célibataires peuvent-ils être considérés comme des ménages ? Prendra-t-on en compte, ou pas, les étrangers ? Si oui, comment le faire : touristes, immigrés, etc.) ?

Ici, nous ne nous intéresserons pas à ce problème, pourtant très important, qui doit faire l'objet d'un traitement particulier. Nous nous contenterons de mettre l'accent sur un certain nombre de techniques de base, que toute personne travaillant avec des données statistiques doit connaître.

Cette partie comporte 8 chapitres : les cinq premiers ont trait aux distributions selon un seul caractère, les trois suivants introduisant à l'étude des modèles et à la très importante méthode des moindres carrés.

Du point de vue mathématique, les techniques utilisées sont très simples, surtout dans les cinq premiers chapitres. Seule une connaissance des propriétés (élémentaires) du symbole Σ (sommation) est utile. Ce qui est important, c'est de *comprendre la signification « concrète » des formules* représentant les divers concepts (moyennes diverses, variance, indices, etc.).

Cette partie est, pour l'essentiel, indépendante des précédentes : elle peut donc être étudiée en premier, si nécessaire.

CHAPITRE XX

Population, caractères, modalités

La statistique travaille sur des *populations*, ensembles dont les éléments sont appelés parfois des *individus*. Ces appellations sont la conséquence de la place prépondérante qu'a occupée la démographie aux débuts de la statistique. Mais, il est évident que les termes « population » et « individu » s'appliquent à tout genre d'objets : automobiles, logements, ménages, etc.

Un des problèmes essentiels, lorsqu'on fait une étude statistique, c'est de *bien préciser quelle est la population étudiée*. Ainsi, si celle-ci est le parc automobile d'une certaine ville, entend-on par là les voitures immatriculées dans cette ville, ou dans le département ? Quelle importance donner au trafic de passage (important si on s'intéresser à l'infrastructure routière) ? Les poids lourds doivent-ils être pris en compte ? Nous ne reviendrons pas sur ce problème, qui ressort plus de la personne qui veut faire l'étude que du statisticien. Retenons seulement que le choix de la population doit être précisé dans toute étude sérieuse, car les résultats peuvent, du moins partiellement, en dépendre.

Caractères et modalités

Les éléments d'une population, voitures, logements, ménages, etc. sont des objets complexes, aux multiples facettes. Mais, en fonction de l'objectif du chercheur, l'accent est mis sur certaines d'entre elles : ce sont les *caractères* de la population étudiée. Ainsi, dans le cas des voitures, ce peut être la puissance, fiscale ou réelle, la consommation de carburant, la couleur, la marque, etc.

Ici aussi, le choix des caractères retenus ne dépend pas du statisticien : il traduit une certaine part de subjectivité.

On étudie un caractère selon ses *modalités*, c'est-à-dire selon les diverses formes, ou valeurs, qu'il peut prendre. Par exemple, si on retient le cas des voitures, et si le caractère considéré est la couleur, ces modalités peuvent être « bleu », « vert », « blanc », « noir », etc. Ici encore, un choix doit être opéré quant à la gamme de couleurs retenue : tiendra-t-on compte de toutes les nuances du bleu, du vert, etc. ?

Cet exemple nous permet de voir qu'il existe deux grandes catégories de caractères : les *caractères qualitatifs* et les *caractères quantitatifs*.

Les caractères qualitatifs

Ce sont les caractères dont les modalités ne peuvent être ordonnées, de la même façon qu'on ordonne des nombres. C'est le cas de la couleur (on ne peut dire que le « bleu » est « plus grand » que le vert, etc.), de la marque, du sexe, de la catégorie socio-professionnelle, etc.

Il arrive que l'on affecte un nombre à des caractères qualitatifs — lorsqu'on construit une nomenclature, par exemple — car cela facilite l'étude statistique (cela va plus vite d'écrire « 3 » que « blanc »), surtout lorsqu'on utilise des ordinateurs, mais il faut bien voir que le choix de ces nombres est arbitraire, et ne traduit nullement une relation d'ordre. Ainsi, si on attribue le 1 au sexe masculin et le 2 au sexe féminin, cela ne veut pas dire que ce dernier soit « supérieur » au précédent, bien que $2 > 1$!

Afin de traduire l'aspect « non ordonné » des modalités des caractères qualitatifs, on évite de représenter ceux-ci en faisant appel à un système d'axes (ordonnés, « dans le sens de la flèche ») ; on adopte plutôt une représentation « circulaire », en « camembert » ou en demi-cercle, comme dans les exemples ci-dessous.

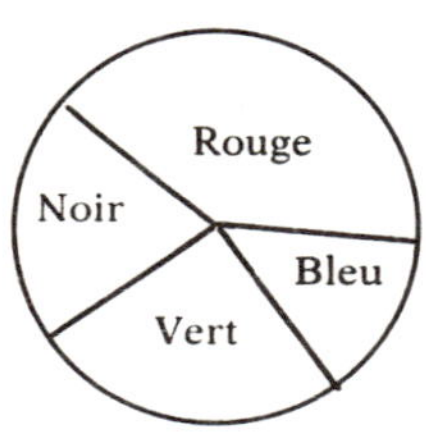

couleur

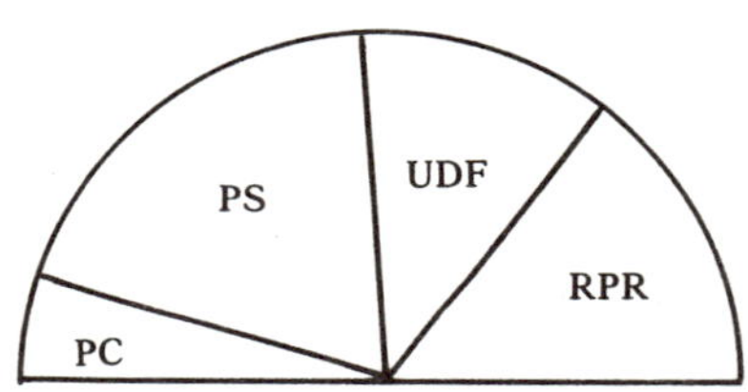

population des députés
selon le parti
auquel ils appartiennent

Évidemment, « camembert » ou demi-cercle sont partagés en proportion du nombre d'individus correspondant, dans la population considérée, aux diverses modalités retenues. On peut également adopter, dans le cas où le caractère est quantitatif, une représentation « en tuyau », comme dans l'exemple suivant :

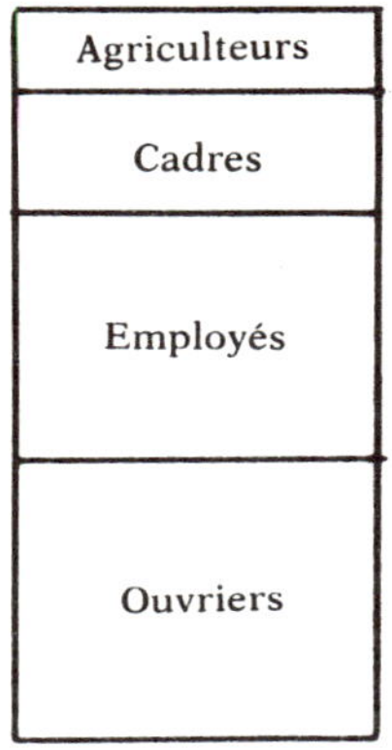

population active
selon la catégorie
socio-professionnelle
du chef de ménage

En raison du caractère « non ordonné » des modalités des caractères qualitatifs, on ne peut leur appliquer les techniques de calcul utilisées avec les nombres ; autrement dit, on ne peut en donner un « résumé » par quelques chiffres significatifs. C'est pourquoi leur étude statistique s'avère être très limitée, en dehors de l'étude graphique. Par la suite, nous ne nous intéresserons donc qu'aux caractères quantitatifs.

Les caractères quantitatifs

Ce sont des caractères dont les modalités sont mesurées par des nombres, et qui peuvent être ordonnées. Par exemple : puissance ou consommation de carburant d'une voiture, âge ou revenu d'un individu, nombre de pièces ou surface d'un logement, etc. On parle aussi, dans ce cas, de *variable statistique*, les modalités du caractère qu'elle représente étant les valeurs prises par cette « variable ».

Selon la forme de ces valeurs, on distingue deux types de caractères quantitatifs : ceux qui sont *discrets* et ceux qui sont *continus*.

a) *Caractères quantitatifs discrets*

Ce sont des caractères dont le nombre de modalités est fini. En général, ces dernières sont représentées par des nombres entiers. Par exemple, nombre d'enfants d'un ménage, nombre de pièces d'un logement, puissance fiscale d'une voiture, etc. Mais cela peut ne pas être le cas : ainsi, dans les études de consommation, les ménages sont caractérisés par des « unités de consommation » : 1 personne, 1 unité ; 2 personnes, 1,7 unités, toute autre personne comptant pour 0,5 unité, cela afin de tenir compte des dépenses communes (les dépenses d'électricité ne doublent pas lorsque l'on passe d'une à deux personnes, sous un même toit).

Lorsqu'on est en présence d'un caractère quantitatif discret, on le représente par un *diagramme en bâtons*, qui traduit bien le fait que les modalités du caractère sont « espacées ».

Exemple

Le tableau suivant, donnant la répartition de 100 ménages selon le nombre d'enfants qu'il comporte :

nombre d'enfants	0	1	2	3	4	5
nombre de ménages	15	25	30	18	10	2

peut être représenté par le diagramme en bâtons :

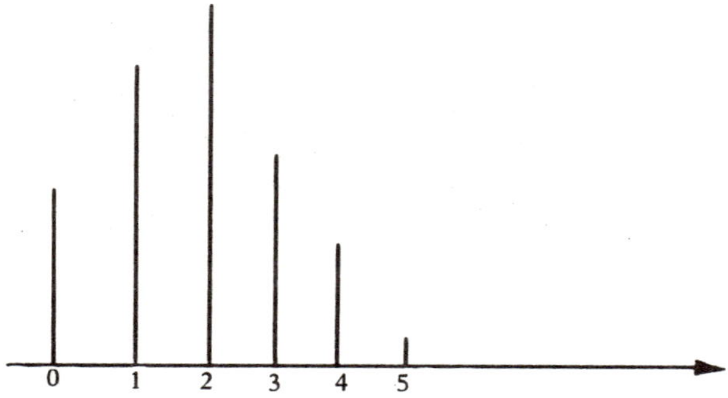

b) *Caractères quantitatifs continus*

Ce sont des caractères ayant une *infinité de modalités*, dont on ne peut distinguer, ou séparer, celles qui sont « contiguës » : le mot « continu », dont nous avons vu le sens mathématique au chapitre I, traduit cette idée. Évidemment, dans la pratique, il n'existe pas vraiment de caractère complètement continu. Ainsi, si on prend un cas classique, celui du revenu, il y a toujours un écart minimum entre deux modalités contiguës : 1 centime, ou 1 franc, selon les unités choisies. Mais, on peut considérer que cet écart est négligeable.

Comme ce qui caractérise le cas continu, c'est le très grand nombre de modalités (théoriquement, en nombre « infini »), on est obligé de regrouper celles-ci par *classes* (par exemple, des tranches de revenu) : le choix de ces dernières dépend des objectifs de l'étude, donc de chaque cas concret (plus elles sont « fines », plus on garde de l'information, mais plus la représentation risque d'être trop « riche », ou « chaotique » ; plus elles sont larges, plus on peut avoir « une belle courbe », mais au risque de sacrifier des aspects essentiels du phénomène étudié).

Un problème particulier se pose dans le cas continu : les classes ne sont pas obligatoirement de même taille, et il faut donc en tenir compte lors de la représentation graphique, comme nous allons le voir à travers l'exemple suivant.

Exemple

Considérons la répartition de 100 ménages selon le revenu du chef de famille donnée par le tableau suivant :

revenu	3 000 à 5 000	5 000 à 6 000	6 000 à 7 000	7 000 à 9 000
nombre de ménages	30	40	20	10

Les classes sont inégales ; comme la première et la dernière sont le double des autres, il est normal de diviser leurs effectifs par deux, de façon à rendre comparables les situations (ce qui revient, par exemple, à répartir de façon égale les 30 ménages de la première classe, allant de 3 000 à 5 000, en deux classes : 15 ménages dans la première, 3 000-4 000, 15 dans la seconde, 4 000-5 000. De même pour la dernière classe). D'où la représentation :

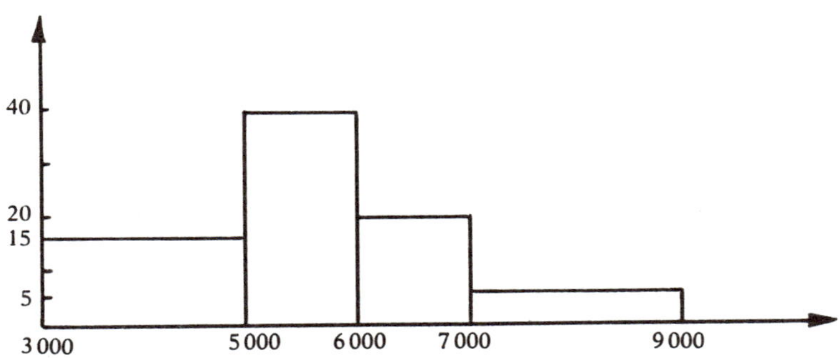

Cette figure est appelée un *histogramme*. Le principe de construction d'un histogramme est donc le suivant : on prend une longueur de classe de référence, en général la plus petite (dans le cas précédent : 1 000) et dans chaque classe dont la longueur est égale à n fois cette longueur de référence, on divise les effectifs par n (dans l'exemple précédent, $n = 2$ dans la première classe).

Donnons un autre exemple :

modalités	0-150	150-250	250-300	300-350	350-550
effectif	30	25	25	15	20

La « longueur » minimum étant de 50, on la prend pour référence. La « longueur » de la première classe étant égale à 3 fois 50, on divise, pour la représentation graphique, les effectifs de cette classe par 3 (« hauteur » du « tuyau » correspondant égale à : 30/3 = 10) ; pour les mêmes raisons, on divise ceux de la deuxième par 2 et ceux de la cinquième par 200/50 = 4. Soit :

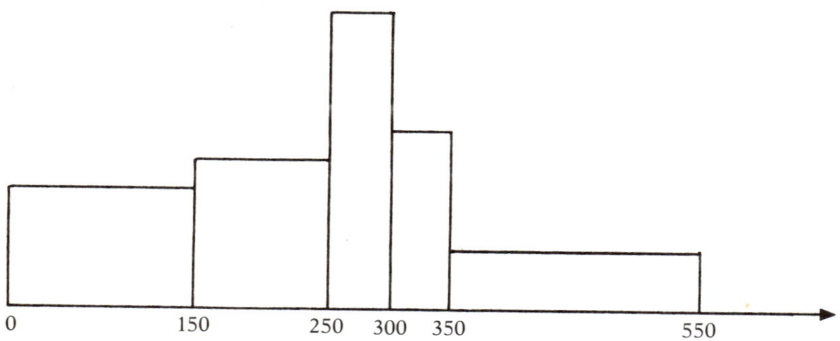

Afin de voir comment le regroupement en classes de plus en plus grosses se traduit par une perte d'information, supposons que l'on fasse une étude plus fine, dans le cas précédent, *avec les mêmes individus,* et que l'on obtienne :

0-50	50-100	100-150	150-250	250-300	300-350	350-450	450-550
5	15	10	25	25	15	7	13
30 (0-150)						20 (350-550)	

D'où l'histogramme :

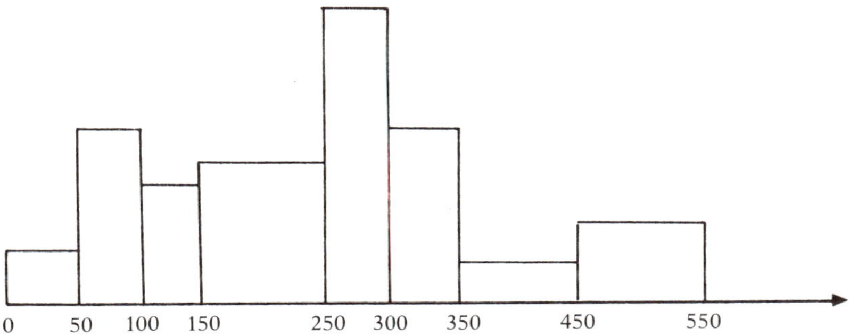

qui diffère assez du précédent, bien qu'il représente la même population, selon le même caractère (mais « en plus fin »). Ainsi, on voit apparaître des « pointes » entre 50 et 100 et entre 450 et 550, « pointes » qui avaient été auparavant « lissées » par le regroupement en classes (supposant implicitement une répartition uniforme des effectifs à l'intérieur de chaque classe).

Remarquons, pour terminer, que, selon les unités choisies, et le nombre de modalités retenues, un caractère peut être considéré soit comme discret, soit comme continu. Par exemple, l'âge : le compte-t-on en années (discret) ou en jours, ou même, cas extrême, en secondes (cas continu) ? Si on considère une vie entière, le diagramme en bâtons est peu pratique, un regroupement en classes, avec la part d'arbitraire qu'il comporte, s'avérant nécessaire. Mais si on considère un nombre d'années limité, celles de la scolarisation, par exemple, la représentation en bâtons ne pose pas problème.

CHAPITRE XXI

Caractéristiques de valeur centrale

Le premier réflexe devant une distribution statistique, donnant la répartition d'une population selon les valeurs prises par les modalités d'un caractère, c'est de « résumer » cette dernière par un chiffre. Ce qui permet, notamment, la comparaison avec les valeurs prises par ce caractère dans d'autres populations. On qualifie ce chiffre de « valeur centrale ». Mais celle-ci peut être définie de plusieurs façons différentes, dont les plus fréquemment utilisées sont le mode, la médiane et la moyenne.

Le mode

C'est la modalité du caractère, ou la valeur de la variable, la plus fréquemment observée.

Graphiquement, on le détermine en considérant le « bâton », dans le cas discret, ou le « tuyau », dans le cas continu, le plus élevé. Dans le second cas, on parle plutôt de *classe modale.* Soit par exemple :

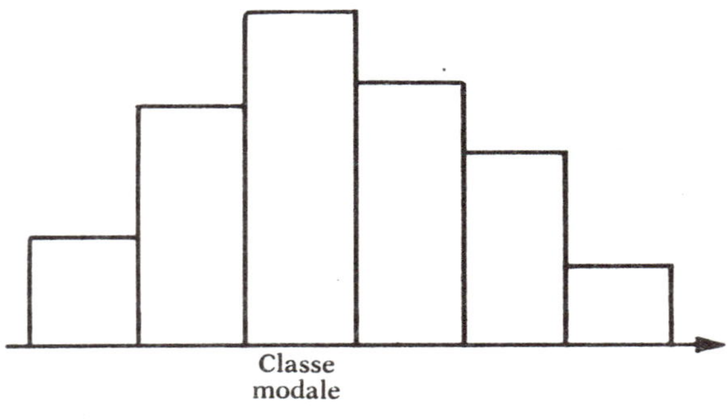

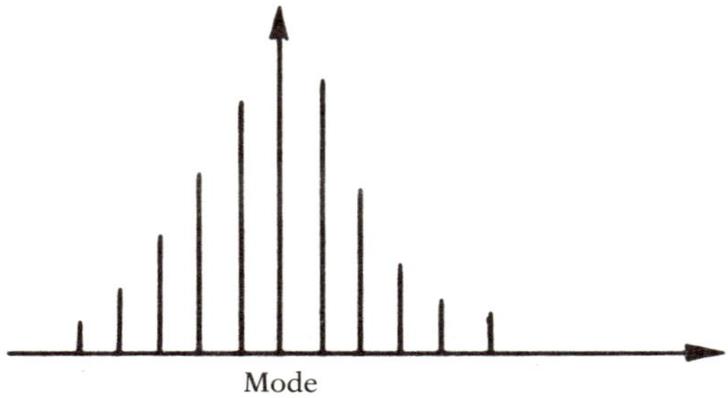

L'avantage du mode, c'est de pouvoir être déterminé immédiatement, pratiquement sans calcul.

Son inconvénient, c'est qu'il peut ne pas être unique (diagramme ayant deux « pics » de même hauteur) et, surtout, ne pas toujours être une caractéristique de valeur « centrale », comme dans les cas décrits ci-dessous (distribution à deux « pics », même s'ils ne sont pas de même hauteur, ou effectif relativement peu élevé pour la modalité donnant le mode).

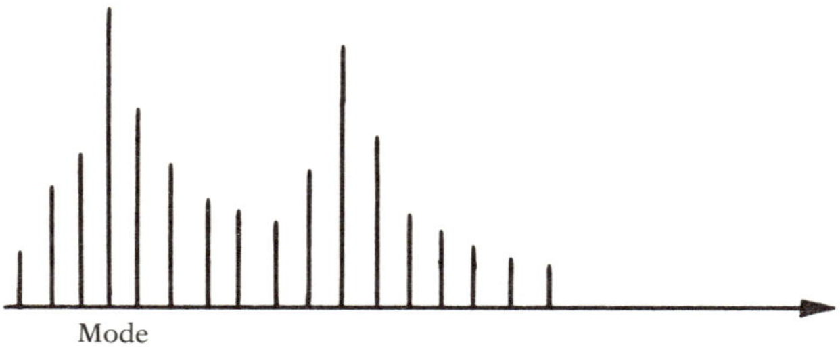

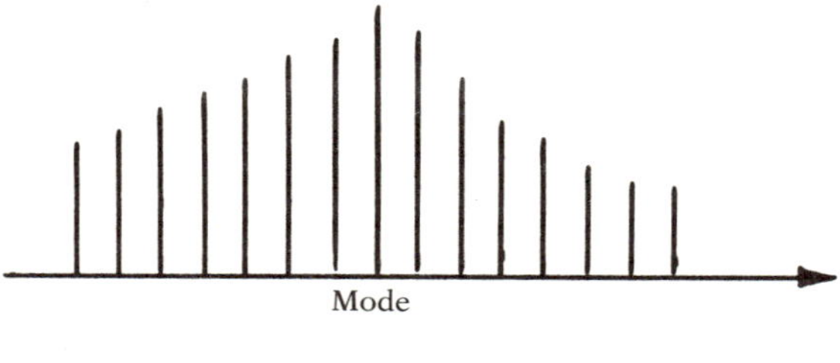

La médiane

C'est la modalité du caractère prise par l'individu se trouvant « au milieu » de la distribution, *les individus étant rangés en fonction de la valeur prise par le caractère,* pour chacun d'entre eux. On la note M_e.

Pour illustrer cette définition, reprenons l'exemple du chapitre précédent sur le nombre d'enfants d'une population de ménages. Pour déterminer la médiane, on range ces derniers de la façon suivante : on place d'abord les ménages n'ayant pas d'enfant, puis, « derrière eux », les ménages ayant un enfant, puis, « derrière » ces derniers, ceux ayant deux enfants, et ainsi de suite...

nombre d'enfants	0	1	2	3	4	5
nombre de ménages	15	25	30	18	10	2

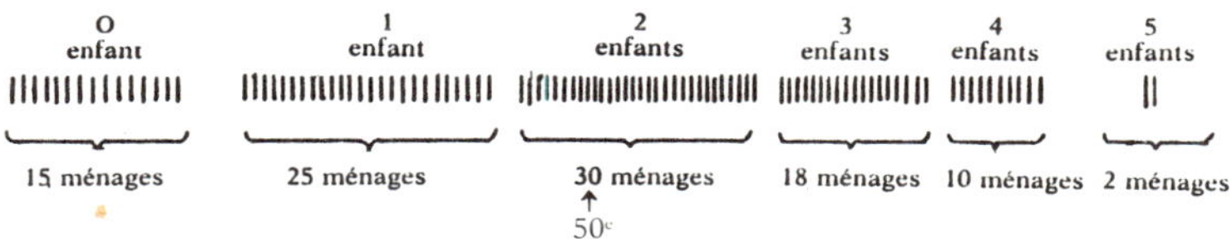

La médiane sera donnée par le nombre d'enfants (valeur du caractère) du ménage du « milieu » (ici, le cinquantième) ; soit, dans le cas présent : $M_e = 2$. Notons que comme les ménages ayant le même nombre d'enfants ne peuvent pas être ordonnés, n'importe lequel d'entre eux peut servir de « ménage médian » (ce qui compte, ce n'est pas de savoir quel est le ménage « du milieu », mais la valeur qu'y prend le caractère).

Remarque : lorsque le nombre d'individus, n, est pair, le $n/2^e$ individu n'est pas « tout à fait » au milieu (ainsi, si $n = 100$, le 50e est précédé par 49 individus et a derrière lui 50 individus) ; cela n'a en général pas d'importance, surtout si l'individu précédent le $n/2^e$ est caractérisé par la même modalité que lui (ici c'est le cas : le 49e et le 50e ménage ont le même nombre d'enfants). Sinon, on choisit l'une ou l'autre des modalités (pour le 49e ou le 50e), ou on fait leur moyenne, si elle a un sens : là encore, c'est au praticien de choisir (il peut trancher, par exemple, en « tirant » un ménage supplémentaire).

Dans le cas continu, le calcul de la médiane ne peut se faire que par approximation, puisqu'on ne connaît pas exactement la valeur prise par le caractère pour chaque individu (celui-ci se trouvant « noyé » dans une classe).

Reprenons l'exemple du revenu des ménages :

revenu	3 000-5 000	5 000-6 000	6 000-7 000	7 000-9 000
nombre de ménages	30	40	20	10

A priori, la seule information que l'on peut tirer de ce tableau est que la médiane appartient à la classe 5 000-6 000, le 50ᵉ ménage se trouvant dans cette classe. La première classe comportant 30 ménages, pour arriver à 50, il faut prendre 20 ménages dans la deuxième classe. Or, comme celle-ci est formée par 40 ménages, on peut considérer que son 20ᵉ élément se trouve « en son milieu ». Autrement dit, *si on suppose que les ménages se répartissent de façon uniforme sur tout l'intervalle* 5 000-6 000, on peut prendre pour médiane le milieu de cet intervalle, soit : $M_e = 5\,500$.

Mais, il convient de remarquer que, faute d'informations supplémentaires, c'est là une *valeur approchée*, s'appuyant sur l'hypothèse (arbitraire ?) d'uniformité, à la différence du cas discret, où la médiane est connue avec exactitude (sauf, peut-être, dans le cas particulier évoqué dans la « remarque » faite précédemment).

Donnons un autre exemple de calcul de médiane, en reprenant un tableau donné au chapitre précédent :

modalité	0-150	150-250	250-300	300-350	350-550
effectif	30	25	25	15	20

Le 50ᵉ individu se trouvant dans la deuxième classe, la médiane doit être comprise entre 150 et 250. Ceci étant, on voit qu'il est « plutôt plus proche » de la borne supérieure de cet intervalle, 250. Si on fait l'hypothèse d'uniformité, alors on peut calculer plus précisément la médiane. En effet, la deuxième classe comportant 25 individus, le 20ᵉ (le 50ᵉ, si on tient compte des 30 de la classe précédente) se trouvera au 20/25 de cette classe ; soit, comme la longueur de cette dernière est égale à 100, au 20/25 de 100. On prend alors pour médiane :

$$150 + \frac{20}{25}\,100 = 230.$$

Cette méthode de calcul, qui consiste à faire une « règle de trois », est appelée *interpolation* : elle s'appuie de façon décisive sur l'hypothèse d'uniformité (dans la classe où se trouve la médiane).

Donnons un dernier exemple de calcul de médiane. Soit la distribution :

modalité	1 000-2 000	2 000-3 000	3 000-3 500	3 500-4 500	4 500-5 000
effectif	12	17	21	12	8

L'effectif total étant de 70 individus, on s'intéresse à la valeur de la modalité pour le 35ᵉ. Celui-ci se trouvant dans la classe 3 000-3 500, la valeur de la médiane est donc comprise entre 3 000 et 3 500. Par interpolation, en remarquant que le 35ᵉ individu est le 6ᵉ de cette classe (soit : $35 - (12 + 17) = 6$, la première classe comportant 12 individus, la deuxième 17), classe qui comporte 21 individus et dont la « longueur » est de 3 500-3 000 = 500, on a :

$$M_e = 3\,000 + \frac{6}{21}\,500 = 3\,142, \ldots$$

Trois remarques à propos de ce calcul :

— Nous n'avons pas mis de chiffre après la virgule pour éviter de faire croire que l'on obtient un résultat précis, alors que derrière ce calcul il y a l'hypothèse d'uniformité, qui n'est très probablement pas vérifiée (même si, faute d'information supplémentaire, c'est la moins mauvaise que l'on puisse faire).

— Plus la classe où se trouve la médiane est « large », plus le résultat concernant cette dernière sera flou. Si on veut le préciser, et si cela est possible, on peut revenir aux données de base, pour avoir un découpage plus fin de cette classe et améliorer l'approximation.

— Étant donné le caractère approximatif du calcul de la médiane, lorsqu'on interpole, le problème de savoir quel est l'individu « du milieu », si l'effectif est pair, est tout à fait secondaire ; surtout dans le cas présent, où on raisonne « en continu », et donc où il n'y a pas de « saut » lorsqu'on passe d'une modalité à une autre.

Car il est important de se rappeler que *le calcul de la médiane, dans le cas continu, est toujours approximatif.*

La moyenne

Revenons à l'exemple donnant la répartition de 100 ménages selon leur nombre d'enfants. Calculons le *nombre total* d'enfants de cet ensemble de ménages ; soit (cf. tableau p. 271) :

$$0 \cdot 11 + 1 \cdot 25 + 2 \cdot 30 + 3 \cdot 18 + 4 \cdot 10 + 5 \cdot 2 = 189$$

Comme il y a en tout 189 enfants, et 100 ménages, si on les répartit uniformément entre ces derniers, il y en aura: 189/100 = 1,89 par ménage. Ce chiffre est appelé la *moyenne* de la répartition considérée. Si on note x_i la valeur de la i^e modalité (ici: le nombre d'enfants) et n_i l'effectif correspondant, la moyenne est donc donnée par le nombre total d'enfants: $n_1x_1 + n_2x_2 + ... + n_6x_6 = \sum_{i=1}^{6} n_i\, x_i$ divisé par l'effectif total: $\sum_{i=1}^{6} n_i$. On la note $\overline{x}$.

Dans le cas général (caractère et nombre de modalités quelconques), la formule de la moyenne est donc:

$$\overline{x} = \frac{\sum_i n_i\, x_i}{\sum_i n_i}.$$

On peut encore l'écrire sous la forme, en posant $\sum_i n_i = N$:

$$\overline{x} = \sum_i \frac{n_i}{N} x_i \qquad \text{avec } \sum_i \frac{n_i}{N} = 1$$

Autrement dit: *la moyenne est une somme pondérée des valeurs du caractère, la somme des pondérations étant égale à 1.*

On procède de façon similaire dans le cas continu. Sauf que, ici aussi, il existe une certaine imprécision en raison du regroupement en classes. Ainsi, si on reprend l'exemple du revenu des ménages, on ne peut calculer précisément la masse de revenus qu'ils touchent, dans leur ensemble. Afin de surmonter cette difficulté, on fait à nouveau une hypothèse d'uniformité, en prenant pour valeur de la modalité dans chaque classe la valeur du caractère *au centre* de cette classe.

On écrit alors:

revenu (classes)	3 000-5 000	5 000-6 000	6 000-7 000	7 000-9 000
centre de la classe x_i	4 000	5 500	6 500	8 000
effectif (n_i)	30	40	20	10

Donc, on considère que les 30 ménages ayant un revenu compris entre 3 000 et 5 000 F gagnent, en tout, 4 000 • 30 = 120 000 F, les 40 suivants gagnant: 5 500 • 40 = 220 000 F, etc. La masse totale de revenus est alors:

$$4\,000 \cdot 30 + 5\,500 \cdot 40 + 6\,500 \cdot 20 + 8\,000 \cdot 10 = 550\,000 \text{ F}$$

le revenu moyen étant :

$$\bar{x} = \frac{550\,000}{100} = 5\,500 \text{ F.}$$

La moyenne est donnée par la même formule, dans le cas discret et dans le cas continu, mais dans ce dernier cas, on prend les centres des classes pour valeurs des x_i.

Notons que la valeur de la moyenne est, surtout dans le cas discret, une valeur « abstraite » (on ne peut avoir 1,89 enfants !), à la différence de la médiane qui donnait la valeur du caractère pour un ménage précis (celui du « milieu »).

Mode, médiane, moyenne

Quelle caractéristique de valeur centrale choisir ? Nous avons déjà discuté des avantages et des inconvénients du mode. Qu'en est-il des deux autres ? L'avantage de la médiane, c'est de correspondre à une « vraie » valeur du caractère, alors que la moyenne ne donne qu'une valeur « théorique », n'ayant pas forcément un sens concret direct. En outre, la médiane est moins sensible que la moyenne aux valeurs extrêmes ; ainsi, si on rajoute à notre effectif 1 ou 2 ménages ayant un revenu très élevé (par exemple, 50 000 F), la moyenne sera assez nettement modifiée (elle augmentera de 500 ou 1 000 F), alors que la médiane ne variera pas.

Par contre, l'avantage de la moyenne, c'est son caractère très pratique, puisqu'elle est donnée par une formule simple. En outre, c'est aussi un instrument théorique important, en liaison avec la notion d'espérance mathématique (cf. chapitre 27).

Enfin, la formule de la moyenne permet de calculer facilement la moyenne d'un « mélange », c'est-à-dire la moyenne d'un caractère observé sur deux populations différentes. Ainsi, si on observe 200 autres ménages, dont on calcule le nombre moyen d'enfants, égal à 2,1 par exemple, alors le nombre moyen d'enfants sur l'ensemble des 300 ménages considérés (rappelons, que pour les 100 premiers, le nombre moyen d'enfants était 1,89) sera :

$$\frac{\text{nombre total d'enfants}}{\text{nombre total de ménages}} = \frac{100 \cdot 1{,}89 + 200 \cdot 2{,}1}{100 + 200} = \frac{189 + 420}{300} = 2{,}03$$

En fait, on voit que cette moyenne, sur l'ensemble des ménages, est obtenue en faisant *la moyenne des moyennes* dans chacune des sous-populations, les coefficients de pondération étant, respectivement : 100/300 et 200/300 ; ces derniers sont donc égaux à la part des sous-populations dans la population totale. Par conséquent, la moyenne d'ensemble, ou du « mélange », peut s'écrire sous la forme :

$$\frac{100}{300}\,1{,}89 + \frac{200}{300}\,2{,}1$$

ce qui montre bien qu'on est en présence d'une « moyenne de moyenne ». Plus généralement, si on dispose de p moyennes $\bar{x}_1$, ..., $\bar{x}_p$, calculées sur des populations ayant N_1, ..., N_p individus, respectivement, alors la moyenne sur la population d'« ensemble », formée par les $N = N_1 + ... + N_p$ individus, est donnée par :

$$\frac{N_1\,\bar{x}_1 + ... + N_p\,\bar{x}_p}{N_1 + ... + N_p}$$

ce que l'on écrit encore :

$$\frac{N_1}{N}\,\bar{x}_1 + ... + \frac{N_p}{N}\,\bar{x}_p$$

moyenne des moyennes $\bar{x}_1$, ..., $\bar{x}_p$, pondérées respectivement par N_1/N, ..., N_p/N.

Effets de structure

Considérons deux entreprises A et B où l'on a calculé le salaire moyen des hommes et des femmes. Soit :

Salaire moyen

	hommes	femmes
A	7 000	5 000
B	6 000	4 000

On constate que *les salaires sont plus élevés, en moyenne, dans A*, et cela pour les deux sexes.

Supposons maintenant que dans A il y a 20 % d'hommes et 80 % de femmes, et que dans B il y a 80 % d'hommes et 20 % de femmes. Dans ces conditions, le salaire moyen, hommes et femmes confondus, sera :

$$\text{en } A : 20\,\% \cdot 7\,000 + 80\,\% \cdot 5\,000 = 5\,400$$
$$\text{en } B : 80\,\% \cdot 6\,000 + 20\,\% \cdot 4\,000 = 5\,600.$$

Donc : le salaire moyen est supérieur en B ! Ce qui semble contredire la constatation faite en observant les données. En fait, cette contradiction n'est qu'apparente : elle découle de l'existence d'un *effet de structure*, dû à ce que dans les deux usines, la proportion d'hommes, et de femmes, est différente. Dans A, les salaires sont, par catégorie, plus élevés, mais comme il y a, proportionnellement bien plus de femmes, dont les salaires sont, dans A et dans B, nettement inférieurs à ceux des hommes, cela « tire vers le bas » la moyenne d'ensemble : d'où le résultat observé.

En conclusion : lorsqu'on compare des moyennes, il faut se demander s'il n'y a pas d'effets de structure qui pourraient induire en erreur quant aux conclusions que l'on peut tirer d'une telle comparaison, le cas idéal consistant à comparer des ensembles ayant la même structure (ou une structure très proche).

La notion de moyenne harmonique

Dans certains cas, en nombre limité, la notion de moyenne harmonique peut être utile. Introduisons-la à travers un exemple simple.

Un véhicule parcourt 140 km à une vitesse de 70 km/h, puis 360 km à une vitesse de 120 km/h. Sa vitesse moyenne sur le parcours total, 500 km, sera donc donnée par le rapport entre ce dernier et le temps de parcours. Soit :

$$\frac{500}{\frac{140}{70}+\frac{360}{120}} = \frac{500}{5} = 100 \text{ km/h.}$$

Si on appelle x_i la vitesse (modalité du caractère) et n_i la distance parcourue à cette vitesse (pondération), alors la vitesse moyenne est donnée, dans le cas général, par :

$$\frac{\sum_i n_i}{\sum_i \frac{n_i}{x_i}}$$

Cette expression, différente de celle de la moyenne arithmétique, est appelée la *moyenne harmonique des x_i, pondérés par les n_i*. Pour savoir dans quel cas, elle s'applique, il suffit de faire appel « au bon sens », comme dans l'exemple de la vitesse moyenne, que nous venons de traiter.

CHAPITRE XXII

Caractéristiques de dispersion

Les caractéristiques de valeur centrale « résument », en quelque sorte, la répartition d'une population selon un caractère. Mais, bien entendu, un tel « résumé » ne peut que donner une vision très grossière de cette répartition. Ainsi, si on se réfère au dessin ci-dessous, on a deux répartitions très différentes, même si leurs caractéristiques de valeur centrale diffèrent peu.

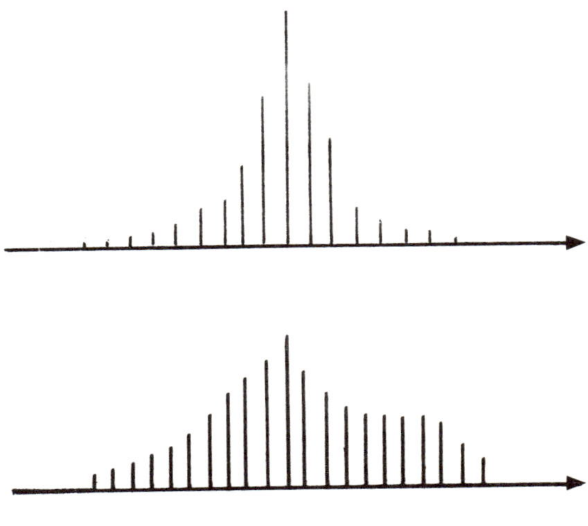

L'une étant plus « regroupée » autour de son « milieu » que l'autre, on cherche donc un nombre qui puisse traduire cet aspect des choses. Ce nombre est appelé *caractéristique de dispersion* ; comme dans le cas des caractéristiques de valeur centrale, il existe plusieurs caractéristiques de dispersion. Nous allons ici en donner les principales : l'étendue, l'écart interquartile et, surtout, l'écart-type.

L'étendue

C'est la différence entre la plus grande et la plus petite modalité du caractère, telles qu'elles apparaissent dans la population retenue. Le calcul de l'étendue est, évidemment, immédiat ; c'est un indicateur de dispersion rudimentaire : tout autre indicateur ne peut que lui être inférieur.

L'écart interquartile

Reprenons l'exemple précédent, en supposant, par exemple, que chaque population est formée de 100 individus. Supposons qu'ils ont été rangés « par ordre de taille », selon la valeur du caractère, comme cela est fait lors du calcul de la médiane. Par définition, l'*écart interquartile* est la différence entre les valeurs prises par le caractère pour les 75ᵉ et 25ᵉ individus.

Soit, graphiquement :

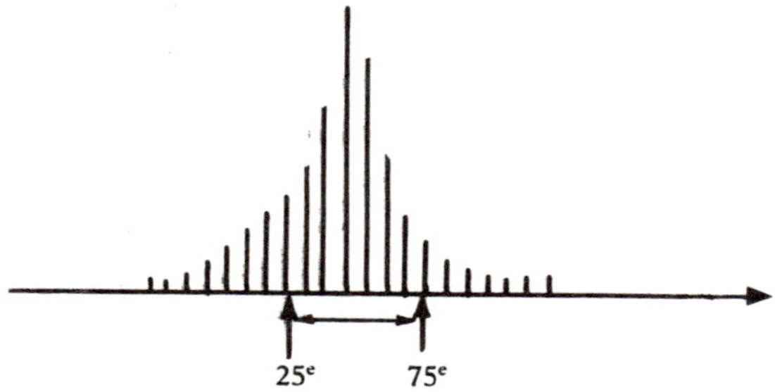

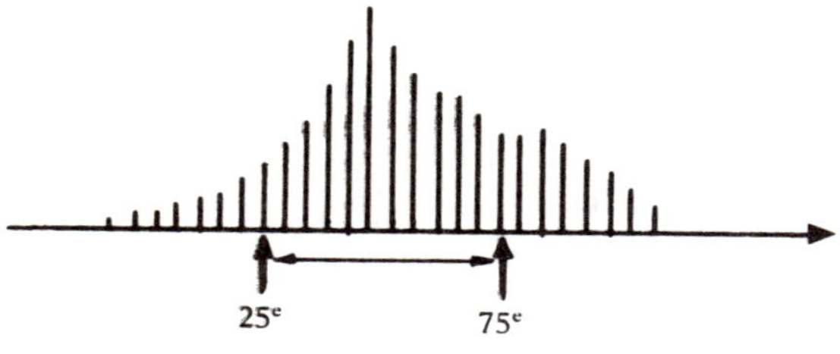

On voit que l'intervalle interquartile est plus faible dans le cas où la dispersion est plus « concentrée » autour de sa valeur centrale (ici, la médiane).

Notons que ce critère a surtout un intérêt lorsqu'on est en présence de distributions, telles celles tracées ci-dessus, à un seul « pic ».

Le calcul de l'intervalle interquartile ne pose pas de problème majeur : on procède comme dans le cas de la médiane, mais on considère le 25ᵉ et le 75ᵉ élément, au lieu du 50ᵉ (ou, si la population comporte N individus, le $\frac{N^e}{4}$ et $\frac{3N^e}{4}$).

Ainsi, dans notre exemple sur le nombre d'enfants des ménages, la valeur du caractère pour le 25ᵉ est égale à 1 ; pour le 75ᵉ, elle est égale à 3 : l'écart interquartile est donc égal à $3 - 1 = 2$.

Dans le cas continu, on procède par interpolation, comme on le fait pour déterminer la médiane.

Mais, dans la pratique, le critère le plus souvent utilisé est celui de l'écart-type, car bien plus « opérationnel » (notamment, parce qu'il est défini par une formule).

Variance et écart-type

Ce qui semble le plus « naturel » pour mesurer la dispersion d'une distribution, c'est de calculer la somme des écarts à la moyenne, et de diviser cette somme par l'effectif total (afin de tenir compte de « l'effet-taille » de la population). Autrement dit, de prendre la moyenne des écarts à la moyenne :

$$\frac{\sum_i n_i (x_i - \overline{x})}{N}.$$

Mais, en fait, cette expression est nulle ! On le vérifie aisément, en remarquant que : $\sum_i n_i x_i = N\overline{x}$.

Cela est logique : la moyenne étant une valeur « centrale », les écarts par rapport à elle doivent se compenser, car il ne faut pas oublier que ces écarts peuvent être positifs ou négatifs (c'est pourquoi leur somme s'annulle). Pour éliminer ce problème de signe, on peut considérer la *valeur absolue* de ces écarts et définir l'*écart absolu moyen* :

$$\frac{\sum_i n_i |x_i - \overline{x}|.}{N}.$$

Cet indicateur de dispersion est sans doute intéressant, car facilement interprétable. Mais il présente l'inconvénient de faire appel aux valeurs absolues, d'un usage peu commode d'un point de vue mathématique. C'est pourquoi, pour avoir quand même une somme de valeurs positives, on fait appel aux *carrés* de ces écarts, dont on fait la moyenne ; d'où la formule de la *variance* :

$$v(x) = \frac{\sum_i n_i (x_i - \overline{x})^2}{N}$$

En fait, comme la variance prend en compte le carré du caractère (elle fait intervenir des « enfants au carré », ou des « francs au carré »), on prend pour indicateur de dispersion sa *racine carrée*, appelée *écart-type* de la distribution et notée $\sigma(x)$.

Soit :

$$\sigma(x) = \sqrt{v(x)} = \sqrt{\frac{\sum_i n_i (x_i - \overline{x})^2}{N}}.$$

Le calcul de la variance, et donc de l'écart-type, est relativement lourd. Il est simplifié grâce au développement suivant :

$$v(x) = \frac{\sum_i n_i (x_i - \overline{x})^2}{N} = \frac{\sum_i n_i (x_i^2 - 2x_i\overline{x} + \overline{x}^2)}{N}$$

$$= \frac{\sum_i n_i x_i^2}{N} - 2\overline{x}\,\frac{\sum_i n_i x_i}{N} + \frac{\overline{x}^2}{N}\sum n_i.$$

Or, par définition de la moyenne $\frac{\sum_i n_i x_i}{N} = \overline{x}$; par ailleurs : $\sum_i n_i = N$.

Donc, la formule ci-dessus s'écrit :

$$v(x) = \frac{\sum_i n_i x_i^2}{N} - \overline{x}^2.$$

C'est la *formule développée de la variance*, plus utile que la formule de définition, du point de vue des calculs (il n'y a qu'une seule différence à faire, ce qui diminue le nombre d'opérations, et donc le risque d'erreur).

Exemple

Dans le cas de notre exemple sur le nombre d'enfants de 100 ménages donnés, on a :

$$\sum_i n_i x_i^2 = 15 \cdot 0^2 + 25 \cdot 1^2 + 30 \cdot 2^2 + 18 \cdot 3^2 + 10 \cdot 4^2 + 2 \cdot 5^2$$
$$= 517$$

et, par conséquent, en se servant de la formule développée de la variance :

$$v(x) = \frac{517}{100} - (1{,}89)^2 = 1{,}5979$$

l'écart-type étant :

$$\sigma(x) = 1{,}264.$$

Remarque « pratique » La variance, et l'écart-type, ne peut qu'être positive (ou nulle, si la variable est constante). En outre, il est bon de vérifier que l'on ne s'est pas trompé dans les calculs, en comparant écart-type et étendue, l'écart-type devant *forcément* être inférieur à cette dernière (en général, si on a une distribution relativement régulière, unimodale, l'écart-type ne diffère pas trop du quart de l'étendue : une justification de cette proposition est donnée au chapitre 27).

CHAPITRE XXIII

Indices et taux de variation

La notion d'indice apparaît lorsqu'on s'intéresse aux *états d'une même variable dans deux situations différentes*; par exemple, dans deux lieux ou deux instants différents. La meilleure façon pour comparer les valeurs prises par cette variable dans ces deux situations consiste à faire *leur rapport,* car ainsi « on se débarrasse » du problème des unités de mesure. Ce rapport, multiplié par 100 afin de ne pas trop s'encombrer avec des virgules, est un *indice.* Plus précisément, on a la définition suivante :

on appelle indice relatif à la variable x, entre deux situations A et B, l'expression :

$$\frac{X_B}{X_A} 100$$

la situation A étant dite de base. *On note $I_{B/A}$ cet indice.*

Ainsi, si le prix d'un bien est égal à 12 l'année t et à 15 l'année $t + 1$, alors l'indice du prix de ce bien, en $t + 1$ relativement à l'année de base t, est égal à :

$$\frac{15}{12} 100 = 125.$$

Autre exemple : supposons que le parc automobile soit de 450.000 voitures à Marseille et de 520.000 voitures à Lyon. Alors, l'indice du parc automobile à Lyon, par rapport à Marseille, est (en arrondissant) :

$$\frac{520.000}{450.000} 100 = 115$$

L'indice ainsi défini est parfois qualifié d'*élémentaire* (par opposition aux indices synthétiques, dont nous parlerons dans le prochain chapitre). Il est en effet très simple, puisqu'obtenu en

faisant le rapport de deux nombres, au facteur 100 près. D'où les deux propriétés suivantes des indices élémentaires :
— *propriété de réversibilité.* Elle découle de l'égalité triviale :

$$X_A/X_B = 1/(X_B/X_A)$$

donc : $I_{A/B}/100 = 100/I_{B/A}$

et, par conséquent :

$$I_{A/B}\ I_{B/A} = 100^2 \text{ (réversibilité)}$$

Autrement dit : lorsqu'on permute dans un indice les deux états considérés, l'indice est inversé (à un facteur 100^2 près). Par exemple, l'indice du parc automobile de Marseille, par rapport à Lyon, est, en se servant du résultat obtenu précédemment (en arrondissant) :

$$100^2\ (1/115) = 86$$

— *propriété de transférabilité.* Elle découle de l'égalité :

$$\frac{X_C}{X_A} = \frac{X_C}{X_B}\frac{X_B}{X_A}$$

qui implique, immédiatement, que :

$$100\ I_{C/A} = I_{C/B}\ I_{B/A} \text{ (transférabilité)}$$

Autrement dit : on peut multiplier des indices élémentaires « successifs ».

La propriété de transférabilité est très utile. Ainsi, si on sait que l'indice des prix entre t et $t + 1$, base t, est 110, et que l'indice des prix entre $t + 1$ et $t + 2$, base $t + 1$, est 120, alors l'indice des prix entre t et $t + 2$, base t, sera donné par :

$$\frac{110 \cdot 120}{100} = 132.$$

Donc, en prenant des bases appropriées, on peut obtenir l'indice relatif à deux situations « extrêmes » en faisant le produit des indices des situations intermédiaires.

L'étude des taux de variation va nous montrer l'intérêt de ces propriétés des indices élémentaires.

Taux de variation

Par définition, le taux de variation d'une variable statistique entre deux états A et B, A servant de base, est donné par la *différence des valeurs prises par cette variable* en B et en A, différence que l'on divise par la valeur qu'elle prend en A.

Donc, le taux de variation de la variable X entre B et A, A servant de base, est donné par :

$$\frac{X_B - X_A}{X_A}.$$

Ainsi, si le prix d'un bien passe entre deux périodes, de 4 à 5, son taux de variation (ici, de croissance) est de (5-4)/4 = 0,25, donc de 25 %.

Le problème avec les taux de variation, dont la formule est un peu plus compliquée que celles des indices (une différence apparaissant au numérateur), c'est qu'on ne peut faire d'opérations simples avec eux. Par exemple, on ne peut les additionner ou les soustraire, du moins s'ils ont des bases qui varient. C'est pourquoi on se ramène à des indices. Pour cela, on part de la formule définissant le taux de variation, et on remarque qu'on peut la mettre sous la forme :

$$\frac{X_B - X_A}{X_A} = \frac{X_B}{X_A} - 1$$

soit, afin de faire apparaître l'indice de X entre B et A :

$$\frac{X_B - X_A}{X_A} = \frac{1}{100}\left(\frac{X_B}{X_A}\,100 - 100\right) = \frac{1}{100}\,(I_{B/A} - 100).$$

Cette dernière formule nous donne donc la relation entre indice et taux de variation. Ainsi, si l'indice de X entre A et B, base A, est égal à 95, alors le taux de variation de X entre A et B est égal à : (95-100)/100 = - 0,05 = - 5 %.

Réciproquement, si le taux de variation de X entre A et B est de 15 %, alors l'indice de X, en B base A, est égal à 115.

Les deux exemples suivants nous permettent de voir l'intérêt de cette formule de passage des taux de variation aux indices.

Exemple 1

Supposons que le prix d'un bien a augmenté de 12 % entre t et $t + 1$, et de 15 % entre $t + 1$ et $t + 2$; déterminons la hausse de prix entre t et $t + 2$.

Comme le prix a augmenté de 12 % entre t et $t + 1$, il résulte de la formule précédente que :

$$I_{t+1/t} = 112$$

Comme il a augmenté de 15 % entre $t + 1$ et $t + 2$, on a :

$$I_{t+2/t+1} = 115$$

En raison de la propriété de transférabilité des indices élémentaires (qui explique l'intérêt de passer aux indices), on a :

$$I_{t+2/t} = \frac{112 \cdot 115}{100} = 128{,}80.$$

Par conséquent : *entre t et t + 2, le prix du bien a augmenté de 28,8 %.*

Si on avait procédé de façon « intuitive », en additionnant les hausses de prix, on aurait trouvé une hausse de 27 %, ce qui est erroné. En effet, cela revenait à faire :

$$\frac{p_{t+1} - p_t}{p_t} + \frac{p_{t+2} - p_{t+1}}{p_{t+1}}$$

expression qui diffère, si $p_{t+1} \neq p_t$, du taux de croissance recherché, $(p_{t+2} - p_t)/p_t$.

L'exemple suivant nous montre également l'intérêt de passer aux indices lorsqu'on raisonne sur des taux de croissance.

Exemple 2

Supposons qu'entre t et $t + 1$, le salaire a augmenté de 15 % et l'indice des prix de 12 %. De combien a augmenté le pouvoir d'achat ? Pour le déterminer, on commence par calculer *l'indice du pouvoir d'achat.*

Par définition, le pouvoir d'achat du salaire, PA, est donné par le rapport du salaire et du niveau des prix ; soit :

$$PA = \frac{\text{salaire}}{\text{prix}} = \frac{S}{P}$$

L'*indice du pouvoir d'achat* entre t et $t + 1$ est alors :

$$\frac{PA_{t+1}}{PA_t}\,100 = \frac{\dfrac{S_{t+1}}{P_{t+1}}}{\dfrac{S_t}{P_t}}\,100 = \frac{\dfrac{S_{t+1}}{S_t}}{\dfrac{P_{t+1}}{P_t}}\,100$$

Donc : *l'indice du pouvoir d'achat est donné par le rapport de l'indice des salaires et de l'indice des prix,* à un facteur 100 près.

Dans notre exemple, l'indice du salaire étant de 115, celui des prix de 112 (hausse de 15 et 12 %, respectivement), l'indice du pouvoir d'achat sera de :

$$\frac{115}{112}\,100 = 102{,}67...$$

ce qui nous amène à dire que le pouvoir d'achat a augmenté de 2,67 % (alors que si on avait fait la différence des taux de croissance, on aurait trouvé, de façon erronée, 3 %).

Taux de croissance moyen. Moyenne géométrique

Revenons à notre premier exemple, sur la hausse des prix entre t et $t+2$. Cherchons le taux de croissance moyen correspondant, pour ces deux périodes. Ce taux est, par définition, un taux constant tel que, s'il est appliqué entre t et $t+1$, puis entre $t+1$ et $t+2$, on obtient le même résultat que celui qui a été observé. Soit, ici, un taux x_m tel que :

$$p_t\,(1 + x_m)^2 = p_{t+2}$$

ou encore :

$$(1 + x_m)^2 = p_{t+2}/p_t$$

le terme de droite de cette dernière égalité donnant, au facteur 100 près, l'indice du prix entre t et $t+2$. Or, comme :

$$\frac{p_{t+2}}{p_t} = \frac{p_{t+2}}{p_{t+1}}\,\frac{p_{t+1}}{p_t} = (1{,}12)\,(1{,}15)$$

il s'ensuit que :

$$(1 + x_m)^2 = (1{,}12)\,(1{,}15) = 1{,}288$$

et donc que :

$$x_m = \sqrt{1{,}288} - 1 = 0{,}1349...$$

Le taux de croissance moyen est donc de 13,49 %. Notons que ce taux est ici peu différent de la moyenne des taux de croissance : (12 % + 15 %)/2 = 13,5 %, mais cela n'est pas toujours le cas.

Plus généralement, si on considère p taux de variation successifs, x_1, x_2, ..., x_p, alors le taux de variation moyen sera donné par x_m vérifiant :

$$(1 + x_m)^p = (1 + x_1)\,(1 + x_2)...(1 + x_p).$$

On dit que le nombre $1 + x_m$ de la formule ci-dessus est la *moyenne géométrique* de $1 + x_1$, $1 + x_2$, ..., $1 + x_p$.

Plus généralement, si le taux x_1 s'applique pendant n_1 périodes, le taux x_2 pendant n_2 périodes, ..., le taux x_p pendant n_p périodes, alors le taux de croissance moyen x_m est donné par :

$$(1) \qquad (1 + x_m)^{n_1 + n_2 + ... + n_p} = (1 + x_1)^{n_1}\,(1 + x_2)^{n_2}\,...\,(1 + x_p)^{n_p}$$

$1 + x_m$ étant la *moyenne géométrique* des $1 + x_i$, pondérés par les n_i, $i = 1, ..., p$.

Les expressions $1 + x_i$ sont appelées *coefficients multiplicateurs* associés aux taux de variation x_i : ils sont de même nature que les indices, au facteur 100 près.

Si on prend les logarithmes des deux membres de (1), on obtient :

$$(n_1 + n_2 + ... + n_p) \log (1 + x_m) = n_1 \log (1 + x_1) + n_2 \log (1 + x_2) + ... + n_p \log (1 + x_p)$$

soit, si on pose $n_1 + n_2 + ... + n_p = N$:

$$\log (1 + x_m) = \frac{n_1 \log (1 + x_1) + n_2 \log (1 + x_2) + ... + n_p \log (1 + x_p)}{N}$$

Autrement dit : *le logarithme de la moyenne géométrique est égal à la moyenne arithmétique des logarithmes des modalités* (ici, les coefficients multiplicateurs associés à des taux de variation).

Résultat logique, puisque la moyenne géométrique correspond à des phénomènes « multiplicatifs », la moyenne arithmétique à des phénomènes « additifs », le logarithme « transformant », par définition, des multiplications en additions (cf. chapitre VI).

L'exemple du taux de croissance moyen nous montre, une fois de plus, la nécessité de passer des taux de variation aux indices (ou coefficients multiplicateurs) associés, dès lors que l'on veut « combiner » ces taux. C'est là la principale leçon de ce chapitre.

CE QU'IL FAUT RETENIR DE CE CHAPITRE

• Les indices élémentaires servent à comparer deux états d'une même variable. Leur calcul est très simple ; il en résulte un certain nombre de propriétés pratiques, dont la transférabilité et la réversibilité.

• Le *taux de variation* d'une variable se déduit aisément de l'indice correspondant. La formule de passage est :

$$\text{taux de variation} = \frac{\text{Indice} - 100}{100}$$

ou encore :

$$\text{Indice} = 100\,(1 + \text{taux de variation}).$$

• Si on veut « combiner » des taux de croissance, la meilleure façon consiste à écrire les indices correspondants et à utiliser les propriétés de ces derniers.

• Lorsqu'on est en présence de phénomènes de type « multiplicatif », relatifs à des taux de variation, la moyenne à utiliser est la moyenne géométrique (pouvant être ramenée à une moyenne arithmétique, à condition de passer aux logarithmes).

CHAPITRE XXIV
Indices synthétiques

Dans le chapitre précédent, lorsque nous avons évoqué le pouvoir d'achat, nous avons fait appel au « niveau des prix », sans avoir défini cette notion. Dans la pratique, on rencontre souvent des notions telles que « le niveau des prix », « la production », le « revenu national », etc. notions qui, elles-mêmes recouvrent un *ensemble* de variables et qu'il faut donc « synthétiser », de façon à construire des indices donnant leur évolution d'ensemble.

La construction d'indices synthétiques, résumant en un seul chiffre l'évolution simultanée de plusieurs variables, revient donc à sacrifier une partie de l'information disponible, ce qui nécessite de faire un choix, comportant donc une part d'arbitraire.

Le cas des indices de prix va nous fournir un exemple concret et important de construction d'indices synthétiques.

Indices synthétiques des prix

Considérons un « panier de la ménagère » formé de trois biens : des fruits, des légumes et de la viande. Supposons qu'entre $t = 0$ et $t = 1$, le prix des fruits ait augmenté de 5 %, celui des légumes de 1 % et celui de la viande de 10 %. On a donc :

$$I^f_{1/0} = 105 \text{ (fruits)}, \ I^l_{1/0} = 101 \text{ (légumes)}, \ I^v_{1/0} = 110 \text{ (viande)}.$$

On peut construire un premier indice synthétique concernant l'évolution d'« ensemble » des prix de ce « panier » en faisant la *moyenne arithmétique* de ces trois indices ; soit :

$$I_{1/0} = \frac{105 + 101 + 110}{3} = 105{,}33...$$

L'avantage de cet indice, c'est sa simplicité ; son inconvénient, c'est qu'il ne tient aucunement compte des goûts des ménages ; ainsi, pour des végétariens, la hausse importante du prix de la viande n'a aucune importance : pour eux, seule compte celle des fruits et des légumes (en moyenne, 3 %, au lieu de 5,3 %).

Afin de remédier à cela, on introduit la notion de *coefficient budgétaire*, donnant le « poids » de chaque bien dans le budget du ménage. Soit :

on appelle coefficient budgétaire relatif à un bien la part de la dépense, relativement à la dépense totale, consacrée à ce bien.

Mais, lorsqu'on parle de dépense, on doit faire intervenir des prix. D'où une première question : quel système de prix doit-on utiliser pour mesurer les dépenses servant au calcul des coefficients budgétaires ? Ici, nous choisirons les prix en $t = 0$.

Par conséquent, si le ménage achète, en $t = 0$, q_{f0} de fruits, au prix p_{f0}, $q_{\ell 0}$ de légumes, au prix $p_{\ell 0}$ et q_{v0} de viande, au prix p_{v0}, alors sa dépense, en $t = 0$, sera :

$$D_0 = p_{f0}q_{f0} + p_{\ell 0}q_{\ell 0} + p_{v0}\, q_{v0}.$$

Le *coefficient budgétaire* relatif aux fruits, en $t = 0$, est donné par le rapport entre la dépense en fruits, en $t = 0$, et la dépense totale, D_0 ; soit :

$$a_{f0} = \frac{p_{f0}\, q_{f0}}{D_0} = \frac{\text{dépense en fruits}}{\text{dépense totale}}$$ (coefficient budgétaire, en 0, pour les fruits).

De même, on définit les coefficients budgétaires relatifs aux légumes et à la viande :

$$a_{\ell 0} = \frac{p_{\ell 0}\, q_{\ell 0}}{D_0} \qquad \text{et } a_{v0} = \frac{p_{v0}\, q_{v0}}{D_0}.$$

On voit immédiatement que *la somme des coefficients budgétaires est égale à 1 ;* soit :

$$a_{f0} + a_{\ell 0} + a_{v0} = 1.$$

Disposant ainsi de coefficients donnant le « poids » de chaque bien dans le panier de la ménagère, on peut construire un indice synthétique donnant l'évolution des prix en faisant la *moyenne pondérée, par les coefficients budgétaires, des indices élémentaires* : c'est *l'indice de Laspeyres des prix.*

On le note $L_{1/0}$. Dans le cas de notre exemple à 3 biens, on a :

$$L_{1/0} = a_{f0}\, I^f_{1/0} + a_{\ell 0}\, I^\ell_{1/0} + a_{v0}\, I^v_{1/0}.$$

Il est important de se souvenir que *dans l'indice de Laspeyres, on se sert des coefficients budgétaires en $t = 0$,* instant « initial ».

Indice des prix de Laspeyres : cas général

Afin d'avoir une notation générale pour l'indice de Laspeyres, nous allons poser :

p_{i0} et p_{i1} : prix du bien i en 0 et en 1, respectivement.

q_{i0} et q_{i1} : quantité du bien i en 0 et en 1, respectivement.

Dans ces conditions, on a :

$$I^i_{1/0} = \frac{p_{i1}}{p_{i0}} 100 : \text{ indice du prix du bien } i, \text{ en 1, base 0.}$$

$$D_0 = \sum_i p_{i0}\, q_{i0} : \text{ dépense en 0}$$

$$a_{i0} = \frac{p_{i0}\, q_{i0}}{D_0} : \text{ coefficient budgétaire du bien } i, \text{ en 0.}$$

L'indice de Laspeyres des prix, en 1, base 0, est donné par :

$$L^p_{1/0} = \sum_i a_{i0}\, I^i_{1/0}$$

Soit, en se servant des expressions ci-dessus :

$$L^p_{1/0} = \sum_i \frac{p_{i0}\, q_{i0}}{D_0} \cdot \frac{p_{i1}}{p_{i0}} 100$$

En simplifiant par p_{i0} et en se servant de la formule donnant D_0, on obtient :

$$L^p_{1/0} = \frac{\sum_i p_{i1}\, q_{i0}}{\sum_i p_{i0}\, q_{i0}} 100$$

C'est la *formule développée de Laspeyres,* celle qui est la plus pratique pour les calculs. Évidemment, les seules quantités qui y interviennent sont les quantités en $t = 0$; au numérateur, apparaissent les prix en $t = 1$, au dénominateur les prix en $t = 0$.

Mais, si cette formule est pratique pour les calculs, elle a le désavantage de ne faire apparaître ni indices élémentaires, ni coefficients budgétaires, qui sont à la base de l'indice de Laspeyres.

Inconvénients de l'indice de Laspeyres des prix

Ces inconvénients expliquent les critiques portés à l'indice des prix. En fait, ils ont deux origines nettement distinctes : problèmes de mesure de prix et quantités et problèmes de synthèse de l'information :

— *Problèmes de mesure* : le prix d'un bien n'est pas unique : il varie selon le lieu de vente, de nombreux relevés étant donc nécessaires ; la qualité des biens évolue : comment intégrer cet « effet-qualité » dans l'indice ? Comment prendre en compte l'apparition de nouveaux biens (par exemple : micro-ordinateurs, disques « compacts », etc.). Le praticien devra adopter, à ce propos, une règle qui comporte obligatoirement une part d'arbitraire ;

— *Problème de synthèse de l'information* : cela se traduit, notamment, au niveau des coefficients budgétaires. Car on ne peut calculer un indice par ménage ! Il va donc falloir choisir des *populations de référence*, pour lesquelles on calculera les coefficients budgétaires (qui ne seront pas les mêmes, par exemple, pour ouvriers et cadres, ou pour citadins et ruraux). Même lorsque cette population est choisie, ces coefficients traduiront des comportements moyens, d'où perte de précision. Là encore, le choix du praticien joue un rôle très important (l'INSEE établit d'ailleurs des indices de prix relatifs à des populations de référence différentes).

A ces problèmes de mesure et de synthétisation de l'information, se rajoute celui du choix de la période de référence en ce qui concerne les coefficients budgétaires : plus la date 1 est éloignée de la date 0, moins ces coefficients seront représentatifs, goûts et choix des ménages évoluant, notamment en raison des variations des prix.

C'est afin de faire face à ce dernier problème que l'on construit un nouvel indice, dit de Paasche.

L'indice des prix de Paasche

La différence fondamentale entre indices de prix de Laspeyres et de Paasche est que le premier prend pour référence la consommation de la période de départ, 0, alors que le deuxième utilise la consommation de la période terminale, 1.

Formellement, l'indice des prix de Paasche est donné par la même formule que l'indice de Laspeyres, à condition de remplacer les quantités consommées en 0 par les quantités consommées en 1. Soit :

$$P^{p}_{1/0} = \frac{\sum_i p_{i1}\, q_{i1}}{\sum_i p_{i0}\, q_{i1}}\, 100$$

A partir de cette formule, il est possible de « remonter » aux indices des prix élémentaires et aux coefficients budgétaires, *à la période terminale.* En fait, l'indice de Paasche est la *moyenne harmonique* des indices élémentaires, pondérés par les coefficients budgétaires en $t = 1$.

L'avantage de l'indice de Paasche sur celui de Laspeyres est qu'il tient compte de la façon dont les ménages adaptent leurs consommations au cours du temps. C'est pourquoi l'indice de Paasche des prix sera, en général, inférieur à celui de Laspeyres, les ménages rationnels achetant moins des biens dont le prix augmente le plus, et plus de ceux dont le prix augmente le moins.

Le principal inconvénient de l'indice de Paasche est d'ordre pratique : il nécessite de constamment réactualiser les coefficients budgétaires, ce qui peut prendre du temps et être coûteux. C'est pourquoi l'INSEE fait une sorte de compromis, en construisant des *indices-chaîne de Laspeyres,* c'est-à-dire des produits d'indices correspondant aux années successives, les coefficients budgétaires étant réaménagés chaque année.

Remarquons que :

— les indices de Laspeyres et de Paasche ne résultent pas d'un simple rapport de deux valeurs d'une même variable, et donc *n'ont pas* les propriétés de réversibilité et de transférabilité des indices élémentaires ;

— les indices de Laspeyres et de Paasche sont liés par la relation :

$$L_{1/0} = \frac{100^2}{P_{0/1}}$$

comme on peut aisément le vérifier.

Indices de Laspeyres et de Paasche de quantité

Si on considère une entreprise, ou un pays, qui produit plusieurs biens, on peut vouloir connaître l'évolution d'« ensemble » de sa production. Pour le faire, on construit un indice de Laspeyres des quantités de la même façon que cela a été fait pour les prix. Soit : on calcule les indices élémentaires de la production de chaque bien : $(q_{i1}/q_{i0})\ 100$, $i = 1, ..., n$, ainsi que les coefficients donnant le « poids » de chaque bien dans la production totale en $t = 0$: $p_{i0}q_{i0}/\sum_i p_{i0}q_{i0}$, $i = 1, ..., n$ (équivalents des coefficients budgétaires pour les ménages), puis on fait la moyenne pondérée de ces indices élémentaires. D'où l'*indice de Laspeyres des quantités* :

$$L^q_{1/0} = \sum_i \frac{p_{i0}\, q_{i0}}{\sum_i p_{i0}\, q_{i0}} \frac{q_{i1}}{q_{i0}}\ 100$$

qui s'écrit, sous la forme développée :

$$L^q_{1/0} = \frac{\sum_i p_{i0}\, q_{i1}}{\sum_i p_{i0}\, q_{i0}}\, 100.$$

On voit que, dans ce cas, ce sont les quantités qui varient, les prix étant les mêmes, ceux en $t = 0$.

De même, l'indice de Paasche des quantités est donné par :

$$P^q_{1/0} = \frac{\sum_i p_{i1}\, q_{i1}}{\sum_i p_{i1}\, q_{i0}}\, 100.$$

Les remarques faites à propos de l'indice des prix s'appliquent, pour la plupart, aux indices des quantités : nous n'insisterons donc pas là-dessus.

Exemple

Considérons l'évolution en prix et en quantités, entre deux périodes 0 et 1, de quatre biens, notés 1, 2, 3 et 4, donnée par le tableau suivant :

		1	2	3	4
prix	p_0	10	1	4	5
	p_1	12	1	5	4
quantités	q_0	50	10	20	15
	q_1	60	8	20	20

L'indice de Laspeyres des prix, entre 1 et 0, est :

$$L^p_{1/0} = \frac{12 \cdot 50 + 1 \cdot 10 + 5 \cdot 20 + 4 \cdot 15}{10 \cdot 50 + 1 \cdot 10 + 4 \cdot 20 + 5 \cdot 15}\, 100 = \frac{770}{665}\, 100 = 115{,}8...$$

celui de Paasche étant :

$$P^p_{1/0} = \frac{12 \cdot 60 + 1 \cdot 8 + 5 \cdot 20 + 4 \cdot 20}{10 \cdot 60 + 1 \cdot 8 + 4 \cdot 20 + 5 \cdot 20}\, 100 = \frac{908}{788}\, 100 = 115{,}2...$$

Indices fort peu différents, dans le cas présent.

Les indices de Laspeyres et Paasche des quantités sont :

$$L^q_{1/0} = \frac{60 \cdot 10 + 8 \cdot 1 + 20 \cdot 4 + 20 \cdot 5}{50 \cdot 10 + 10 \cdot 1 + 20 \cdot 4 + 15 \cdot 5}\, 100 = \frac{788}{665}\, 100 = 118{,}5...$$

et

$$Pq_{1/0} = \frac{60 \cdot 12 + \ \ 8 \cdot 1 + 20 \cdot 5 + 20 \cdot 4}{50 \cdot 12 + 10 \cdot 1 + 20 \cdot 5 + 15 \cdot 4} 100 = \frac{908}{770} 100 = 117{,}9...$$

CE QU'IL FAUT RETENIR DE CE CHAPITRE

• Les indices synthétiques sont des *moyennes d'indices élémentaires* dont ils donnent l'évolution d'« ensemble », moyennes pondérées par des coefficients budgétaires (par de chaque bien dans la valeur du « panier de biens » de référence).

• L'indice de Laspeyres considère les coefficients budgétaires de la période initiale, l'indice de Paasche ceux de la période « terminale ».

CHAPITRE XXV
Distribution à deux caractères
La notion de modèle

Dans les chapitre précédents, nous avons cherché à déterminer deux ou trois chiffres permettant de « résumer » au mieux une distribution statistique, donnant la répartition d'une population selon un caractère.

Maintenant, nous allons nous intéresser au cas où une population est étudiée selon les valeurs prises par *deux caractères.*

Exemples

— parc automobile caractérisé par la consommation et la puissance ;
— logements caractérisés par la surface et le nombre de pièces ;
— ménages caractérisés par leur revenu et leur consommation ;
— entreprises caractérisées par le nombre de leurs employés et leur chiffre d'affaire.

Évidemment, rien n'empêche d'étudier la population retenue en considérant *séparément* chacun des caractères : on est alors ramené au cas où il n'y a qu'un seul caractère, que l'on applique deux fois. Mais, si on a retenu ces deux caractères, c'est parce qu'on a « une idée derrière la tête » : on pense qu'il existe un « lien » entre eux, et c'est à ce lien auquel on s'intéresse ici.

Autrement dit : lorsqu'on retient simultanément plusieurs caractères pour étudier une population, on fait implicitement l'hypothèse que ces caractères ne sont pas indépendants, qu'ils « s'influencent » dans un sens ou l'autre. D'où la définition suivante :

on appelle modèle un ensemble d'hypothèses concernant le lien entre plusieurs variables statistiques caractérisant une population.

Les modèles que nous étudierons ici seront les plus simples possibles, ne représentant qu'une seule hypothèse.

Spécification d'un modèle

Précédemment, nous avons évoqué, de façon un peu vague, le « lien » entre les caractères, ou variables statistiques, retenus lors de l'étude d'une population, ce « lien » supposé servant à définir un modèle. Reste à lui donner une forme plus précise, à le *spécifier*. En général, cette spécification prend la forme d'une équation, dont les variables sont les caractères retenus lors du choix du modèle. Soit, dans le cas où il y a deux caractères :

$$y = f(x).$$

Notons que le fait d'écrire l'équation de cette façon revient à implicitement supposer que c'est x qui « agit » sur y, et non le contraire : spécifier le modèle nécessite de préciser le sens dans lequel on pense que la « causalité » s'exerce. On dit aussi que x est la variable *explicative*, y étant la variable *expliquée*.

Exemples :

— *La fonction de consommation.* On prend pour x le revenu des ménages et pour y leur consommation. Soit :

$$\text{consommation} = f(\text{revenu}).$$

L'hypothèse sous-jacente c'est que le revenu détermine ou, du moins, « influence fortement », la consommation, et non le contraire (on pourrait avancer, dans un autre modèle, que la consommation influence le revenu, en « stimulant la demande »). En outre, le fait de ne pas faire apparaître les prix, ou le taux d'intérêt, dans cette équation revient à supposer qu'ils ne jouent pas un rôle déterminant dans la consommation.

— *La demande de monnaie,* que l'on suppose être de la forme :

$$\text{demande de monnaie} = f(\text{revenu nominal})$$

Ici, le sens de la causalité est très net ; le point délicat de cette spécification, c'est qu'elle ne fait pas intervenir le taux d'intérêt, dont on peut penser qu'il a une influence non négligeable sur la demande de monnaie.

— *Tendance dans le temps.* On pense qu'une variable, production, consommation, etc. évolue dans le temps, selon la relation :

$$y = f(t).$$

On est donc en présence d'une *série chronologique,* dont on cherche à déterminer la *tendance* (ou « trend »).

Reste à choisir la fonction f. A défaut d'information plus précise, fournie par la théorie, on retient le cas le plus simple, celui où f est une fonction affine. Soit :

$$f(x) = ax + b.$$

Nous verrons à la fin de ce chapitre que ce choix n'est pas trop restrictif.

L'économiste, ou le chercheur, ayant choisi cette spécification, la tâche du statisticien sera de lui donner une *estimation* des paramètres a et b, en se servant des observations disponibles (ou qu'il établit).

Estimation du modèle à partir des observations

On suppose donc que l'on dispose de n observations, de la forme (x_i, y_i), $i = 1, ..., n$. Si le modèle était « exact », ou déterministe, ces observations devraient vérifier la relation : $y_i = ax_i + b$, pour chaque i. En fait, cela ne sera pratiquement jamais le cas, même si modèle et spécification retenus sont corrects. Pour plusieurs raisons, dont :

— l'existence d'éléments perturbateurs pouvant affecter passagèrement, mais non de façon systématique, les variables étudiées ; par exemple : sautes brusques de climat, conflits divers, etc. On considère que l'on peut négliger ces effets, puisque passagers ;

— le caractère non parfaitement représentatif de l'échantillon ;

— les diverses erreurs de mesure.

Afin de tenir compte de tous ces « effets-parasite », on introduit un *terme de perturbation*, ou *résidu*, dans l'équation spécifiant le modèle. Celui-ci s'écrit alors :

$$y_i = ax_i + b + u_i \qquad i = 1, ..., n.$$

Mais, il est évident que l'apparition des perturbations u_i enlève son caractère déterministe au modèle, en le rendant, en quelque sorte, « flou ». Alors, même si la relation supposée entre les deux variables existe réellement, dans la population considérée, on ne pourra plus connaître les valeurs *exactes* de a et b, puisqu'on ne pourra jamais *complètement* séparer l'effet systématique, $ax_i + b$, de l'effet résiduel, u_i. Estimer un modèle consistera donc à trouver des valeurs approchées, aussi bonnes que possible, de a et b. C'est ce que se propose la méthode des moindres carrés.

La méthode des moindres carrés

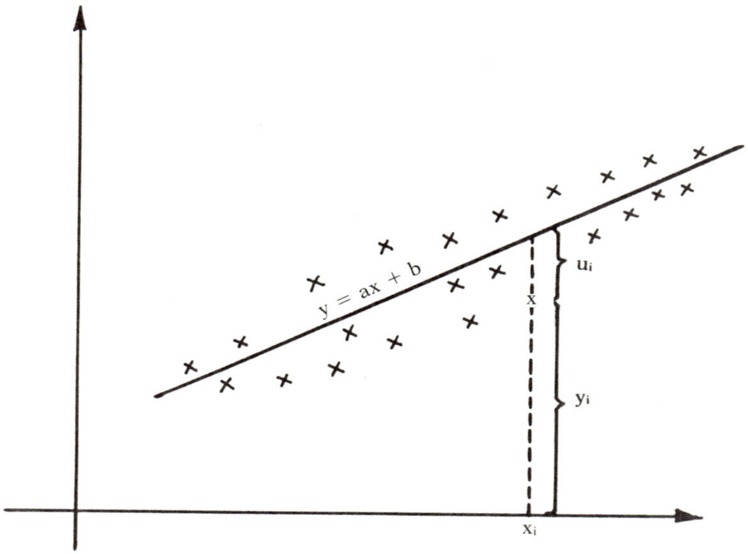

FIGURE 1

Comme on cherche à « représenter » le nuage de points résultant des n observations par une droite, le but est de trouver la droite qui passe « le plus près possible » de ce nuage de points. Pour cela, il faut se donner un critère de proximité, ou de « distance », entre droite et nuage de points. Or, l'origine de l'« écart » entre la droite représentant le modèle et le nuage de points se trouve dans l'existence des termes de perturbation. D'où l'idée de rendre ceux-ci « les plus petits possible ». Par exemple, on peut chercher à minimiser leur somme. Mais cette « distance » n'est pas d'un grand intérêt, car certains des u_i étant positifs, et d'autres négatifs, il risque d'y avoir « compensation ». On pourrait pallier à cette difficulté en prenant la somme des *valeurs absolues* des u_i, mais nous avons déjà eu l'occasion de signaler (à propos des indicateurs de dispersion) les inconvénients du recours à la valeur absolue. C'est pourquoi, comme on l'a fait avec la variance, on préfère se servir de la *somme des carrés* des u_i, que l'on cherche donc à minimiser[1] : c'est pourquoi on parle de *méthode des moindres carrés*. On écrit :

1. Nous verrons dans le chapitre XXVII la justification « probabiliste » de ce critère.

$$\text{minimiser} \sum_i u_i^2$$

Or, comme le modèle est :

$$y_i = ax_i + b + u_i \qquad i = 1, ..., n$$

on a :

$$u_i = y_i - ax_i - b \qquad i = 1, ..., n$$

la méthode des moindres carrés consistant à :

$$\text{minimiser} \sum_i (y_i - ax_i - b)^2.$$

Il est important de voir qu'ici les valeurs x_i et y_i, $i = 1, ..., n$, sont *données* (résultat des observations), *les inconnues du problème étant les paramètres, a et b.*

Par conséquent, notre problème de minimisation se ramène à la recherche des extrema de la fonction $f(a, b)$ définie par :

$$f(a, b) = \sum_i (y_i - ax_i - b)^2.$$

Le couple $(\hat{a}, \hat{b})$ sera candidat à être le minimum recherché s'il annulle les dérivées partielles de $f(a, b)$ (cf. chapitre XIII).

Soit :

$$(\hat{a}, \hat{b}) \text{ solution des moindres carrés} \Rightarrow \begin{cases} f'_a(\hat{a}, \hat{b}) = 0 \\ f'_b(\hat{a}, \hat{b}) = 0 \end{cases}$$

Déterminons donc les dérivées partielles de $f(a, b)$; soit :

$$\begin{cases} f'_a(a, b) = \sum_i 2 (y_i - ax_i - b)(-x_i) \\ f'_b(a, b) = \sum_i 2 (y_i - ax_i - b)(-1) \end{cases}$$

Comme $(\hat{a}, \hat{b})$ annulle ces dérivées, on a :

$$(1) \qquad \sum_i 2 (y_i - \hat{a}x_i - \hat{b})(-x_i) = 0$$

$$(2) \qquad \sum_i 2 (y_i - \hat{a}x_i - \hat{b})(-1) = 0$$

Dans la deuxième de ces équations, on peut « se débarrasser » du 2 et du - 1, puisque le membre de droite est 0 ; il s'ensuit que :

$$\sum_i y_i = \sum_i (\hat{a}x_i + \hat{b}) = \hat{a} \sum_i x_i + n\hat{b}.$$

En divisant par le nombre d'observations n les deux membres de cette équation, on obtient :

$$\bar{y} = \hat{a}\bar{x} + \hat{b}, \tag{3}$$

où $\bar{x}$ et $\bar{y}$ sont, respectivement, les moyennes arithmétiques des x_i et des y_i.

L'équation (3), équivalente à (2), signifie que *la droite des moindres carrés passe par le « centre », ou point moyen,* $(\bar{x}, \bar{y})$, *du nuage de points.* Résultat qui apparaît comme « naturel ». Ayant ainsi déterminé un point par lequel passe la droite des moindres carrés, reste à trouver *la pente* de cette dernière. Pour cela, on se sert de l'équation (1), qui s'écrit :

$$\sum_i y_i x_i = \sum_i (\hat{a}x_i + \hat{b})\, x_i$$

soit, en se servant de (3) :

$$\sum_i y_i x_i = \sum_i (\hat{a}x_i + \bar{y} - \hat{a}\bar{x})\, x_i = \hat{a} \sum_i (x_i - \bar{x})\, x_i + \sum_i x_i \bar{y}$$

et, donc :

$$\sum_i x_i\,(y_i - \bar{y}) = \hat{a} \sum_i (x_i - \bar{x})\, x_i.$$

Finalement :

$$\hat{a} = \frac{\sum_i x_i\,(y_i - \bar{y})}{\sum_i x_i\,(x_i - \bar{x})}.$$

C'est la pente de la droite des moindres carrés, appelée aussi *coefficient de régression.*

En fait, comme $\sum_i \bar{x}\,(y_i - \bar{y}) = \bar{x} \sum_i (y_i - \bar{y}) = 0$ (par définition de la moyenne), le numérateur de $\hat{a}$ peut s'écrire : $\sum_i (x_i - \bar{x})\,(y_i - \bar{y})$. De même, le dénominateur peut s'écrire : $\sum_i (x_i - \bar{x})^2$. Ce dernier terme étant égal à la variance de x, au facteur $1/n$ près, on a :

$$\hat{a} = \frac{\sum_i (x_i - \bar{x})\,(y_i - \bar{y})}{\sum_i (x_i - \bar{x})^2} = \frac{\text{cov}\,(x, y)}{v\,(x)} \tag{4}$$

où $\text{cov}(x, y) = \dfrac{\sum_i (x_i - \overline{x})(y_i - \overline{y})}{n}$ est appelée la *covariance* de x et de y.

Donc, on a trouvé des *valeurs estimées* $\hat{a}$ et $\hat{b}$ des « vraies » valeurs a et b caractérisant le modèle étudié. De même, $\hat{a}x_i + \hat{b}$, noté $\hat{y}_i$, est la *valeur estimée* de y, en x_i, donnée par la droite des moindres carrés, $\hat{e} = y_i - \hat{y}_i = y_i - \hat{a}x_i - \hat{b}$ étant le *résidu estimé,* en x_i, par les moindres carrés. Ce qui peut être représenté de la façon suivante :

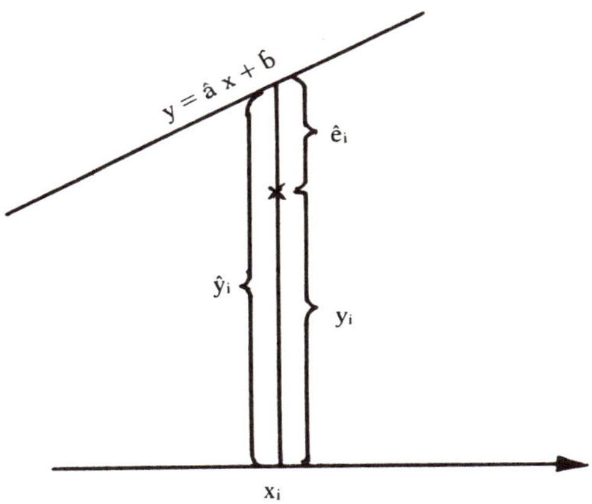

La principale différence entre la figure ci-dessus et la figure 1 est que dans cette dernière nous avions tracé la « vraie » droite (inconnue), alors qu'ici nous avons tracé la droite « approchée », celle des moindres carrés (connue).

Notons, pour les calculs, que, comme dans le cas de la variance, il existe une *formule développée de la covariance,* dont la démonstration est immédiate :

$$\text{cov}(x, y) = \frac{\sum_i x_i y_i}{n} - \overline{x}\,\overline{y}.$$

Donc, pour l'essentiel, le calcul de la droite des moindres carrés se ramène à celui des moyennes de x et de y, ainsi qu'au calcul de la somme des carrés $\sum_i x_i^2$ et du produit croisé $\sum_i x_i y_i$.

Une mesure de la qualité de l'ajustement : le coefficient de corrélation linéaire

Évidemment, on peut toujours déterminer la droite des moindres carrés associée à n'importe quel nuage de points. Mais, comme le montre le dessin ci-dessous, selon les cas le caractère « représentatif » de cette droite sera plus ou moins bon.

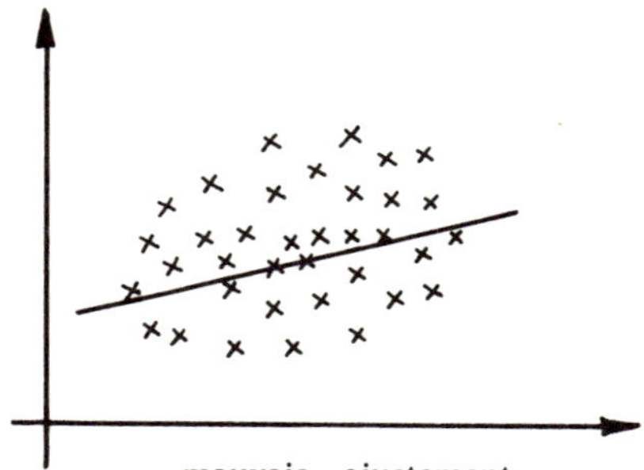

« mauvais » ajustement

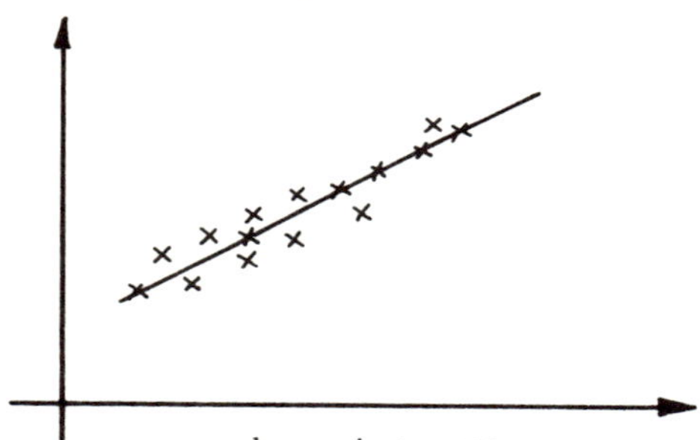

« bon » ajustement

On va donc chercher à construire un indicateur de la qualité de l'ajustement. Intuitivement, on voit que celui-ci sera d'autant meilleur que les résidus, et donc leur somme de carrés, seront petits. Mais prendre cette somme de carrés comme indicateur de la qualité de l'ajustement présente, au moins, deux inconvénients :

— il y a un « effet-taille », dû notamment aux unités choisies pour mesurer les variables (quelle signification donner au fait que la somme des carrés des résidus estimés est, par exemple, 243 ? Est-ce peu ? beaucoup ?) ;

— plus cet indicateur est « petit », plus l'ajustement est de bonne qualité, et vice versa : cette relation « inverse » entre valeur de l'indicateur et qualité de l'ajustement n'est pas des plus pratiques.

On va donc construire un indicateur n'ayant pas ces inconvénients. Pour cela, on considère *la variance expliquée* ; c'est-à-dire la variance des estimations de y données par la droite des moindres carrés :

$$v(\hat{y}) = \frac{\sum_i (\hat{y}_i - \bar{y})^2}{n}$$

que l'on compare à la variance de y. On définit alors le *coefficient de corrélation linéaire R* par :

$$R^2 = \frac{\text{variance expliquée de } y}{\text{variance totale de } y} = \frac{v\ (\hat{y})}{v\ (y)}.$$

Cet indicateur a les propriétés voulues. Ainsi, dans le cas « idéal », où tous les points du nuage sont sur une même droite, alors les y_i et $\hat{y}_i$ sont confondus, la variance expliquée et la variance totale de y sont égales, et donc R^2 atteint sa valeur maximum, 1 (nous montrerons à la fin de ce chapitre que l'on a toujours :

$$\text{variance expliquée de } y \leq \text{variance totale de } y$$

et donc : $R^2 = v\ (\hat{y})/v\ (y) \leq 1$).

Par contre, si le nuage de points est plutôt « sphérique », alors la droite des moindres carrés tendra à être horizontale, et la variance expliquée sera faible, relativement à la variance totale : R^2 sera faible, proche de 0, ce qui traduira bien la mauvaise qualité de l'ajustement :

En résumé :

le carré du coefficient de corrélation linéaire est un indicateur de la qualité de l'ajustement. Celui-ci est bon lorsque ce chiffre est proche de 1, mauvais lorsqu'il est proche de 0.

Après avoir vu la signification de R^2, cherchons à le mettre sous la forme d'une formule plus pratique pour les calculs. Pour cela, remarquons, en nous servant de (3), que :

$$\hat{y}_i - \overline{y} = \hat{a}x_i + \hat{b} - (\hat{a}\overline{x}_i + \hat{b}) = \hat{a}\ (x_i - \overline{x}).$$

Par conséquent :

$$\text{variance expliquée} = \frac{\sum_i (\hat{y}_i - \overline{y})^2}{n} = \hat{a}^2 \frac{\sum_i (x_i - \overline{x})^2}{n} = \hat{a}^2\ v\ (x).$$

En se servant de la formule (4) donnant $\hat{a}$, on a :

$$\text{variance expliquée} = \left(\frac{\text{cov}\ (x, y)}{v\ (x)}\right)^2 v(x) = \frac{(\text{cov}\ (x, y))^2}{v\ (x)}.$$

Finalement :

$$R^2 = \frac{\text{variance expliquée de } y}{\text{variance totale de } y} = \frac{(\text{cov}\ (x, y))^2}{v\ (x)\ v\ (y)}.$$

C'est la formule recherchée![1]

Exemple

Soit le tableau suivant, donnant la répartition de 10 ménages selon leur revenu et leur consommation :

revenu	4 000	5 000	6 000	7 000	8 000	9 000	10 000	11 000	12 000	13 000
consommation	3 500	4 500	5 000	6 000	7 000	7 500	8 000	9 000	9 000	9 000

Calculons les divers éléments permettant de déterminer la droite des moindres carrés. Soit :

$\bar{r}$ = revenu moyen = 8 500

$\bar{c}$ = consommation moyenne = 6 850

$$\sum_i r_i^2 = 805000000, \text{ d'où : } v\,(r) = \frac{805000000}{10} - (8\,500)^2 = 8250000$$

$$\sum_i c_i^2 = 505750000, \text{ d'où : } v\,(c) = \frac{505750000}{10} - (6\,850)^2 = 3652501$$

$\sum_i r_i\, c_i = 636000000$, d'où :

$$\text{cov}\,(c, r) = \frac{636000000}{10} - (8\,500)\,(6\,850) = 5375000$$

Par conséquent :

$$\hat{a} = \frac{\text{cov}\,(c, r)}{v\,(r)} = \frac{5375000}{8250000} = 0{,}651...$$

et

$$\hat{b} = \bar{c} - \hat{a}\bar{r} = 6\,850 - (0{,}651...)\,(8\,500) = 1312{,}...$$

L'équation de la droite des moindres carrés est donc (en « arrondissant ») :

$$c = 0{,}65\ r + 1312$$

le coefficient de corrélation linéaire étant :

1. Ce qui nous intéresse ici, c'est la valeur de R^2. Comme $R = \text{cov}\,(x, y)/\sigma\,(x)\,\sigma\,(y)$, son signe sera le même que celui de la covariance (et donc que celui de $\hat{a}$).

$$R^2 = 0,958...$$

ce qui traduit un bon ajustement (confirmé par la représentation graphique : nous laissons au lecteur le soin de tracer le nuage de points, à titre d'exercice).

En ce qui concerne les calculs précédents, notons qu'il aurait été judicieux de les simplifier en faisant un changement de variable, par exemple en « enlevant » trois 0 au revenu et deux 0 à la consommation, ce qui aurait donné des chiffres moins importants, tout en n'oubliant pas de « rajouter » ces 0 dans le résultat final[1]

Avertissement important quant à l'interprétation des coefficients de corrélation

Si nous reprenons la formule du coefficient de corrélation, nous constatons qu'elle est *parfaitement symétrique* en x et y, dans le sens où elle n'est pas modifiée si on y met x à la place de y et y à la place de x (si on permute les rôles de x et de y). Autrement dit, si on avait ajusté sur le nuage de points observé une droite d'équation :

$$x = a'y + b'$$

donc telle que y « explique » x, alors on aurait trouvé *le même* coefficient de corrélation ! Ainsi, si on reprend notre exemple sur consommation et revenu, nous avons vu précédemment que les variations du revenu « expliquaient » 95 % de celles de la consommation ; mais si on avait ajusté le revenu en fonction de la consommation, on aurait pu conclure que les variations de la consommation « expliquaient » 95 % de celles du revenu !

Par conséquent : *même un « bon » (proche de 1) coefficient de corrélation ne permet pas de trancher sur le sens de la causalité.*

Ce sens fait partie des hypothèses de base du modèle : il découle de la théorie qui a amené, plus ou moins explicitement, à construire ce dernier.

Si une faible corrélation, proche de 0, peut amener à rejeter un modèle — même si l'introduction de variables retardés, importantes en économie où les délais sont non négligeables, peut, par exemple, modifier la situation — une forte corrélation n'est pas toujours suffisante pour le valider. En effet, cette dernière peut résulter de :

---

1. On peut encore plus simplifier les calculs en faisant $c' = c - 7\,000$ et $r' = r - 8\,000$, mais nous n'avons pas insisté dans cet ouvrage sur les changements de variable, dans la mesure où l'existence de machines à calculer nombreuses et peu coûteuses les rend moins indispensables.

— l'existence d'une « variable cachée » qui détermine *à la fois* les variations de x et de y (ainsi, une corrélation élevée entre niveau d'instruction et parc automobile résulte de l'action d'une troisième variable, le revenu, et ne prouve nullement que « plus on lit, plus on aime avoir des voitures ») ;

— un « coup de chance », ou de malchance ..., au niveau du choix de l'échantillon ;

— l'existence d'une relation comptable cachée entre les variables (problème qui peut se poser en économie).

C'est pourquoi, lors de l'étude de tout modèle, et du calcul de corrélations, une réflexion théorique est indispensable, pour éviter des conclusions hâtives... et erronées.

Nuage de points et spécification du modèle

Après avoir retenu les caractères auxquels on s'intéresse, et avoir précisé le sens attendu de la causalité, on est en présence d'une équation de la forme : $y = f(x)$. Dans l'étude précédente, nous avons supposé que f était une fonction affine, représentée par une droite. Mais, il se peut que cette représentation ne soit pas appropriée ; c'est pourquoi, il est raisonnable, avant de se lancer dans les calculs, de *représenter le nuage de points relatif aux observations,* afin de mieux choisir la spécification. Ainsi, si on a un nuage de points de la forme :

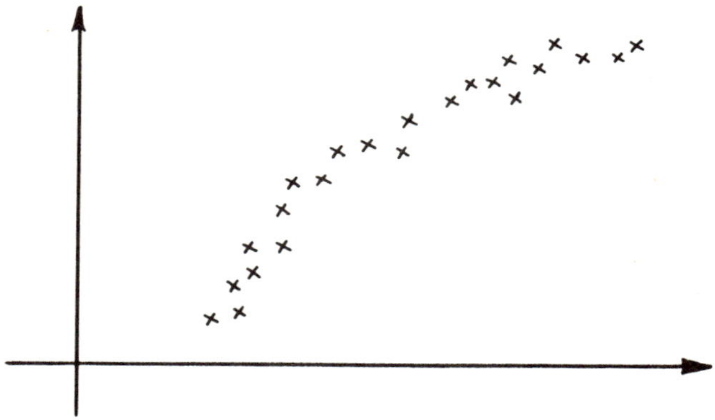

il semble qu'il vaille mieux choisir pour f une fonction de type logarithme. Si le nuage de points est plutôt de la forme :

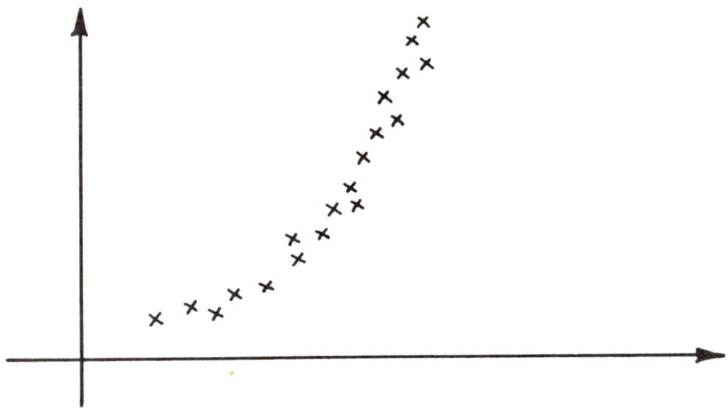

une représentation de type « parabolique » (ou, plus généralement, « puissance supérieure à 1 ») semble être plus appropriée. Soit :

il est toujours bon, avant de se lancer dans les calculs, de représenter et d'étudier attentivement le nuage de points, notamment pour voir quelle spécification il faut retenir.

Dans le doute, le cas linéaire, sorte de « cas moyen », est le meilleur choix.

Quoi qu'il en soit, on se ramène généralement au cas linéaire (ou affine) grâce à un *changement de variable.* Ainsi, si on cherche à ajuster un modèle de la forme :

$$y = a \log x + b$$

alors, il suffit de poser $X = \log x$ et d'appliquer les formules des moindres carrés, avec X à la place de x. Ainsi, on aura : $\hat{a} = \text{cov}\,(X, y) \,/\, v\,(X) = \text{cov}\,(\log x, y)/v\,(\log x)$.

En fait, on dit que le modèle étudié est *linéaire* parce qu'il est *linéaire relativement aux paramètres a et b,* et non en x et y qui sont, rappelons-le, des *données* (résultant des observations). C'est pourquoi on peut « transformer » comme on veut, les variables x, et y, sans changer les résultats, tout en tenant compte, dans les calculs, de ces transformations.

CE QU'IL FAUT RETENIR DE CE CHAPITRE

• Un *modèle* est un ensemble d'équations traduisant les *hypothèses* faites par le chercheur concernant le lien entre des variables relatives à une population donnée.

• Après avoir précisé la forme de ce lien, on parle de *spécification* du modèle, on cherche à la chiffrer, c'est-à-dire à en *estimer les paramètres*. La méthode la plus généralement utilisée est celle des moindres carrés, donnant, dans le cas de deux variables, le *coefficient de régression* de y en x :

$$\hat{a} = \frac{\text{cov}(x, y)}{v(x)}$$

et le *coefficient de corrélation linéaire* (mesure de la qualité de l'ajustement) :

$$R^2 = \frac{(\text{cov}(x, y))^2}{v(x)\, v(y)}$$

• Une certaine prudence est nécessaire quand il faut interpréter de fortes corrélations.

ANNEXE
Décomposition de la variance dans le cas des moindres carrés

Nous allons montrer que l'on a :

variance de y = variance « expliquée » de y + variance des résidus

ce que l'on peut écrire :

$$v(y) = v(\hat{y}) + v(\hat{e}).$$

On part du fait que :

$$y_i = \hat{y}_i + \hat{e}_i.$$

Donc :

$$y_i - \overline{y} = (\hat{y}_i - \overline{y}) + \hat{e}_i$$

En élevant au carré et en sommant par rapport à i :

$$\sum_i (y_i - \overline{y})^2 = \sum_i (\hat{y}_i - \overline{y})^2 + \sum_i \hat{e}_i^2 + 2 \sum_i (\hat{y}_i - \overline{y})\, \hat{e}_i$$

Au facteur $1/n$ près, le membre de gauche de cette égalité est $v(y)$, le premier de celui de droite étant la « variance expliquée » (variance de $\hat{y}$), le second celle de $\hat{e}$ (variance résiduelle), car il résulte de (2) que $\overline{e} = 0$; il faut donc montrer que :

(5) $$2 \sum_i (\hat{y}_i - \overline{y})\hat{e}_i = 0.$$

Or, $\hat{y}_i - \overline{y} = \hat{a}x_i + \hat{b} - (\hat{a}\overline{x} + \hat{b}) = \hat{a}\ (x_i - \overline{x})$; donc (5) s'écrit :

$$2 \sum_i \hat{a}\ (x_i - \overline{x})\ \hat{e}_i = 0$$

ou encore :

$$2\ \hat{a} \sum_i x_i\ \hat{e}_i - 2\ \hat{a}\ \overline{x} \sum_i \hat{e}_i = 0.$$

Mais, en raison de (2), $\sum_i \hat{e}_i = \sum_i (y_i - \hat{a}x_i - \hat{b}) = 0$ et en raison de (1) : $\sum_i x_i\ \hat{e}_i = \sum_i x_i\ (y_i - \hat{a}x_i - \hat{b}) = 0$. L'égalité (5) a été établie et, par conséquent, on a bien montré que :

$$v\ (y) = v\ (\hat{y}) + v\ (\hat{e}).$$

Il découle, en particulier, de cette formule, dite de décomposition de la variance, que, si $v\ (y) \neq 0$ (vrai si y non constante), alors :

$v\ (\hat{y})/v\ (y) \leq 1$ (variance expliquée inférieure à la variance totale)

En effet, on a, en divisant par $v\ (y)$ la formule de décomposition de la variance :

$$1 = \frac{v\ (\hat{y})}{v\ (y)} + \frac{v\ (\hat{e})}{v\ (y)}$$

l'inégalité annoncée résultant du fait que $v(\hat{e})/v(y) \geq 0$, une variance ne pouvant qu'être positive ou nulle.

Moindres carrés et « orthogonalité »

La relation :

$$\sum_i x_i\ \hat{e}_i = 0$$

vérifiée par les résidus des moindres carrés (conséquence de (2)) peut s'écrire :

(6) $$\mathbf{X\hat{E}'} = 0$$

où **X** est la matrice ligne formée par les x_i et $\mathbf{\hat{E}}$ la matrice ligne formée par les $\hat{e}_i$. La relation (6) signifie que le « vecteur » des résidus des moindres carrés est *orthogonal* au vecteur des observations. De même, comme il résulte de (2) que :

$$\sum_i \hat{e}_i = 0$$

donc que :

$$\mathbf{U\hat{E}'} = 0 \qquad (7)$$

où **U** est une matrice ligne formée par n nombres 1 (« vecteur unitaire »), il s'ensuit que le « vecteur » des résidus des moindres carrés est orthogonal au vecteur unitaire **U**.

Les égalités (6) et (7) donnent la représentation matricielle, ou « vectorielle », des relations (1) et (2) des moindres carrés. Celles-ci peuvent donc être formulées de la façon suivante :

le vecteur des résidus des moindres carrés est orthogonal au plan engendré par la variable explicative et le vecteur unitaire associé à la constante de la régression.

Autrement dit, le vecteur « expliqué » est la « projection » sur ce plan du vecteur des observations, **Y**.

Ce que l'on peut représenter par le graphique suivant, même si, en fait, les « vecteurs » **Y**, **X**, **U**, $\mathbf{\hat{Y}}$ et $\mathbf{\hat{E}}$ appartiennent à un espace (dit « des observations ») de n dimensions.

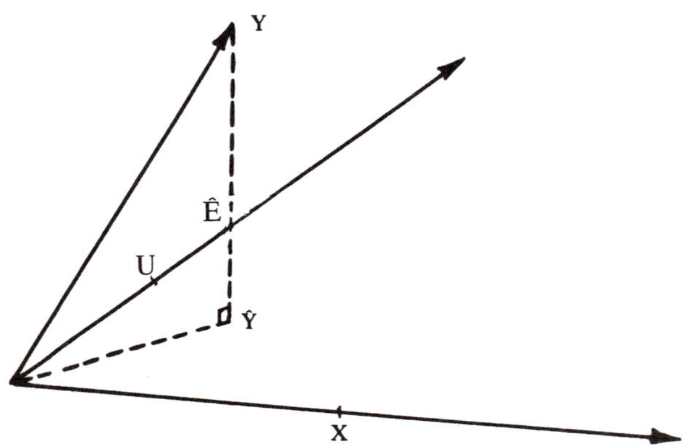

CHAPITRE XXVI

Les tableaux à double entrée

Nous allons nous intéresser ici, comme dans le chapitre précédent, au « lien » pouvant exister, dans une population donnée, entre deux caractères. Ce que nous avons dit sur modèles, spécifications, moindres carrés et corrélation est donc toujours valable. La seule différence avec la présentation précédente réside dans le fait que nous allons maintenant adopter un point de vue plus général, dans le sens où à chaque modalité de l'un des caractères peuvent correspondre plusieurs modalités différentes, représentées par des individus, de l'autre caractère.

Cette différence, qui ne modifie pas, sur le fond, le modèle, permet de lui apporter un certain nombre d'enrichissements, notamment en ce qui concerne l'étude « conditionnelle », comme nous le verrons plus loin. Par contre, elle se traduit par des notations et des calculs nettement plus lourds. C'est pourquoi il nous semble plus judicieux de commencer par un exemple, qui va nous permettre de mieux comprendre la « logique » de ces notations (compliquées par l'existence de doubles indices). Car, dès qu'on a compris la signification de chaque concept, on peut aisément retrouver la formule qui l'exprime, comme nous allons maintenant le voir.

Un exemple

Considérons un ensemble de 100 ménages[1], caractérisés par l'âge x de son « chef » et par le nombre y de logements (y compris les résidences secondaires) dont ils sont propriétaires.

Supposons que la répartition de ces ménages, selon ces deux caractères, est donnée par le tableau suivant :

---

1. Comme nous l'avons déjà signalé, on peut toujours se ramener à ce cas (pratique au niveau des calculs), par division des effectifs (si la population comporte N individus, on divise par $N/100$).

y_j \ x_i	25-35	35-45	45-55	55-65	$n_{.j}$
0	10	10	5	0	25
1	7	15	10	5	37
2	3	10	10	3	26
3	0	5	5	2	12
$n_{i.}$	20	40	30	10	100

(la dernière colonne donne la somme des éléments des lignes, la dernière ligne celle des éléments des colonnes).

Ainsi, si on considère les ménages dont l'âge du chef est compris entre 25 et 35 ans, alors il y en a 10 qui ne sont pas propriétaires, 7 qui ont une propriété, 3 qui en ont deux, aucun qui en ait trois. Nous voyons qu'à *une* classe d'âge correspondent plusieurs types de propriétaires. De même, à chaque type de propriétaire correspondent plusieurs classes d'âge ; par exemple, on trouve des individus de toutes les classes d'âge parmi les propriétaires d'un seul logement.

Nous allons maintenant étudier l'« information » fournie par ce tableau du point de vue des répartitions marginales et conditionnelles.

Les répartitions marginales

Les répartitions marginales sont celles des deux caractères, considérés indépendamment l'un de l'autre : leur étude se fait donc comme dans le cas où il y a un seul caractère. Pour cela, on ne prend en compte que les *effectifs cumulés*, tels qu'ils ont été calculés dans les dernières ligne et colonne du tableau ci-dessus. Ainsi, il y a 25 ménages, indépendamment de leur âge, qui ne sont pas du tout propriétaires, 37 qui possèdent un logement, etc.

Par conséquent, la *moyenne marginale* de y, nombre moyen de logements dont sont propriétaire les ménages, est obtenue en divisant le nombre total de logements par le nombre total de ménages ; soit :

$$\frac{25 \cdot 0 + 37 \cdot 1 + 26 \cdot 2 + 12 \cdot 3}{100} = 1{,}25$$

On la note :

$$\overline{\overline{y}} = 1{,}25$$

la « double barre » ayant pour but de distinguer la moyenne marginale des autres types de moyenne, dont nous parlerons plus loin. Si on note $n_{.j}$ le nombre de ménages correspondant à la j^e modalité de y, alors la formule de la moyenne marginale, concernant le nombre de propriétés, y, est :

$$\overline{\overline{y}} = \frac{\sum_j n_{.j}\, y_j}{N}$$

où N est l'effectif total, ici égal à 100 (parfois, on pose $N = n_{..}$).[1] On est bien en présence de la formule d'une moyenne. On somme par rapport à l'indice j (dont les valeurs vont, dans notre exemple, de 1 à 4, puisqu'il y a 4 modalités concernant le nombre de propriétés), cet indice étant associé à la variable étudiée, y. La seule différence avec la formule habituelle est dans la notation $n_{.j}$: le « point » est destiné à ne pas confondre les sommes des éléments des lignes et des colonnes de même ordre (ainsi, ici : $n_{.1} = 25$, somme des éléments de la première *ligne*, alors que $n_{1.} = 20$, somme de ceux de la première *colonne*).

De même pour la variance marginale, donnée par la formule habituelle (avec $n_{.j}$ à la place de n_j et $\overline{\overline{y}}$ à la place de $\overline{y}$) :

$$v\,(y) = \frac{\sum_j n_{.j}\,(y_j - \overline{\overline{y}})^2}{N}$$

la formule développée, utile pour les calculs, étant :

$$v\,(y) = \frac{\sum_j n_{.j}\, y_j^2}{N} - \overline{\overline{y}}^2.$$

Dans le cas présent :

$$v\,(y) = \frac{25 \cdot 0^2 + 37 \cdot 1^2 + 26 \cdot 2^2 + 12 \cdot 3^2}{100} - (1{,}25)^2 = 0{,}9275.$$

On procède de même pour l'autre variable, l'âge du chef de famille, en se servant des effectifs cumulés $n_{i.}$, $i = 1, ..., 4$.

Ainsi, l'âge moyen est (comme on est ici en présence d'un caractère continu, on prend les centres de classe comme valeur du caractère) :

1. On a : $n_{.j} = \sum_i n_{ij}$, *où* n_{ij} est le nombre d'éléments tels que $x = x_i$ *et* $y = y_j$ par exemple : $n_{23} = 10$).

$$\overline{\overline{x}} = \frac{20 \cdot 30 + 40 \cdot 40 + 30 \cdot 50 + 10 \cdot 60}{100} = 43 \text{ ans.}$$

la formule générale donnant la moyenne marginale de x étant :

$$\overline{\overline{x}} = \frac{\sum\limits_i n_{i.}\, x_i}{N}$$

la sommation se faisant selon l'indice i, utilisé pour distinguer les modalités du caractère x. De même, on a pour la variance :

$$v\,(x) = \frac{\sum\limits_i n_{i.}\,(x_i - \overline{\overline{x}})^2}{N} = \sum_i \frac{n_{i.}\, x_i^2}{N} - \overline{\overline{x}}^2.$$

Soit, dans notre exemple :

$$v\,(x) = \sum_i \frac{n_{i.}\, x_i^2}{N} - \overline{\overline{x}}^2 = \frac{20 \cdot 30^2 + 40 \cdot 40^2 + 30 \cdot 50^2 + 10 \cdot 60^2}{100} - 43^2 = 81$$

Après avoir calculé les caractéristiques de valeur centrale et de dispersion des distributions de x et de y, considérées indépendamment l'une de l'autre, nous allons maintenant nous intéresser au problème qui se trouve à la source du tableau donné (et qui explique pourquoi ce sont ces deux caractères là, et non d'autres, qui ont été retenus), celui du lien éventuel entre l'âge du chef de famille et le nombre de propriétés immobiliaires détenues par une famille. Pour cela, nous allons traiter des *répartitions conditionnelles.*

Répartitions conditionnelles

Ces répartitions diffèrent des répartitions marginales seulement par la catégorie d'individus retenus ; en effet, elles ne concernent qu'une partie des effectifs, et non l'ensemble, comme dans le cas marginal. Par exemple, on aura une répartition conditionnelle lorsqu'on s'intéressera aux seuls ménages dont l'âge du « chef » est compris entre 35 et 45 ans (c'est la « condition » imposée).

Dans cet exemple, on calcule *la moyenne et la variance conditionnelle* de y en se servant de la deuxième colonne du tableau des données (celle relative à la tranche d'âge 35-45), dont l'effectif est égal à 40. Alors, la moyenne conditionnelle est donnée par :

$$\frac{0 \cdot 10 + 1 \cdot 15 + 2 \cdot 10 + 3 \cdot 5}{40} = 1{,}25.$$

On la note $\overline{y}_2$, notation qui se justifie ainsi : y puisque cela concerne le caractère y, nombre de logements ; la « barre » au-dessus de y, puisqu'on est en présence d'une moyenne ; l'indice 2 puisque c'est une moyenne concernant les ménages se trouvant dans la deuxième classe d'âge.

Plus généralement, la notation $\overline{y}_i$ désigne la moyenne de y, calculée pour les ménages se trouvant dans la i^e classe d'âge. Soit :

$$\overline{y}_i = \frac{\sum_j n_{ij}\, y_j}{n_{i.}}$$

C'est la formule classique ; seule change la forme des pondérations, où interviennent les indices i et j, *mais seul l'indice* j *varie,* i étant fixé. Soit : à une moyenne conditionnelle d'un caractère correspond l'indice de l'autre caractère (ainsi, ici, la notation $\overline{y}_j$ *n'a pas de sens).*

Notons, pour terminer sur les moyennes conditionnelles, que la moyenne de ces dernières, pondérées par leur effectif correspondant, est égale à la moyenne marginale (car la moyenne d'un mélange est égale à la moyenne des moyennes de chaque sous-population formant ce mélange ; cf. chapitre 21). Ce qui s'écrit :

$$\overline{\overline{y}} = \frac{\sum_i n_{i.}\, \overline{y}_i}{N}$$

La variance conditionnelle de y relative à la i^e tranche d'âge est donnée par (en faisant appel aux mêmes pondérations que pour la moyenne conditionnelle) :

$$v_i\,(y) = \frac{\sum_j n_{ij}\,(y_j - \overline{y}_i)^2}{n_{i.}}$$

les écarts étant calculés, évidemment, par rapport à la moyenne conditionnelle correspondante. La formule développée est :

$$v_i\,(y) = \frac{\sum_j n_{ij}\, y_j^2}{n_{i.}} - \overline{y}_i^2.$$

Ainsi, pour reprendre notre exemple précédent, on a :

$$v_2\,(y) = \frac{10 \cdot 0^2 + 15 \cdot 1^2 + 10 \cdot 2^2 + 5 \cdot 3^2}{40} - (1{,}25)^2 = 0{,}9375.$$

Jusqu'à présent, nous avons réparti les sous-populations de ménages en posant comme condition que l'âge de leur chef soit dans une certaine classe. Mais on peut procéder « dans l'autre sens », en s'intéressant à l'âge des ménages, le nombre de propriétés étant donné (c'est la « condition »). Autrement dit, on considère le tableau de données du point de vue des lignes. Par exemple, l'âge moyen des propriétaires de *deux* logement est :

$$\frac{3 \cdot 30 + 10 \cdot 40 + 10 \cdot 50 + 3 \cdot 60}{26} = 45 \text{ ans}$$

(résultat auquel on pouvait s'attendre, la distribution étant symétrique, dans cette ligne).

Pour les mêmes raisons que précédemment, on note $\overline{x}_j$ ces moyennes conditionnelles (moyenne de x, relative à la modalité j, concernant le nombre de logements détenus).

La formule de ce type de moyenne est donc :

$$\overline{x}_j = \frac{\sum_i n_{ij}\, x_i}{n_{.j}}.$$

Notons que dans ce cas on somme par rapport à l'indice i, j *étant fixé.*

Quant aux variances conditionnelles de x, elles sont données par :

$$v_j\,(x) = \frac{\sum_i n_{ij}\,(x_i - \overline{x}_j)^2}{n_{.j}} = \frac{\sum_i n_{ij}\, x_i^2}{n_{.j}} - \overline{x}_j^2.$$

Par exemple, si on s'intéresse aux propriétaires de deux logements, on a :

$$v_3\,(x) = \frac{3 \cdot 30^2 + 10 \cdot 40^2 + 10 \cdot 50^2 + 3 \cdot 60^2}{26} - 45^2 = 71{,}15...$$

Nous avons ainsi obtenu des indicateurs de valeur centrale et de dispersion pour les répartitions conditionnelles (qui sont, dans notre exemple, au nombre de 8 : 4 lignes et 4 colonnes).

Remarque importante Si on a bien compris ce que sont les répartitions conditionnelles (ce qui n'est pas difficile !), alors on peut calculer directement ces indicateurs, comme on le fait pour n'importe quelle moyenne ou variance, sans avoir à connaître « par cœur » la formule qui les donne.

Courbe de régression

L'étude des distributions conditionnelles a notamment pour but de faire apparaître le lien, s'il existe, entre les deux caractères retenus. Notons que, dans le cas présent, étant donné les variables considérées, le sens de la causalité ne peut être que :

âge du chef de famille → nombre de propriétés

car on voit difficilement comment le nombre de propriétés pourrait influencer l'âge du chef de famille !

Ainsi, on peut se demander : est-ce que le nombre de propriétés augmente (ou diminue) avec l'âge ? Au sens strict, il n'est pas possible de répondre à une telle question, ou alors on peut considérer que la réponse est forcément négative, puisque pour chaque classe d'âge il y a des ménages dont le nombre des propriétés diffère. Ainsi, il y a des ménages « jeunes » qui ont deux propriétés et des ménages « vieux » qui n'en ont pas, tandis que d'autres ménages « jeunes » n'en ont pas, certains « vieux » en ayant trois.

Afin de tenir compte de cette difficulté, on fait appel, comme dans le chapitre précédent, à la notion de *terme de perturbation* : si pour une même classe d'âge il y a plusieurs types de propriétaires, cela serait dû à des événements fortuits, particuliers (par exemple : héritage), dont on considère qu'ils peuvent être négligés, car non systématiques. Afin de se débarrasser de ces perturbations, on considérera une sorte d'« individu moyen » par classe d'âge, pondéré par l'effectif de cette classe, individu pour lequel la valeur du caractère sera donnée par la moyenne conditionnelle correspondante. Ainsi, on aura, dans notre exemple :

TABLEAU 1

classe d'âge (x_i)	25-35	35-45	45-55	55-65
nombre de propriétés du ménage « moyen » de la classe d'âge ($\bar{y}_i$)	0,65	1,25	1,5	1,7
effectif ($n_{i.}$)	20	40	30	10

Évidemment, en procédant de cette façon, on laisse de côté une partie de l'information disponible, mais c'est là l'inconvénient de toute étude statistique voulant « tirer l'essentiel » d'un ensemble de données. Nous reviendrons plus loin sur ce point.

Le tableau ci-dessus semble suggérer que, « en moyenne », *le nombre de propriétés augmente avec l'âge*. On peut faire apparaître graphiquement cette croissance en représentant *la courbe de régression de y en x*, joignant les points $(x_i, \overline{y}_i)$, correspondant aux moyennes conditionnelles. Soit, en prenant pour les x_i les centres des classes :

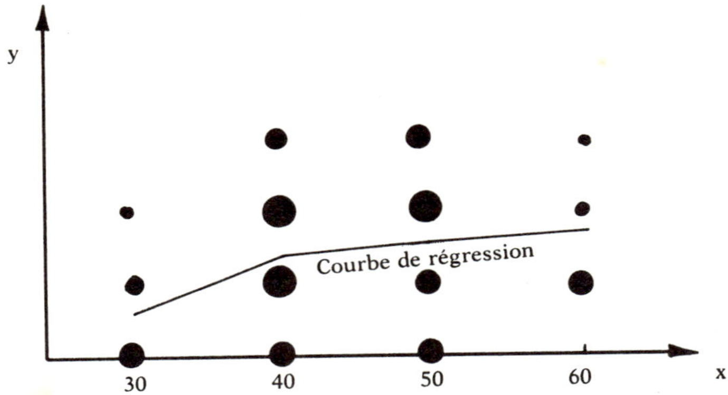

Les « points noirs » représentent le nuage de points (leur surface est proportionnelle à l'effectif qu'ils représentent).

La courbe de régression de y en x peut donc être considérée comme traduisant le lien recherché entre ces deux variables, la causalité allant de x à y.

La question qui vient alors est celle de savoir si ce lien est « bon », ou pas. Pour répondre à cette question, on construit un indicateur de la qualité de l'ajustement, comme nous l'avions fait au chapitre précédent avec le coefficient de corrélation linéaire.

Pour cela, on part de la constatation simple suivante : plus les points sont dispersés relativement à leur moyenne conditionnelle, moins le lien sera bon (ou précis). Autrement dit, plus les variances conditionnelles, traduisant cette dispersion, seront élevées, plus l'ajustement par la courbe de régression sera contestable.

Ceci étant, prendre la somme des variances conditionnelles comme indicateur présente deux inconvénients :

— cela pose des problèmes d'unité ;
— cet indicateur varie « dans le mauvais sens » : plus il est grand, moins l'ajustement est bon.

Pour tenir compte du premier inconvénient, on va considérer un rapport ; pour tenir compte du second, on va se servir de la *formule de la décomposition de la variance* (démontrée, en annexe, à la fin de ce chapitre) ; soit :

variance de y = moyenne des variances conditionnelles de y
+ variance des moyennes conditionnelles de y

ce qui s'écrit :

$$v(y) = \frac{\sum_i n_{i.}\, v_i(y)}{N} + v(\bar{y})$$

où $v(\bar{y})$ est la variance des moyennes conditionnelles de y.

Par conséquent : plus la moyenne des variances conditionnelles est faible, plus la variance des moyennes conditionnelles sera élevée. Ce qui amène à prendre comme indicateur de la qualité de l'ajustement le rapport :

$$\frac{\text{variance des moyennes conditionnelles de } y}{\text{variance de } y}$$

On le note $\eta^2_{y/x}$. En raison de la formule de décomposition de la variance, il sera toujours inférieur à 1. Le cas « idéal » est celui où la moyenne des variances conditionnelles de y est nulle, chacune d'entre elles l'étant ; alors, $\eta^2_{y/x} = 1$. Par contre, s'il est proche de 0, le lien entre y et x est très faible.

Comme nous connaissons $v(y)$, calculée précédemment, il ne nous reste plus qu'à déterminer la variance des moyennes conditionnelles de y. Soit, en se servant du tableau 1 donnant ces moyennes, et de la formule développée de la variance (*en n'oubliant pas* les pondérations correspondant aux effectifs dans chaque classe d'âge) :

$$\frac{20 \cdot 0{,}65^2 + 40 \cdot 1{,}25^2 + 30 \cdot 1{,}5^2 + 10 \cdot 1{,}7^2}{100} - 1{,}25^2 = 0{,}115$$

et, par conséquent :

$$\eta^2_{y/x} = \frac{0{,}115}{0{,}9275} = 0{,}12...$$

Ce coefficient étant faible, le lien entre y et x semble être faible, du moins lorsqu'on le représente par la courbe de régression. Résultat auquel on pouvait s'attendre au vu du nuage de points, nettement dispersé autour de cette courbe.

La variance des moyennes conditionnelles étant donnée par :

$$v(\bar{y}) = \frac{\sum_i n_{i.}\, (\bar{y}_i - \bar{\bar{y}})^2}{N} \qquad \text{(variance des } \bar{y}_i \text{ pondérés par les } n_{i.}\text{)}$$

on a :

$$\eta^2_{y/x} = \frac{v\,(\overline{y})}{v\,(y)} = \frac{\sum_i n_{i.}\,(\overline{y}_i - \overline{\overline{y}})^2}{\sum_j n_{.j}\,(y_j - \overline{\overline{y}})^2}$$

On peut déterminer de la même façon la courbe de régression de x en y, bien que cela n'ait pas de sens dans le cas de notre exemple (on voit difficilement comment le nombre de propriétés pourrait influencer l'âge du chef de famille !). Pour cela, on calcule les moyennes conditionnelles de x, soit :

$$\overline{x}_j = \frac{\sum_i n_{ij}\,x_i}{n_{.j}}$$

et on joint les points d'ordonnée y_j et d'abscisse $\overline{x}_j$.[1]

La qualité de cet ajustement est mesuré par le rapport de la variance des moyennes conditionnelles de x et de la variance de x, soit :

$$\eta^2_{x/y} = \frac{v\,(\overline{x})}{v\,(x)}$$

et donc :

$$\eta^2_{x/y} = \frac{\sum_i n_{.j}\,(\overline{x}_j - \overline{\overline{x}})^2}{\sum_i n_{i.}\,(x_i - \overline{\overline{x}})^2}$$

formule en tout point similaire à celle donnant $\eta^2_{y/x}$: on passe de l'une à l'autre en permutant les rôles de y et x, de i et j.

Régression par les moindres carrés

L'un des inconvénients majeurs de la courbe de régression, c'est qu'elle ne correspond pas, en général, à une forme fonctionnelle précise : c'est une courbe « empirique », construite à partir d'un nuage de points, qui, en général, ne peut être représentée par une fonction relativement simple. C'est pourquoi la très grande majorité des modèles cherchant une relation de causalité entre deux, ou plusieurs, variables préfère se donner une spécification a priori, du type $y = f\,(x)$, et voir si elle représente, ou non, un « bon » ajustement, relativement aux observations.

---

1. Rappelons que la moyenne des moyennes conditionnelles est égale à la moyenne marginale.

On est donc ramené au cas étudié dans le chapitre précédent. Ainsi, on se donne une spécification linéaire,

$$y = ax + b$$

et on lui applique la méthode des moindres carrés.

Les calculs sont en tout point similaires, même s'ils sont alourdis par la présence de doubles indices. On obtient alors *la droite des moindres carrés*, ou *droite de régression* (à ne pas confondre avec la *courbe* de régression) :

$$y = \hat{a}x + \hat{b}$$

avec, comme dans le chapitre précédent :

$$\hat{a} = \frac{\text{covariance de } x \text{ et } y}{\text{variance de } x} = \frac{\text{cov}\ (x,\ y)}{v\ (x)}$$

Évidemment, la formule donnant la covariance sera un peu plus complexe que dans le chapitre précédent, compte tenu de la forme des données, mais elle est du même type, faisant intervenir les variations conjointes des deux variables. Soit, plus précisément :

$$\text{cov}\ (x,\ y) = \frac{\sum_i \sum_j n_{ij}\ (x_i - \overline{\overline{x}})\,(y_j - \overline{\overline{y}})}{N}$$

d'où l'on déduit la *formule développée* de la covariance :

$$\text{cov}\ (x,\ y) = \frac{\sum_i \sum_j n_{ij}\ x_i\ y_j}{N} - \overline{\overline{x}}\,\overline{\overline{y}}.$$

En ce qui concerne les calculs, le terme « lourd » est le premier intervenant dans la formule développée de la covariance. Mais, on peut le déterminer assez aisément à partir des moyennes marginales, en remarquant que :

$$\sum_i \sum_j n_{ij}\ x_i\ y_j = \sum_i x_i \sum_j n_{ij}\ y_j.$$

Or, comme par hypothèse, $\sum_j n_{ij} y_j / n_{i.} = \overline{y}_i$, la formule ci-dessus peut s'écrire :

$$\sum_i \sum_j n_{ij}\ x_i\ y_j = \sum_i x_i\ (n_{i.}\ \overline{y}_i) = \sum_i n_{i.}\ x_i\ \overline{y}_i.$$

Dans notre exemple, cette expression se calcule aisément à partir du tableau 1 ; soit :

$$20 \cdot 30 \cdot 0{,}65 + 40 \cdot 40 \cdot 1{,}25 + 30 \cdot 50 \cdot 1{,}5 + 10 \cdot 60 \cdot 1{,}7 = 5660.$$

Par conséquent :

$$\text{cov}\,(x, y) = \frac{5660}{100} - 43 \cdot 1{,}25 = 2{,}85$$

et donc :

$$\hat{a} = \frac{2{,}85}{81} = 0{,}035...$$

La droite des moindres carrés passant par le « centre » $(\bar{\bar{x}}, \bar{\bar{y}})$ du nuage, soit :

$$\bar{\bar{y}} = \hat{a}\bar{\bar{x}} + \hat{b}$$

il s'ensuit que :

$$\hat{b} = \bar{\bar{y}} - \hat{a}\bar{\bar{x}} = 1{,}25 - (0{,}035...)\,(43) = -0{,}25...$$

Comme dans le chapitre précédent, la *qualité de l'ajustement* est mesurée par le rapport : variance « expliquée » / variance totale, donné par le carré du coefficient de corrélation :

$$R^2 = \frac{(\text{cov}\,(x, y))^2}{v\,(x)\,v\,(y)}.$$

Soit, dans notre exemple :

$$R^2 = \frac{(2{,}85)^2}{81 \cdot 0{,}9275} = 0{,}108...$$

Coefficient proche de 0, amenant à douter fortement du lien entre âge et nombre de propriétés. Plus précisément : il se peut qu'un tel lien existe, mais les variables « oubliées », dont l'effet agit à travers le terme de perturbation, ont sûrement un rôle bien plus important dans la détermination du nombre de propriétés que ne le suppose le modèle, l'âge pouvant être un facteur parmi d'autres.

Quelques remarques pour terminer :

— en général, le coefficient R^2 est inférieur à $\eta^2_{y/x}$, la courbe de régression passant « plus près » du nuage de points ;

— si on avait calculé les $\bar{x}_j$, *et non les* $\bar{y}_i$, alors on aurait pu se servir du fait que :

$$\sum_i \sum_j n_{ij}\, x_i\, y_j = \sum_j y_j \sum_i n_{ij}\, x_i = \sum_j n_{.j}\, y_j\, \bar{x}_j$$

pour calculer la covariance.

ANNEXE
La formule de décomposition de la variance

Prenons, par exemple, la variance de y :

$$v\,(y) = \sum_j \frac{n_{.j}\,(y_j - \bar{\bar{y}})^2}{N}.$$

Comme $n_{.j} = \sum_i n_{ij}$, on a :

$$n_{.j}\,(y_j - \bar{\bar{y}})^2 = n_{1j}\,(y_j - \bar{\bar{y}})^2 + n_{2j}\,(y_j - \bar{\bar{y}})^2 + \ldots$$

On fait apparaître les moyennes conditionnelles $\bar{y}_i$ en posant, pour chaque i :

$$y_j - \bar{\bar{y}} = y_j - \bar{y}_i + \bar{y}_i - \bar{\bar{y}}.$$

Donc :

$$n_{.j}\,(y_j - \bar{y})^2 = n_{1j}\,(y_j - \bar{y}_1 + \bar{y}_1 - \bar{\bar{y}})^2 + n_{2j}\,(y_j - \bar{y}_2 + \bar{y}_2 - \bar{\bar{y}})^2 + \ldots$$

$$= \sum_i n_{ij}\,(y_j - \bar{y}_i + \bar{y}_i - \bar{\bar{y}})^2$$

En reportant dans la formule de la variance, on obtient :

$$v\,(y) = \frac{1}{N} \sum_j \sum_i n_{ij}\,((y_j - \bar{y}_i)^2 + (\bar{y}_i - \bar{\bar{y}})^2 + 2\,(y_j - \bar{y}_i)\,(\bar{y}_i - \bar{\bar{y}}))$$

$$= \sum_i \left(\sum_j \frac{n_{ij}\,(y_j - \bar{y}_i)^2}{N}\right) + \sum_i \left(\sum_j \frac{n_{ij}\,(\bar{y}_i - \bar{\bar{y}})^2}{N}\right) + \frac{2}{N} \sum_i (\bar{y}_i - \bar{\bar{y}}) \sum_j n_{ij}\,(y_j - \bar{y}_i)$$

en se rappelant que l'on peut permuter les ordres de sommation : $\sum_i \sum_j = \sum_j \sum_i$. Or $\sum_j n_{ij}\,(y_j - \bar{y}_i)^2 = n_{i.}\, v_i\,(y)$ (par définition de la variance conditionnelle) et :

$$\sum_i \left(\sum_j \frac{n_{ij}\,(\bar{y}_i - \bar{\bar{y}})^2}{N}\right) = \sum_i (\bar{y}_i - \bar{\bar{y}})^2 \sum_j \frac{n_{ij}}{N} = \sum_i \frac{n_{i.}}{N}\,(\bar{y}_i - \bar{\bar{y}})^2 = v\,(\bar{y}).$$

Enfin, le dernier terme du développement de $v\,(y)$ est nul, puisque $\sum_j n_{ij}\,(y_j - \bar{y}_i) = 0$, quel que soit i, par définition de la de la moyenne conditionnelle.

Donc, on a montré que :

$$v(y) = \sum_i \frac{n_{i.}}{N} v_i(y) + v(\bar{y}).$$

C'est le résultat annoncé : la variance de y est égale à la somme de la moyenne de ses variances conditionnelles et de la variance de ses moyennes conditionnelles.

CHAPITRE XXVII

Justification probabiliste des moindres carrés

En raison de l'importance, pour l'économiste, de la méthode des moindres carrés, et des nombreux tests qu'elle permet de mettre en œuvre, nous allons donner ici quelques éléments sur sa justification d'un point de vue probabiliste. Avant de le faire, donnons quelques définitions.

La notion de distribution de probabilité

Soit une variable statistique (ou *variable aléatoire*), pouvant prendre un nombre fini de valeurs, notées $x_1, x_2, ..., x_n$.

On appelle *distribution de probabilité* associée à cette variable un ensemble de nombres $p_1, p_2, ..., p_n$ tels que :

$$p_i \text{ est associé à la modalité } x_i \qquad i = 1, ..., n$$

$$0 \leq p_i \leq 1 \qquad \text{i} = 1, ..., n$$

$$\sum_i p_i = 1.$$

Évidemment, il existe une infinité de distributions de probabilité associées à une variable statistique donnée ; par exemple : $p_i = 1/n$, $i = 1, ..., n$ représentant des *modalités équiprobables*, ou $p_1 = 1$, $p_i = 0$, $i = 2, ..., n$ correspondant au cas où la première modalité est *certaine*, etc.

Le choix de celle qui sera retenue dépendra de la nature de la variable considérée, de considérations théoriques sur cette variable et des observations qui ont pu être faites à son propos. Ainsi, si la variable est « résultat du jet d'un dé », elle peut prendre 6 valeurs, les nombres entiers compris entre 1 et 6 : théoriquement, on peut considérer que le plus approprié est d'affecter une probabilité de 1/6 à chacun d'entre eux. Mais, si après avoir mené des expériences (jets de dé), on constate que le dé est « pipé », alors il semble judicieux de choisir une autre distribution, tenant compte de ces expériences.

Retenons ici que le choix d'une distribution de probabilité associée aux modalités d'une variable statistique donnée dépend de la nature de celle-ci ; ce choix relève donc plus du chercheur, de l'économiste, que du statisticien (qui peut, évidemment, donner des conseils et des avis...).

Parmi les distributions de probabilité possibles, citons les deux suivantes, importantes pour l'économiste :

— loi de Bernouilli, et loi binominale, relative à l'étude de proportions (tirages dans une population concernant un caractère comportant deux ou plusieurs modalités, sondages électoraux, etc.) ;

— loi de Poisson, utilisée lors de l'étude de phénomènes du type « files d'attente », avec arrivées « au hasard » et indépendantes dans le temps.

Mais, point important, ces distributions peuvent être approchées, sous certaines conditions, par la loi normale : d'où la place privilégiée que nous accorderons, un peu plus loin, à cette dernière.

Jusqu'à présent, nous avons fait référence à une distribution discrète (et finie). Mais on peut transposer au cas continu la définition d'une distribution de probabilité. Pour cela, on fait appel à la notion de *densité de probabilité*, qui a été présentée au chapitre XII, sur l'intégration. Si on note $f(x)$ cette densité, alors les conditions caractérisant une distribution de probabilité s'écrivent :

$$0 \leq f(x)$$

$$\int_{-\infty}^{\infty} f(x)\, dx = = 1$$

Espérance mathématique

On peut considérer que les probabilités sont des coefficients de pondération — leur somme étant bien égale à 1 — affectés à chacune des valeurs de la variable. Dans ces conditions, on peut définir une caractéristique de valeur centrale pour cette dernière, relative à la distribution de probabilité retenue, en faisant la *moyenne*, pondérée par les probabilités, des valeurs du caractère. Cette moyenne est appelée *espérance mathématique* ; on la note E (•). Ainsi, dans le cas discret on a (si x_i est la valeur de la i^e modalité) :

$$E(x) = \sum_i p_i x_i$$

tandis que dans le cas continu, on a :

$$E(x) = \int_{-\infty}^{\infty} x f(x)\, dx$$

sous réserve que cette somme existe (soit finie)

L'espérance mathématique est, en quelque sorte, une « moyenne théorique », correspondant au cas « idéal », alors que les moyennes des chapitres précédents, que nous avions notées $\overline{x}$, ou $\overline{\overline{x}}$, étaient « empiriques », car calculées à partir d'observations. Si le choix de la distribution de probabilité est adéquat, alors la moyenne empirique tend vers l'espérance mathématique, lorsque le nombre d'observations augmente.

Variance et écart-type

La variance est une caractéristique de dispersion, relative à l'espérance mathématique, associée comme elle à la distribution de probabilités retenue. Elle est donnée par :

$$v\ (x) = \sum_i p_i\ (x_i - E\ (x))^2$$

dans le cas discret, et par :

$$v\ (x) = \int_{-\infty}^{\infty} (x - E\ (x))^2\ f\ (x)\ dx$$

dans le cas continu (à condition que cette somme existe).

Ces expressions ressemblent fort à celles de la variance « empirique », utilisées dans les chapitres précédents, l'espérance mathématique et les probabilités y remplaçant la moyenne et les coefficients « empiriques », déduits des observations.

De même, on appelle *écart-type* de cette distribution « théorique » la racine carrée de sa variance. Notons que, ici, *les mêmes mots* sont (malheureusement) utilisés pour désigner variance et écart-type « théorique » et « empirique ».

On établit facilement les *formules développées de la variance* :

$$v\ (x) = \Sigma\ p_i\ x_i^2 - (E\ (x))^2$$

ou

$$v\ (x) = \int_{-\infty}^{\infty} x^2\ f\ (x)\ dx - (E\ (x))^2.$$

La loi normale

La loi normale occupe une place privilégiée en statistique. Comme son nom l'indique, elle correspond, approximativement du moins, à de très nombreuses distributions que l'on observe dans la pratique, sa « courbe en cloche » traduisant le fait que les observations ont tendance à se regrouper autour de la valeur moyenne (ou de l'espérance mathématique) et que plus on s'éloigne de cette dernière, moins il y a d'observations (bien entendu, l'écart-type de la distribution joue ici un rôle essentiel quant à la vitesse à laquelle cette « raréfaction » se fait).

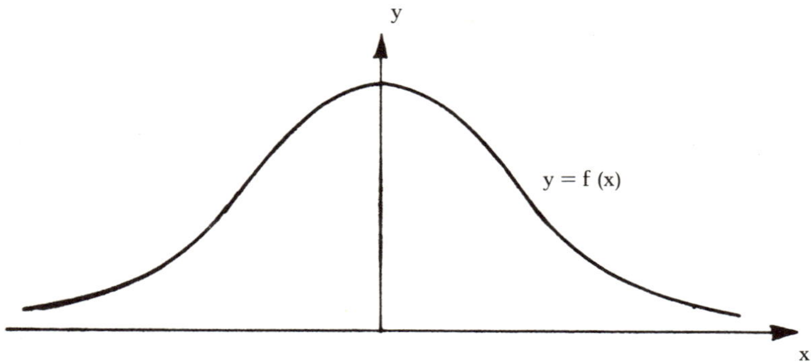

Mais, ce qui donne également toute son importance à la loi normale, c'est qu'elle constitue une sorte de « cas limite » pour les autres lois : plus le nombre d'observations augmente, plus la distribution empirique prend une forme « normale ». Nous avons déjà signalé que c'est le cas pour les lois binomiale et de Poisson, mais il convient de signaler un résultat plus général : *la moyenne d'un échantillon,* extrait d'une population quelconque, *tend à suivre une loi normale.* Autrement dit : si on extrait un grand nombre d'échantillons dans une population donnée (sans en modifier la composition), alors les moyennes calculées sont représentées par une courbe qui tend à être « en cloche ».

La densité de probabilité de la loi normale est :

$$f(x) = \frac{1}{\sigma\sqrt{2\pi}}\, e^{-\frac{(x-\mu)^2}{2\sigma^2}}$$

Elle dépend donc de deux paramètres, μ et σ. La constante $1/\sqrt{2\pi}$ a pour rôle d'assurer que la condition $\int_{-\infty}^{\infty} f(x)\, dx = 1$, assurant qu'on est en présence d'une densité de probabilité, est bien vérifiée[1] (l'autre, $f(x) \geq 0$, l'étant évidemment, puisqu'une exponentielle est toujours positive). La fonction $f(x)$ atteint un maximum absolu en $x = \mu$ et admet l'axe des ordonnées pour axe de symétrie (cf. exercice 1, chapitre XI).

1. Voir, à ce propos, l'exercice 2 du chapitre XII.

On montre facilement que :

$$\mu = E(x)$$

et

$$\sigma^2 = v(x)$$

(pour la démonstration, voir l'exercice 2 du chapitre XII).

Ainsi : *une loi normale est caractérisée par son espérance mathématique et sa variance.*

Étant donné une variable x suivant une loi normale de paramètres μ et σ quelconques, alors la variable $\frac{x - \mu}{\sigma}$ suivra une loi normale d'espérance nulle et de variance σ, dite *loi normale centrée réduite*. Comme un tel changement de variable est toujours possible, on voit que la connaissance de la loi normale centrée réduite suffit pour connaître n'importe quelle loi normale. C'est pourquoi il existe des tables détaillées donnant les probabilités, pour x se trouvant dans des intervalles de la forme $]-\infty, t]$, associées à la loi normale centrée réduite.

Ainsi, la lecture de ces tables, après avoir fait un changement de variable approprié, permet de dire que la probabilité pour que x se trouve dans l'intervalle $[\mu - 2\sigma, \mu + 2\sigma]$ est de l'ordre de 95 % (ce qui justifie la remarque faite à la fin du chapitre sur la variance).

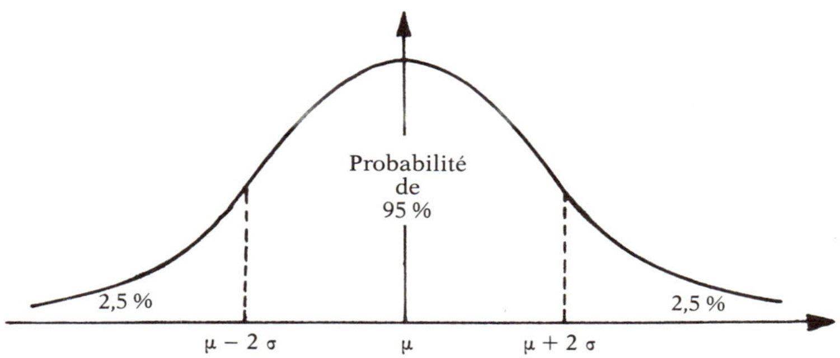

Le raisonnement précédent nous permet d'introduire la notion d'*intervalle de confiance.* Soit une variable x suivant une loi normale d'espérance μ et d'écart-type σ. Donc $y = (x - \mu)/\sigma$ suit une loi normale centré réduite ; si on appelle t_p le nombre donné par les tables, tel que y se trouve, avec une probabilité p, dans l'intervalle $[- t_p, t_p]$, alors on aura :

$$\text{probabilité de } \{- t_p \leq y \leq t_p\} = p$$

Ainsi, dans l'exemple précédent, on a pris $p = 0{,}95$ et $t_p = 2$ (en fait, plus précisément : $t_p = 1{,}96$).

Soit, comme $y = (x - \mu)/\sigma$:

$$\text{probabilité de } \left\{- t_p \leq \frac{x - \mu}{\sigma} \leq t_p\right\} = p$$

ce qui peut se mettre sous la forme :

$$\text{probabilité de } \{x - t_p\, \sigma \leq \mu \leq x + t_p\, \sigma\} = p.$$

Ainsi, si on a observé une valeur x prise par une variable suivant une loi normale d'espérance μ et d'écart-type σ, alors la valeur de l'espérance μ se trouve dans l'intervalle :

$$[x - t_p\, \sigma,\ x + t_p\, \sigma]$$

avec une probabilité égale à p. Autrement dit, à partir de la valeur observée x on peut « se faire une idée » sur la valeur du paramètre μ, ce jugement étant de type probabiliste. L'intervalle ci-dessus est appelé *intervalle de confiance,* relatif à la probabilité p. Évidemment, plus p est grand, plus cet intervalle sera grand (on gagne en certitude, mais on perd en qualité de l'approximation). Notons qu'il dépend de la valeur de σ ; résultat logique : moins la série est « dispersée », plus l'approximation sera bonne.

A titre d'exemple, donnons quelques valeurs de p et t_p :

probabilité p	99 %	98 %	97 %	96 %	95 %	94 %	93 %	92 %	91 %
t_p	2,576	2,326	2,170	2,054	1,960	1,881	1,812	1,751	1,695

On constate bien que lorsque p diminue, t_p en fait autant.

Moindres carrés et maximum de vraisemblance

Revenons maintenant au modèle des chapitres précédents :

$$y_i = ax_i + b + u_i$$

en supposant que le terme de perturbations u_i suit une loi normale. Dans la mesure où on suppose que l'effet de cette perturbation est « passager », non systématique, il est légitime de poser : $E(u_i) = 0$, et cela pour *chacun* des termes de perturbation. Une autre hypothèse, plus difficile à justifier, consiste à supposer qu'ils ont aussi *le même écart-type*. Soit :

$$V(u_i) = \sigma^2 \qquad i = 1, ..., n.$$

Donc, par hypothèse, u_i suit une loi normale d'espérance nulle et d'écart-type σ (quel que soit i). Ce que l'on note :

$$u_i \dashrightarrow N(0, \sigma).$$

Les termes u_i sont ceux qui ont été *effectivement* obtenus (même si non directement calculables, car on connaît les (x_i, y_i), mais non a et b). Ce sont donc les plus « vraisemblables ». Or, comme u_i suit une loi normale $N(0, \sigma)$, sa densité de probabilité est :

$$\frac{1}{\sigma\sqrt{2\pi}} e^{-\frac{u_i^2}{2\sigma^2}}.$$

Si les u_i sont indépendants entre eux, la densité de probabilité de $(u_1, u_2, ..., u_n)$ est obtenue en faisant le *produit* de ces densités (comme la probabilité de deux événements indépendants est donnée par le produit de leurs probabilités). Soit :

$$L(u_1, u_2, ..., u_n) = \left(\frac{1}{\sigma\sqrt{2\pi}} e^{-\frac{u_1^2}{2\sigma^2}}\right)\left(\frac{1}{\sigma\sqrt{2\pi}} e^{-\frac{u_2^2}{2\sigma^2}}\right)...\left(\frac{1}{\sigma\sqrt{2\pi}} e^{-\frac{u_n^2}{2\sigma^2}}\right)$$

$$= \left(\frac{1}{\sigma\sqrt{2\pi}}\right)^n e^{-\frac{\sum_i u_i^2}{2\sigma^2}}$$

La densité de probabilité L est appelée la *vraisemblance* de l'échantillon.

Le résultat obtenu étant le plus « vraisemblable », le choix des estimateurs de a et b doit être tel que $L(u_1, u_2, ..., u_n)$ soit maximum. Or, si on se réfère à la formule ci-dessus donnant la vraisemblance, pour que celle-ci soit maximum, il faut que l'exposant de e le soit ; comme cet exposant est $-\sum_i u_i^2/2\sigma^2$, et comme σ est donné, il faut donc que $\Sigma\, u_i^2$ soit *minimum*. Donc, comme les estimateurs du maximum de vraisemblance minimisent la somme des carrés des perturbations, ils sont les mêmes que les estimateurs des moindres carrés, définis dans les chapitres précédents ; ce qui leur donne donc une « justification probabiliste ».

Mais cette justification n'est valable que si les hypothèses concernant les termes de perturbations sont vérifiées ; soit : ils suivent tous la même loi normale, d'espérance nulle, et ils sont indépendants, deux à deux.

Intervalle de confiance pour le coefficient de régression

Rappelons que ce coefficient, obtenu par la méthode des moindres carrés, est donné par :

$$\hat{a} = \frac{\text{cov}\,(x, y)}{v\,(x)} \tag{1}$$

Exprimons-le en fonction des u_i ; pour cela, servons-nous du fait que $y_i = ax_i + b + u_i$; alors :

$$\text{cov}\,(x, y) = \frac{\sum_i (x_i - \overline{x})\,(y_i - \overline{y})}{n} = \frac{\sum_i (x_i - \overline{x})\,(a\,(x_i - \overline{x}) + u_i - \overline{u})}{n}$$

$$= av\,(x) + \frac{\sum_i (x_i - \overline{x})\,(u_i - \overline{u})}{n}$$

d'où, en reportant dans (1) :

$$\hat{a} = a + \frac{\sum_i (x_i - \overline{x})\,(u_i - \overline{u})}{n\,v\,(x)}. \tag{2}$$

Cherchons $E\,(\hat{a})$. On a :

$$E\,(\hat{a}) = E\,(a) + E\left(\frac{\sum_i (x_i - \overline{x})\,(u_i - \overline{u})}{n\,v\,(x)}\right) \tag{3}$$

Comme a est un paramètre, $E\,(a) = a$. Si, en outre, on suppose que la variable x est exogène, donnée, alors $E\,(x_i - \overline{x}) = x_i - \overline{x}$, et donc :

$$E\left(\frac{\sum_i (x_i - \overline{x})\,(u_i - \overline{u})}{n\,v\,(x)}\right) = \frac{1}{n\,v\,(x)} \sum_i (x_i - \overline{x})\,E\,(u_i - \overline{u}). \tag{4}$$

Or, par hypothèse, $E(u_i) = 0$, $i = 1, ..., n$; donc $E(\overline{u}) = 0$, puisque $\overline{u}$ est la moyenne des u_i. Par conséquent, le membre de droite de (4) est nul, et il résulte de (3) que :

$$E(\hat{a}) = a.$$

Soit : *l'espérance mathématique de l'estimateur des moindres carrés est égale à la « vraie valeur » du paramètre qu'il estime.* On dit que les estimateurs des moindres carrés sont *sans biais* (ou *non biaisés*). Évidemment, cette propriété n'est vraie que si $E(u_i) = 0$, $i = 1, ..., n$, et que si la variable x est exogène (ou « certaine »). Par contre, elle ne dépend pas des autres hypothèses sur les u_i.

Notons qu'il résulte de (2) que *$\hat{a} - a$ est une combinaison linéaire des termes de perturbation* ; donc, si ces derniers suivent des lois normales, il en est de même pour $\hat{a}$. Soit : si les u_i suivent des lois normales (identiques), alors *$\hat{a}$ suit également une loi normale.*

Nous avons déjà déterminé l'espérance de cette loi, puisque nous avons vu que $E(\hat{a}) = a$. Reste à en déterminer la variance. Pour cela on part de la formule (2). On a :

$$(5) \qquad (\hat{a} - a)^2 = (\sum_i (x_i - \overline{x})(u_i - u))^2/(nv(x))^2$$

Le membre de droite de cette formule (en négligeant pour l'instant $(nv(x))^2$) est le carré d'une somme ; son développement est de la forme (généralisation de l'identité fondamentale pour les carrés) :

$$(6) \qquad \sum_i (x_i - \overline{x})^2 (u_i - \overline{u})^2 + 2 \sum_{i<j}\sum (x_i - \overline{x})(u_i - \overline{u})(x_j - \overline{x})(u_j - \overline{u})$$

Si on prend l'espérance mathématique de cette expression, et si les x sont exogènes, alors on obtient un terme $\sum_i (x_i - \overline{x})^2 E(u_i - \overline{u})^2$ et une somme des termes de la forme : $(x_i - \overline{x})(x_j - \overline{x}) E((u_i - \overline{u})(u_j - \overline{u}))$ avec $i \neq j$. Si les termes de perturbation sont indépendants, ces derniers termes sont tous nuls, la covariance entre u_i et u_j l'étant (si $i \neq j$).

Reste le premier terme du développement (6) : si les u_i ont tous la même variance, σ^2, son espérance est donnée par : $\sum_i (x_i - \overline{x})^2 \sigma^2 = n\sigma^2 v(x)$.

Finalement, on a établi, en n'oubliant pas le terme $(nv(x))^2$ intervenant dans (5), que :

$$E((\hat{a} - a)^2) = \frac{n\,\sigma^2\,v(x)}{(nv(x))^2} = \frac{\sigma^2}{nv(x)}.$$

Donc : la variance de $\hat{a}$ est égale à la variance des u_i, divisée par n fois la variance (« empirique ») de x. D'où la constatation importante suivante : *plus le nombre d'observations, n, est élevé, plus la variance de $\hat{a}$ est faible.*

C'est là un résultat important lorsqu'on raisonne sur des intervalles de confiance. Ici, celui de $\hat{a}$ sera de la forme :

$$[\hat{a} - t_p \text{ (écart-type de } \hat{a}), \ \hat{a} - t_p \text{ (écart-type de } \hat{a})]$$

soit, comme l'écart-type de $\hat{a}$ est donné par $\sigma/\sqrt{nv(x)}$:

$$[\hat{a} - t_p \ \sigma \ / \ \sqrt{nv(x)}, \ \hat{a} + t_p \ \sigma \ / \ \sqrt{nv(x)}].$$

Autrement dit : *la « vraie valeur » a une probabilité p de se trouver à l'intérieur de cet intervalle ;* plus n (et plus $v(x)$) sera grand, et plus on aura un résultat précis.

Notons qu'ici *on ne peut calculer* cet intervalle de confiance, puisqu'on ne connaît pas la variance des u_i, σ^2. Pour contourner cette difficulté, on remplace σ^2 par la variance des résidus estimés, c'est-à-dire la variance des $\hat{e}_i$ ($= y_i - \hat{a}x_i - \hat{b}$). Mais alors t_p ne suit plus une loi normale, mais une *loi de Student,* qui est également tabulée, et qui fait intervenir explicitement le nombre d'observations (dits *degrés de liberté*). Loi qui peut être assimilée à une loi normale dès que n est supérieur à 30.

Exemple

En général, lorsqu'on présente les résultats d'une régression, on donne l'écart-type des coefficients de régression (on les note entre parenthèses, en-dessous des coefficients). Par exemple :

$$\begin{array}{llll} y = & 0{,}8x_1 & + \ 1{,}3x_2 & + \ 4 \\ & (0{,}21) & (0{,}72) & (1{,}01) \end{array}$$

Si on a, par exemple, 18 observations, alors pour $p = 95\ \%$ la table de Student nous donne $t = 2{,}131$[1]. Autrement dit, la « vraie valeur » du paramètre associé à x_1 a une probabilité de 95 % de se trouver dans l'intervalle :

$$[0{,}8 - 2{,}131 \bullet 0{,}21, \ 0{,}8 + 2{,}131 \bullet 0{,}21]$$

soit

$$[0{,}35..., \ 1{,}24...]$$

De même pour le paramètre associé à x_2 :

$$[1{,}3 - 2{,}131 \bullet 0{,}72, \ 1{,}3 + 2{,}131 \bullet 0{,}72]$$

1. Comme ici le modèle comporte 3 variables explicatives (y compris la constante), il faut retenir le t de Student à $18 - 3 = 15$ degrés de liberté.

soit

$$[-0{,}23\ldots,\ 2{,}83\ldots].$$

Notons que, dans ce dernier cas, le nombre 0 se trouve à l'intérieur de l'intervalle de confiance : on ne peut donc exclure, à un seuil raisonnable de confiance, que la vraie valeur du paramètre soit nulle (donc que x_2 n'ait pas d'« influence » sur y).

Ainsi, lorsqu'on est en présence d'intervalles de confiance, la première chose à faire est de regarder s'ils contiennent, ou pas, le nombre 0. Si cela n'est pas le cas, alors on dit que le paramètre correspondant au coefficient étudié est *significativement différent de 0* (au niveau de probabilité retenu). Dans le cas contraire, on peut dire qu'il *n'est pas* significativement différent de 0, sans pour autant pouvoir affirmer qu'il est nul.

Test sur la validité de la régression

La méthode des intervalles de confiance nous donne un moyen d'appréciation sur le caractère « significatif » de l'influence des variables explicatives, prises une à une. Reste à déterminer un indicateur concernant la validité de la régression dans son ensemble. Dans les chapitres précédents, nous avions vu que si on raisonnait « géométriquement » (à partir de distances), un tel indicateur était donné par le coefficient de corrélation, dont le carré est égal au rapport entre variance expliquée et variance totale de y. L'inconvénient d'un tel indicateur, c'est qu'on ne peut lui donner une base probabiliste. Ainsi, si on a seulement deux observations, il sera forcément égal à 1 (ou - 1), la droite des moindres carrés passant *forcément* par les deux points (supposés différents) représentant ces deux observations, sans que l'on puisse porter un jugement de type probabiliste sur ce résultat.

C'est pourquoi on construit un autre indicateur, proche du coefficient de corrélation, mais dans lequel on fait intervenir le nombre d'observations et le nombre de variables explicatives retenues (la différence entre ces deux nombres étant le nombre de « degrés de liberté »). C'est le F de Fisher-Snédecor, donné par :

$$\frac{R^2/(k-1)}{(1-R^2)/(n-k)}$$

qui est d'autant plus grand que le nombre d'observations n et que le carré du coefficient de corrélation sont élevés, et d'autant plus faible que le nombre de variables explicatives, k (la constante comprise), est élevé.

La loi de Fisher-Snédecor étant tabulée, on peut donc tester la validité de la régression dans son ensemble (à un seuil de probabilité donné).

Corrigés des exercices

Chapitre V

1. On a $a^{u+v} - a^{u-v} = a^u\ (a^v - a^{-v}) = a^{u+v}\ (1 - a^{-2v})$. Pour avoir $a^{u+v} - a^{u-v} = 0$, il faut donc, comme a^{u+v} est toujours strictement positif (propriété de la fonction exponentielle), que : $1 - a^{-2v} = 0$, donc que : $v = 0$.

2. $x^{1/2}\ x^{1/3} = x^{(1/2\ +\ 1/3)} = x^{5/6}$

   $x^{1/4}/x^2 = x^{1/4}\ x^{-2} = x^{-7/4}$

   $(x^y)^z = x^{yz}$

   $(x^z)^y = x^{zy}$.

3. Si on pose $a^x = X$, la première équation s'écrit :

   $X^2 - 2X + 1 = 0$

   soit :

   $(X - 1)^2 = 0$.

   La solution est donc $X = 1$, soit : $a^x = 1$ et, par conséquent : $x = 0$.

   La deuxième équation s'écrit :

   $(a^{2x})^2 - (a^3)^2 = 0$

   Soit, en se servant de l'identité remarquable : $u^2 - v^2 = (u - v)\ (u + v)$:

   $(a^{2x} - a^3)\ (a^{2x} + a^3) = 0$

   Ce qui implique, puisque $a^{2x} + a^3 > 0$:

   $a^{2x} - a^3 = 0$

   ou

   $a^{2x} = a^3$.

Donc, comme la fonction exponentielle est strictement croissante :

$2x = 3.$

La solution, unique, est, par conséquent : $x = 3/2$.

4. $1000\,(1 + 5\,\%)^4 = 1215{,}50...$

5. Valeur actuelle des recettes :

$$\frac{3000}{1{,}1} + \frac{3000}{1{,}1^2} + \frac{3000}{1{,}1^3} + \frac{3000}{1{,}1^4} + \frac{3000}{1{,}1^5}$$
$$= \frac{3000}{1{,}1}\left(1 + \frac{1}{1{,}1} + \frac{1}{1{,}1^2} + \frac{1}{1{,}1^3} + \frac{1}{1{,}1^4}\right)$$

L'expression entre parenthèses est la somme des termes d'une progression géométrique de premier terme 1 et de raison 1/1,1. Elle est donc égale à :

$$\frac{1 - (1/1{,}1)^5}{1 - 1/1{,}1} = (1{,}1)\,(3{,}79)$$

La valeur actuelle recherchée est donc :

$$\frac{3000}{1{,}1}\,(1{,}1)\,(3{,}79) = 11370.$$

Cette somme est supérieure à la dépense, 10 000, nécessaire à l'investissement : celui-ci est donc rentable.

Chapitre VI

1. $\log_3 9 = \log_3 3^2 = 2\log_3 3 = 2.$

$\log_{10} 100 = \log_{10} 10^2 = 2\log_{10} 10 = 2.$

$\log_{100} 10 = \log_{100} 100^{1/2} = \frac{1}{2}\log_{100} 100 = \frac{1}{2}$

$\log_8 2 = \log_8 8^{1/3} = 1/3.$

2. La fonction logarithme ne s'annulant qu'en 1, la première équation implique que :

$x^2 - 3x + 3 = 1$

Soit :

$x^2 - 3x + 2 = 0$

dont les racines sont : $x = 2$ et $x = 1$. Ce sont les solutions de la première équation.

Pour la deuxième équation, on pose : $X = \log_a x$, l'équation s'écrivant :

$X^3 - 6X + 5 = 3.$

Elle a une racine évidente : $X = 1$. On peut donc la mettre sous la forme :

$(X - 1)(X^2 + X - 5) = 0.$

Les deux racines restantes sont (cf. chapitre II) : $X_1 = \frac{-1+\sqrt{21}}{2}$ et $X_2 = \frac{-1-\sqrt{21}}{2}$ et par conséquent les solutions recherchées sont telles que :

$\log_a x = 1$ (donc $x = a$)

$\log_a x = X_1$ (donc $x = a^{X_1}$)

$\log_a x = X_2$ (donc $x = a^{X_2}$)

On a donc trois solutions, la fonction logarithme étant strictement monotone.

3. On part de la relation définissant le logarithme en tant que réciproque de l'exponentielle ; soit :

$$a^{\log_a b} = b. \quad (1)$$

Prenons le logarithme base b des deux membres de cette égalité :

$$(\log_a b)(\log_b a) = \log_b b. \quad (2)$$

Comme $\log_b b = 1$, il s'ensuit que :

$$\log_a b = 1/\log_b a.$$

On procède de même pour $\log_{1/a} b$ en prenant le logarithme base $1/a$ des deux membres de (1) ; soit :

$$(\log_a b)(\log_{1/a} a) = \log_{1/a} b. \quad (3)$$

Reste à déterminer $\log_{1/a} a$. Pour cela, on fait $b = 1/a$ dans (2) ; d'où :

$$(\log_a 1/a)(\log_{1/a} a) = 1.$$

Comme $\log_a 1/a = -\log_a a = -1$, il s'ensuit que : $\log_{1/a} a = -1$. Par conséquent, en reportant dans (3) :

$$\log_{1/a} b = -\log_a b.$$

Chapitre VIII

1. a) Comme $u_1 = u_0/(u_0 + 4)$, si $u_0 > 0$, alors $u_1 > 0$. Faisons l'hypothèse de récurrence : $u_n > 0$ et montrons que $u_{n+1} > 0$. Ce qui est immédiat, puisque $u_{n+1} = u_n/(u_n + 4)$: si $u_n > 0$, on a bien $u_{n+1} > 0$.

b) Les termes de la suite étant tous strictement positifs si u_0 l'est (cf. question précédente), étudions $u_{n+1}/u_n = 1/(u_n + 4)$. On voit que si $u_n > 0$ alors $u_{n+1}/u_n = 1/(u_n + 4) < 1$: la suite est décroissante (si $u_0 > 0$).

c) La suite étant décroissante et minorée (par 0), elle est convergente (cf. critère de convergence). Soit ℓ sa limite. Comme $u_n \to \ell$ et $u_{n+1} \to \ell$, il découle de la relation de récurrence définissant la suite que :

$$\ell = \frac{\ell}{\ell + 4}$$

d'où :

$\ell^2 + 3\ell = 0.$

Deux solutions possibles : $\ell = 0$ et $\ell = -3$. Mais comme la suite est à termes positifs, la limite ne peut être que $\ell = 0$.

2. a) Si ℓ est une limite, elle doit vérifier : $\ell = (2 + \ell)^{1/2}$. En élévant au carré, on a : $\ell^2 = 2 + \ell$. Deux racines : 2 et -1, mais seule 2 vérifie l'équation de départ. Donc : limite possible $\ell = 2$.

b) Par récurrence : $u_0 \geqslant 2 \Rightarrow u_1 = (u_0 + 2)^{1/2} \geqslant 4^{1/2} = 2$. De même, si $u_n \geqslant 2$, alors $u_{n+1} = (2 + u_n)^{1/2} \geqslant 4^{1/2} = 2$. Montrons que $u_{n+1}/u_n < 1$, si $u_0 \geqslant 2$ (suite de termes positifs). Si $u_0 \geqslant 2$, alors nous avons vu que $u_n \geqslant 2$. Donc, on peut écrire $u_n = 2 + h_n$, avec $h_n = u_n - 2 \geqslant 0$. Donc : $u_{n+1} / u_n = (4 + h_n)^{1/2} / (2 + h_n) = ((4 + h_n) / (4 + 4\,h_n + h_n^2))^{1/2}$. Comme $h_n \geqslant 0$, $0 \leqslant 4 + h_n \leqslant 4 + 4\,h_n$, et donc $u_{n+1} / u_n < 1$: la suite est décroissante pour $u_0 \leqslant 2$. Comme elle est minorée (par 2), elle converge (vers 2).

c) Si $-2 \leqslant u_0 < 2$, on a forcément $u_1 \geqslant 0$, et, plus généralement, $u_n \geqslant 0$.

Si $0 \leqslant u_1 < 2$, il vient par récurrence que $u_n < 2$, pour tout n, et $u_{n+1} / u_n > 1$. La suite est croissante, et majorée (par 2) : elle converge.

3. Limites possibles : telles que $\ell = (\ell + 2 / \ell)/2$. Soit : $\ell^2 = 2$. Deux limites possibles : $\sqrt{2}$ et $-\sqrt{2}$.

Procédons comme dans l'exercice précédent. Si $u_0 \geqslant \sqrt{2}$, montrons que $u_1 \geqslant \sqrt{2}$.

Pour cela, on fait de même en écrivant : $u_0 = \sqrt{2} + h$, avec $h \geqslant 0$. Alors, on a

$$u_1 = \left(u_0 + \frac{2}{u_0}\right)/2 = \left(\sqrt{2} + h + \frac{2}{\sqrt{2} + h}\right)/2 = \frac{4 + 2\,h\sqrt{2} + h^2}{2\,(\sqrt{2} + h)}$$

$$= \sqrt{2} + \frac{h^2}{2\,(\sqrt{2} + h)} \geqslant \sqrt{2}.$$

On montre exactement de la même façon que si $u_n \geqslant \sqrt{2}$, alors $u_{n+1} \geqslant \sqrt{2}$. Donc $u_0 \geqslant \sqrt{2} \Rightarrow u_n \geqslant \sqrt{2}$, pour tout n.

Comme $\frac{u_{n+1}}{u_n} = \frac{1}{2}\left(1 + \frac{2}{u_n^2}\right)$, si $u_n \geqslant \sqrt{2}$, on a $\frac{u_{n+1}}{u_n} \leqslant 1$: la suite décroît. Étant minorée, elle converge.

Si $0 < u_0 < \sqrt{2}$ on montre de façon analogue que $u_1 > \sqrt{2}$, et on se ramène au cas précédent : la suite converge également.

4. a) La limite éventuelle ℓ doit vérifier :

$\ell = (0{,}5)\,\ell + 4$

d'où : $\ell = 8$.

b) Posons $v_n = u_n - 8$. Donc $v_{n+1} = u_{n+1} - 8 = (0{,}5)\ u_n + 4 - 8 = (0{,}5)u_n - 4 = (0{,}5)\ (u_n - 8) = (0{,}5)\ v_n$; autrement dit, on a $v_{n+1} = (0{,}5)\ v_n$: la suite (v_n) est une progression géométrique de raison $0{,}5 < 1$, qui est donc convergente (vers 0). Comme $u_n = v_n + 8$ et comme v_n tend vers 0 lorsque n tend vers l'infini, il s'ensuit que u_n tend alors vers 8.

c) La limite éventuelle est telle que :

$$\ell = a\ell + b$$

soit, si $a \neq 1$:

$$\ell = b/(1 - a)$$

(dans le cas où $a = 1$, la suite s'écrit : $u_n = u_0 + nb$: elle tend vers l'infini avec n si $b > 0$, vers $-\infty$ si $b < 0$).

Pour étudier sa convergence, on soustrait membre à membre les deux équations, afin de se débarrasser de b :

$$\begin{array}{r} u_{n+1} = au_n + b \\ \ell = a\ell + b \\ \hline u_{n+1} - \ell = a\,(u_n - \ell) \end{array}$$

ce qui nous montre que la suite $(u_n - \ell)$ est une progression géométrique de raison a, qui converge si $-1 < a < 1$.

5. Comme au dénominateur on a une exponentielle de base $1{,}1 > 1$, qui l'« emporte » sur le polynôme du numérateur, la suite converge vers 0.

6. On a :

$$\frac{n^n}{a^n} = \frac{n \bullet n \bullet n \cdots n}{a \bullet a \bullet a \cdots a}.$$

Comme, lorsque n tend vers l'infini, il en est de même pour n/a (a étant constant), il s'ensuit que n^n/a^n tend également vers l'infini. Pour l'autre expression, on part de l'égalité :

$$\frac{a^i}{i\,!} = \frac{a}{i} \cdot \frac{a}{i-1} \cdots \frac{a}{2}\,\frac{a}{1}$$

Soit k le nombre entier compris entre a et $a + 1$ (soit $a \leq k < a + 1$) ; alors, on a (pour $i > k$) :

$$\frac{a^i}{i\,!} \leq \frac{k^i}{i\,!} = \frac{k}{i} \cdot \frac{k}{i-1} \cdots \frac{k}{k+1} \cdot \frac{k}{k} \cdot \frac{k}{k-1} \cdots \frac{k}{2} \cdot \frac{k}{1}$$

Comme pour $i > k$, $k/i \geq k/(k + 1)$, on a, en posant $(k/k)\,(k/(k-1)) \ldots (k/2)\,(k/1) = v$:

$$\frac{a^i}{i\,!} \leq v \left(\frac{k}{k+1}\right)^{i-k}$$

Donc, pour i suffisamment grand, $a^i/i\,!$ est inférieur au terme d'une progression géométrique de raison $k/(k + 1)$, inférieure à 1. La somme de ses termes étant convergente, il en est de même de la somme des $a^i/i\,!$.

Chapitre IX

1. • $f(x) = \dfrac{x^3\,(1 + 2/x - 3/x^2)}{x\,(2 + 1/x)}$. Lorsque x tend vers l'infini, $f(x)$ est donc *équivalente à* $x^3/2x = x^2/2$ (« branche parabolique »).

• $g(x) = (x^5 + 1)/3^x$: la fonction exponentielle l'« emportant » sur la fonction puissance lorsque x tend vers l'infini, il s'ensuit que $g(x)$ tend vers 0, dans ce cas. Pas d'équivalent, la fonction exponentielle n'en ayant pas (c'est « la plus forte »...).

• En multipliant haut et bas par la quantité conjuguée :

$$h(x) = (2x - 4)/(\sqrt{x^2 + 2x - 1} + \sqrt{x^2 + 3})$$
$$= x\,(2 - 4/x)/x\,(\sqrt{1 + 2/x - 1/x^2} + \sqrt{1 + 3/x^2})$$

On simplifie haut et bas par x ; lorsque x tend vers l'infini, $h(x)$ tend vers $2/2 = 1$.

• Le premier terme de $k(x)$ se comporte, « à l'infini », comme $(4x^5)^{1/3}$, le deuxième comme $x^{3/4}\,(\log_3 x)^7$; donc, le premier l'« emporte » (car $(\log_3 x)^7$ est relativement négligeable par rapport à la fonction puissance) ; soit : $k(x)$ est équivalent, à l'infini, à $4^{1/3} x^{5/3}$.

• On a $r(x) = \dfrac{(x - 1)^3}{3\,x\,(x - 1)\,(x + 1)} = \dfrac{(x - 1)^2}{3\,x\,(x + 1)}$ pour $x \neq 1$.
Comme $x\,(x + 1)$ tend vers 2, lorsque x tend vers 1, r (x) est équivalent à $(x - 1)^2/6$ en $x = 1$ ($r(x)$ est un infiniment petit d'ordre 2 en $x = 1$).

De même $r(x)$ est équivalent à $1/3x$ lorsque x tend vers 0.

2. Ce polynôme, obtenu en faisant des produits et sommes de la fonction $f(x) = x$, est continu.

   Si $a > 0$, alors il tend vers l'infini lorsque x tend vers l'infini, et vers moins l'infini lorsque x tend vers moins l'infini. Autrement dit : il est négatif pour certaines valeurs de x et positif pour d'autres ; étant continu, il doit s'annuler au moins une fois (théorème des valeurs intermédiaires). De même, si $a < 0$.

Chapitre X

1. a) Dérivée d'une fonction de fonction ; soit :

$$\frac{1}{3e^{-x} + 4}(-3e^{-x})$$

   ce que l'on peut écrire :

$$\frac{-3e^{-x}}{3e^{-x} + 4}.$$

   b)
$$\frac{2x(2x^3-1) - 6x^2(x^2+3)}{(2x^3-1)^2} = -\frac{2x^4 + 18x^2 + 2x}{(2x^3-1)^2}$$

   c) $(1/2)(2\ln x + 4)^{-1/2}(2/x) = 1/x(2\ln x + 4)^{1/2}$.

2. Comme $f'(x) = bax^{b-1}$, l'élasticité est donnée par :

$$bax^{b-1} \bullet \frac{x}{ax^b} = b.$$

   L'élasticité de cette fonction est *constante* (elle est indépendante de x).

3. a) Le rôle de $\varepsilon(\Delta x)$ est joué ici par $6(\Delta x)^2$.

   b) Oui, puisque $\varepsilon(\Delta x) = 6(\Delta x)^2$ tend vers 0 lorsque Δx tend vers 0.

   c) On a :

$$\frac{f(3 + \Delta x) - f(3)}{\Delta x} = 4 + 6(\Delta x)^2$$

   Le membre de gauche donne, lorsque Δx tend vers 0, la dérivée de f en $x = 3$. Comme le membre de droite tend vers 4, la dérivée de f en 3 est donc égale à 4.

Chapitre XI

1. La fonction e^{-x^2} est paire, puisqu'elle ne change pas lorsqu'on fait $-x$ à la place de x : son graphe admet donc l'axe des

ordonnées comme axe de symétrie. Lorsque x tend vers l'infini, elle tend vers 0. Pour étudier ses variations, calculons sa dérivée. Soit : $-2xe^{-x^2}$. Elle est négative pour $x > 0$ (et donc positive pour $x < 0$). La fonction est croissante sur $\mathbb{R}_-$ et décroissante sur $\mathbb{R}_+$.

Comme sa dérivée seconde : $(4x^2 - 2)\, e^{-x^2}$ s'annule en $\mp \sqrt{2}/2$, son graphe présente en ces points des « inflexions ».

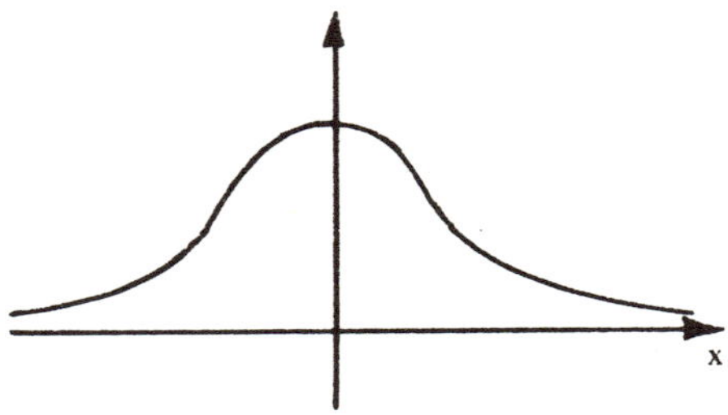

- Pour déterminer les racines de $x^3 - 3x + a$, on va étudier ses variations. Donc calculer sa dérivée, ici : $3x^2 - 3$. Elle s'annule en $x = -1$ et $x = 1$.

x	$-\infty$		-1		1		∞
$x^3 - 3x + a$	$-\infty$	↗	$2 + a$	↘	$-2 + a$	↗	$+\infty$
$3x^2 - 3$		$+$	0	$-$	0	$+$	

La fonction commence par aller de $-\infty$ à $2 + a$, où elle atteint un maximum. Donc, comme elle est continue, elle coupe alors l'axe des abscisses si $2 + a > 0$, donc si $a > -2$. Considérons les deux cas possibles (voir les dessins de la page suivante) :

— si $a < -2$, alors il n'y a pas de racine entre $-\infty$ et -1. Comme la fonction décroît à partir de $x = -1$, et ce jusqu'à $x = 1$, il n'y aura pas de racine, non plus, pour x compris entre $-\infty$ et 1. Par contre, comme elle tend vers $+\infty$ avec x, elle doit forcément avoir une racine (et une seule car elle est alors strictement croissante), pour $x > 1$.

— si $a > -2$, la fonction a donc une racine (et une seule) comprise entre $-\infty$ et 1. Elle aura une autre racine pour x compris entre -1 et 1 si $-2 + a$ est négatif, toujours pour des raisons de continuité.

Par contre, si $-2 + a$ est positif, alors elle n'aura qu'une seule racine, puisqu'elle sera toujours positive pour des x supérieurs à -1.

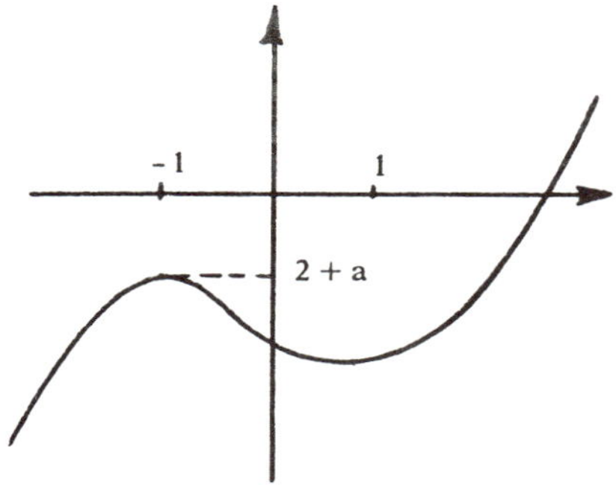

$2 + a < 0$

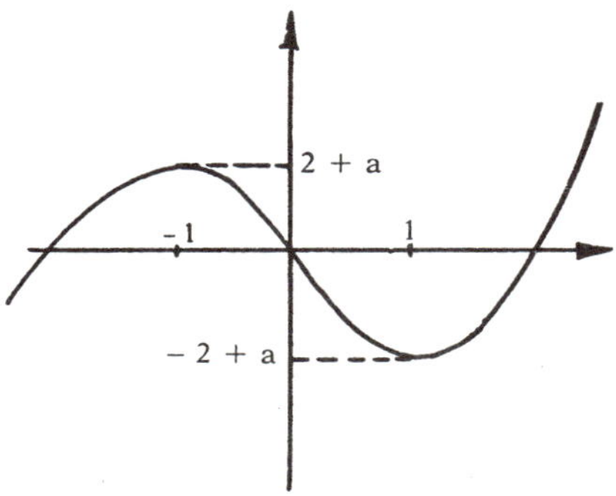

$2 + a > 0 \qquad -2 + a < 0$

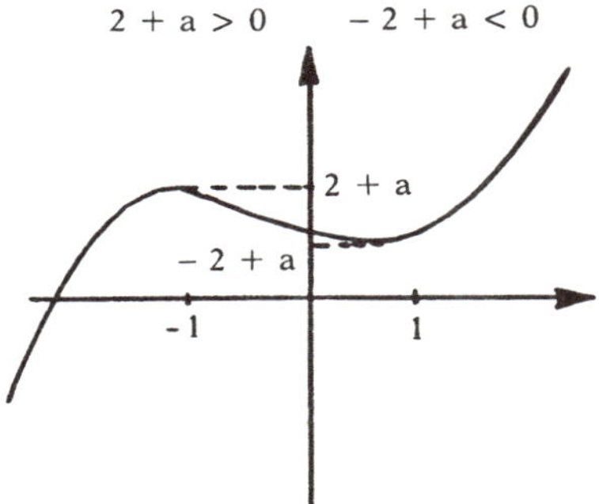

$2 + a > 0 \qquad -2 + a > 0$

Enfin, on a représenté page 351 les « cas limites », où $a = -2$ ou $a = 2$, dans lesquels la courbe est tangente à l'axe des abscisses : dans ce cas il y a deux racines, dont une est « double » (ainsi, lorsque $a = -2$, on vérifie aisément que : $x^3 - 3x - 2 = (x + 1)^2\,(x - 2)$).

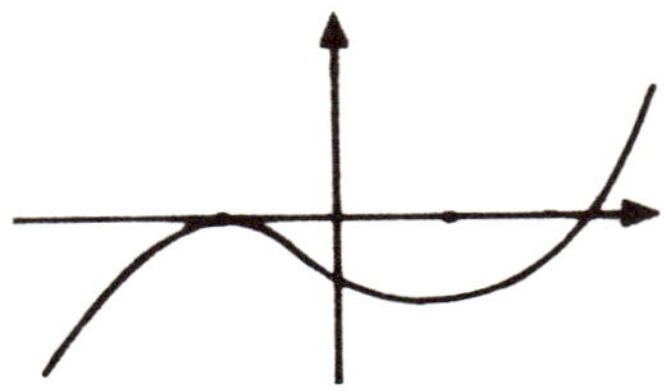

a = − 2

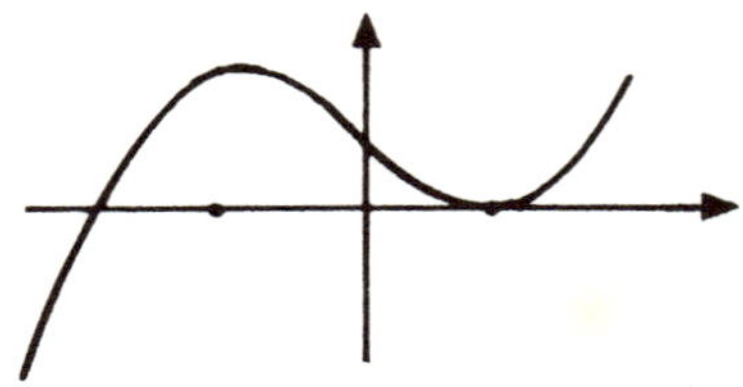

a = 2

Soit, en résumé :

— si $a > -2$ ou si $a < 2$, une seule racine
— si $-2 < a < 2$, trois racines
— si $a = -2$ ou si $a = 2$, deux racines (dont une « double »).

2. On applique la formule des accroissements finis, avec, ici, $b = 1 + x$ et $a = 1$; soit :

$\dfrac{\ln(1+x) - \ln 1}{(1+x) - 1} = \dfrac{1}{c}$ avec c strictement compris entre 1 et $1 + x$.

Donc :

$$\frac{\ln(1+x)}{x} = \frac{1}{c}.$$

Lorsque x tend vers 0, c tend vers 1 (puisqu'il est compris entre 1 et $1 + x$) ; autrement dit :

$$\frac{\ln(1+x)}{x} \to 1 \text{ lorsque } x \to 0.$$

3. Nous avons déjà vu que le terme résiduel $x^n\, e^c/n!$ tend vers 0 lorsque n tend vers l'infini (voir aussi l'exercice 4 du chapitre VIII). Pour que le développement en série de Taylor soit valable, il faut que la somme de ses termes soit définie (non infinie) ; ce qui est bien le cas, comme cela a été démontré dans la dernière partie de l'exercice 4 du chapitre VIII (avec, ici, $a = e$).
Ce développement montre que e^x, donc a^x (si $a > 1$), se comporte comme un polynôme « de degré infini » : il l'« emporte » donc sur x^b.

4. — *Fonction exponentielle.* Les dérivées successives de e^x étant, tout simplement, e^x, la formule de Mac Laurin s'écrit ici (en se rappelant que $e^0 = 1$) :

$$e^x = 1 + x + \frac{x^2}{2!} + \frac{x^3}{3!} + \dots + \frac{x^n}{n!} + \frac{x^{n+1}}{(n+1)!}\, e^c$$

Ainsi, $1 + x + x^2/2! + x^3/3! + ... + x^n/n!$ permet de calculer e^x de façon approchée, l'approximation pouvant devenir « aussi bonne que l'on veut », à condition de prendre n suffisamment grand :

— *Fonction logarithme.* Comme le logarithme de 0 n'existe pas, on prend pour $f(x)$ la fonction $\ell n\,(1 + x)$, dont les dérivées successives sont $1/(1 + x)$, $-1/(1 + x)^2$, $2/(1 + x)^3$, $-3 \cdot 2/(1 + x)^4 ...$, $(-1)^{n-1}(n-1)!\,/\,(1 + x)^n$. Par conséquent, en appliquant la formule de Mac Laurin :

$$\ell n\,(1 + x) = x - \frac{x^2}{2} + \frac{x^3}{3} - ...(-1)^{n-1}\frac{x^n}{n} + (-1)^n \frac{x^{n+1}}{(n+1)}\frac{1}{(1+c)^{n+1}}$$

— *Fonctions cosinus et sinus.* Les dérivées successives du cosinus étant : −sinus, −cosinus, sinus, cosinus, etc. on voit qu'après 4 dérivations successives on retombe sur la fonction de départ. Comme $\cos 0 = 1$ et $\sin 0 = 0$, on a, en posant $f(x) = \cos x$:

$$\cos x = 1 - \frac{x^2}{2!} + \frac{x^4}{4!} - \frac{x^6}{6!} + ... + f^{(n-1)}(c)\frac{x^{n+1}}{(n+1)!}.$$

De même pour la fonction sinus, somme de x, $-x^3/3!$, $x^5/5!$, etc.

5. Dérivée seconde de x^2 : $2 > 0$. x^2 est convexe sur $\mathbb{R}$.

Dérivée seconde de e^x : $e^x > 0$. e^x est convexe sur $\mathbb{R}$.

Dérivée seconde de $\ln x$: $-1/x^2 < 0$: $\ln x$ est concave pour $x > 0$.

Dérivée seconde de $1/x$: $2/x^3$. Positive pour $x > 0$ (donc f convexe pour $x > 0$), négative pour $x < 0$ (donc f concave pour $x < 0$).

Ce qui peut être vérifié avec les graphiques de ces fonctions, tracés aux chapitres IV, V et VI.

Chapitre XII

1. a) Comme $1/x^3 = x^{-3}$, les primitives sont de la forme : $-x^{-2}/2$ + constante. La réponse est donc :

$$\frac{1}{2a^2} - \frac{1}{2b^2}.$$

b) On se ramène au cas étudié page 155, en remarquant que : $4x + 1 = 2\,(2x + 3) - 5$. Par conséquent :

$$\frac{4x+1}{2x+3} = \frac{2\,(2x+3)-5}{2x+3} = 2 - \frac{5}{2x+3}$$

et les primitives recherchées sont de la forme :

$$2x - \frac{5}{2}\ln|2x+3| + \text{constante.}$$

c) On cherche les racines du dénominateur, $x^2 - 5x + 6$. On trouve : 2 et 3. Donc : $x^2 - 5x + 6 = (x-2)\,(x-3)$. Par conséquent, on écrit :

$$\frac{1}{x^2-5x+6} = \frac{1}{(x-2)\,(x-3)} = \frac{-1}{x-2} + \frac{1}{x-3}$$

et les primitives recherchées sont de la forme :

$$-\ln|x-2| + \ln|x-3| + \text{constante}$$

d) La dérivée du dénominateur étant $2ax + b$, on a :

$$ux + v = \frac{u}{2a}\,(2ax+b) + \left(v - \frac{bu}{2a}\right)$$

Par conséquent :

$$\frac{ux+v}{ax^2+bx+c} = \frac{u}{2a}\left(\frac{2\,ax+b}{ax^2+bx+c}\right) + \frac{v - bu/2a}{ax^2+bx+c}$$

La primitive du premier terme du membre de droite de cette équation est de la forme : $\frac{u}{2a}$ $|\ell n\; ax^2 + bx + c| +$ constante.

Quant au deuxième terme, si le dénominateur a deux racines, x_1 et x_2, il peut se mettre sous la forme $a\,(x - x_1)\,(x - x_2)$ et on est ramené au cas précédent. S'il n'a pas de racines, les choses sont plus compliquées (on doit faire appel aux racines « complexes ») : nous ne traiterons pas ici ce cas.

e) On pose $f(x) = x^2$ (donc $f'(x) = 2x$) et $g'(x) = \cos x$ ($g(x) = \sin x$) et on intègre par parties. On voit alors apparaître l'intégrale de $f'(x)\,g(x) = 2\,x\,\sin x$. En posant $u(x) = x$ et $v'(x) = \sin x$ ($v(x) = -\cos x$), on intègre à nouveau par parties (comme $u'(x) = 1$, il ne reste plus à intégrer que $-\cos x$). Finalement, l'intégrale recherchée est donnée par :

$$[x^2 \sin x]_{-\pi/2}^{\pi/2} + [2\,x\,\cos x]_{-\pi/2}^{\pi/2} - [2\,\sin x]_{-\pi/2}^{\pi/2} = \frac{\pi^2}{2} - 4.$$

f) On intègre par parties, en posant $f(x) = \ln x$ (donc, $f'(x) = 1/x$) et $g'(x) = x^3$ ($g(x) = x^4/4$). On a donc :

$$\int_1^2 x^3 \ln x\,dx = \left[\frac{x^4}{4}\ln x\right]_1^2 - 1/4\int_1^2 x^3\,dx = 4\ln 2 - 15/16.$$

g) Par changement de variable, $u(x) = \ln x$ étant dérivable sur $[2, 4]$, avec $u'(x) = 1/x$. Donc $1/x\ln x = u'(x)/u(x)$, dont une primaire est lnu. L'intégrale recherchée est donc donnée par $[\ln u]_{\ln 2}^{\ln 4} = \ln(\ln 4) - \ln(\ln 2) = \ln(2\ln 2) - \ln(\ln 2) = \ln 2$.

Remarquons qu'on a démontré au passage que ln (lnx) est une primitive de 1/xlnx.

h) On fait un changement de variable, en posant $u(x) = 2x^2 + 1$ (fonction dérivable sur $[0, 1]$, avec $u'(x) = 4x$. L'intégrale recherchée devient : $\int_1^3 u^{-1/2}\,du = 2\sqrt{3} - 1$.

2. La fonction e^{-x^2} étant paire, elle prend la même valeur en x et $-x$, on va étudier le cas où $x \geq 0$. On fait alors le changement de variable :

$$u = \frac{x-p}{q}$$

Donc : $du = \dfrac{dx}{q}$ ou $dx = qdu$.

L'intégrale demandée s'écrit :

$$\int_{-\infty}^{\infty} e^{-u^2}\,qdu = q\int_{-\infty}^{\infty} e^{-u^2}\,du$$

La fonction e^{-u^2} étant paire, on a $\int_{-\infty}^{\infty} e^{-u^2}\,du = \int_{-\infty}^{0} e^{-u^2}\,du + \int_{0}^{\infty} e^{-u^2}\,du = 2\int_{0}^{\infty} e^{-u^2}$ du. Comme $\int_{0}^{\infty} e^{-u^2}\,du = \dfrac{\sqrt{\pi}}{2}$, par hypothèse, l'intégrale demandée est : $2q\,(\sqrt{\pi}/2) = q\sqrt{\pi}$.
Dans le cas de la loi normale, on pose $q^2 = 2\sigma^2$ et donc l'intégrale précédente est, dans ce cas, égale à : $\sigma\sqrt{2\pi}$. L'inverse de ce terme apparaît justement en facteur dans la densité de probabilité de la loi normale, de façon à ce que la condition $\int_{-\infty}^{\infty} f(x)\,dx = 1$ soit vérifiée (cf. chapitre XVII).

- On se sert du même changement de variable que dans le cas précédent : $x = p + qu$. En reportant dans l'intégrale donnée :

  $\int_{-\infty}^{\infty} (p + qu)\,e^{-u^2}\,qdu$

  soit :

  $pq\int_{-\infty}^{\infty} e^{-u^2}\,du + q^2\int_{-\infty}^{\infty} ue^{-u^2}\,du$

  La fonction ue^{-u^2} intervenant dans la deuxième intégrale de la somme ci-dessus étant impaire (elle prend sa valeur opposée lorsqu'on change x en $-x$), il s'ensuit que son intégrale sur $]-\infty, \infty[$ est nulle. Par conséquent, l'intégrale demandée est donnée par :

  $$pq\int_{-\infty}^{\infty} e^{-u^2}\,du = pq\sqrt{\pi}.$$

  Dans le cas où $q^2 = 2\sigma^2$ (cas de la loi normale), elle est égale à $p\,\sigma\sqrt{2\pi}$. Donc, si on la divise par $\sigma\sqrt{2\pi}$, on obtient le paramètre p, ce qui montre que celui-ci est égal à l'espérance mathématique de la loi normale (cf. chapitre XXVII).

- En changeant de variable, cette intégrale s'écrit :

(1) $\int_{-\infty}^{\infty} q^2u^2e^{-u^2}q\,du = q^3 \int_{-\infty}^{\infty} u^2\, e^{-u^2}\, du.$

Tout le problème consiste à étudier cette dernière intégrale. Notons que comme $u^2e^{-u^2}$ est une fonction paire, il suffit de le faire sur $[0, \infty[$ (et de multiplier par 2 le résultat obtenu).

Comme on peut écrire : $u^2e^{-u^2} = \left(-\frac{u}{2}\right)(-2u)\, e^{-u^2}$, on fait appel à une intégration par parties, avec $f(u) = -u/2$ et $g'(u) = -2ue^{-u^2}$ (donc : $g(u) = e^{-u^2}$) ; soit :

$$\int_{-\infty}^{\infty} u^2\, e^{-u^2}\, du = [-e^{-u^2}\, u/2]_{-\infty}^{\infty} - \int_{-\infty}^{\infty} -e^{-u^2}/2\, du$$
$$= \frac{1}{2} \int_{-\infty}^{\infty} e^{-u^2}\, du = \frac{\sqrt{\pi}}{2}.$$

En rajoutant le terme q^3 résultant du changement de variable (formule (1)), on a :

$$\int_{-\infty}^{\infty} (x-p)^2\, e^{-\left(\frac{x-p}{q}\right)^2} dx = q^3 \frac{\sqrt{\pi}}{2}.$$

Dans le cas où $q^2 = 2\,\sigma^2$ (loi normale), cette intégrale est : $\sigma^3 \sqrt{2\pi}$; en divisant par le terme $\sigma\sqrt{2\pi}$, en facteur dans la loi normale, on trouve bien la variance de cette loi (σ^2).

Ainsi, nous avons montré pourquoi, dans la loi normale, on prend pour p l'espérance de cette loi et pour q^2 deux fois sa variance (d'où l'origine du terme : $1/\sigma\sqrt{2\pi}$).

Chapitre XIII

1. Soit $f(x, y) = xy/(x^2 + 2y)$. On a :

$f'_x(x, y) = (y\,(x^2 + 2y) - xy\,(2x))/(x^2 + 2y)^2 = (2y^2 - yx^2)/(x^2 + 2y)^2$

$f'_y(x, y) = (x\,(x^2 + 2y) - xy\,(2))/(x^2 + 2y)^2 = x^3/(x^2 + 2y)^2.$

Si $f(x, y) = \ln(e^{xy} + y^2 + 2)$. On a :

$f'_x(x, y) = ye^{xy}/(e^{xy} + y^2 + 2)$

$f'_y(x, y) = (xe^{xy} + 2y)/(e^{xy} + y^2 + 2)$

2. a) f étant homogène de degré 1, on a :

$f(\lambda x, \lambda y) = \lambda\, f(x, y).$

La formule recherchée s'obtient en faisant $\lambda = 1/x$.

b) f étant homogène de degré 1, ses dérivées sont homogènes de degré 0 (théorème d'Euler). On a donc, par exemple :

(1) $$f'_x(\lambda x, \lambda y) = (\lambda)^0 f'_x(x, y)$$

le résultat annoncé s'obtenant en faisant $\lambda = 1/x$, dans (1).

3. Ces dérivées partielles sont des fonctions homogènes de degré $k-1$. Or le rapport de deux fonctions homogènes de même degré est forcément homogène de degré 0. En effet :

$$\frac{f'_x(\lambda x, \lambda y)}{f'_y(\lambda x, \lambda y)} = \frac{\lambda^{k-1} f'_x(x, y)}{\lambda^{k-1} f'_y(x, y)} = \frac{f'_x(x, y)}{f'_y(x, y)}.$$

4. On peut écrire :

$$y^2 = 9 - x^2$$

Soit :

$$y = \pm \sqrt{9 - x^2}.$$

Mais, aussi bien la fonction $\sqrt{9-x^2}$ que la fonction $-\sqrt{9-x^2}$ passent ici par le point (3,0).

Autrement dit : *la fonction implicite passant par ce point n'est pas définie de façon unique.* Cela résulte de ce que la condition d'application du théorème des fonctions implicites, $f'_y(x, y) \neq 0$ n'est pas vérifiée ici (car cette dérivée est ici : $2y$; elle s'annule

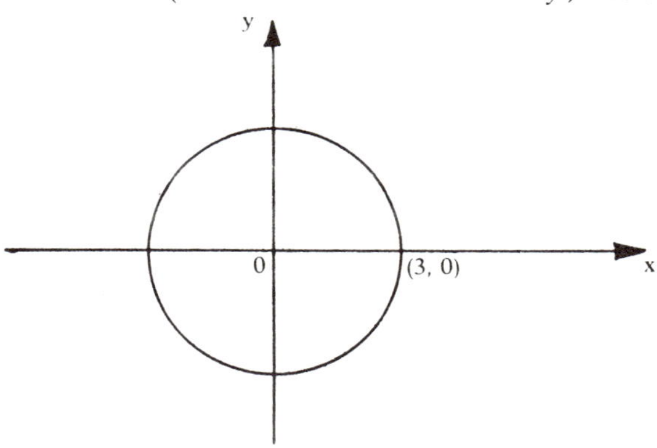

pour $y = 0$). Graphiquement, comme $x^2 + y^2 = 9$ est l'équation d'un cercle, on voit qu'« il y a problème » en (3,0), où la tangente est verticale (pour tout x proche, et inférieur, à 3, il y a deux valeurs possibles de y : la fonction n'est pas définie de façon unique).

Si on veut quand même trouver un lien entre x et y, on part de la constatation qu'en (3,0) la dérivée *par rapport à x* de $x^2 + y^2$ n'est pas nulle : on peut donc appliquer le théorème des fonctions implicites, mais *à condition de prendre x comme fonction de y*. La solution passant par (3,0) est alors :

$$x = \sqrt{9 - y^2}$$

Elle est définie pour y compris entre -3 et 3 (son graphe est donné par le demi-cercle correspondant aux x positifs).

5. a) Comme $f(1,2) = 4$, l'équation de la courbe de niveau est :

$$x^2y + x^{1/2}y^2 - 2x = 4.$$

b) Il est difficile d'expliciter y en fonction de x dans l'équation précédente. Pour déterminer la pente de la tangente à la courbe de niveau en (1,2), on se sert de la formule (2) de ce chapitre. Pour cela, on calcule les dérivées partielles de f.

Soit :

$f'_x(x, y) = 2xy + (1/2)\, x^{-1/2}\, y^2 - 2$

et

$f'_y(x, y) = x^2 + 2x^{1/2}\, y$

La pente de la tangente en (1,2) est donc :

$$-\frac{f'_x(1,2)}{f'_y(1,2)} = -\frac{4}{5}$$

La tangente passant par (1,2) et ayant une pente $-4/5$, son équation est :

$y = (-4/5)\, x + 14/5.$

6. Comme $f'_y(1, 1) = 2 \neq 0$, il existe $y = g(x)$ telle que $f(x, g(x)) = f(1, 1) = 1$, au voisinage de $x = 1$. Pour savoir si la fonction (implicite) g est convexe ou concave en ce point, on détermine le signe de sa dérivée seconde en $x = 1$. On sait que $g'(x) = -f'_x(x, y) / f'_y(x, y)$. Donc, ici : $g'(x) = -(3x^2 - y) / (3y^2 - x)$ (en particulier : $g'(1) = -1$).

On dérive $g'(x)$ par rapport à x, en tenant compte du fait que $y = g(x)$. Soit :

$$g''(x) = -\frac{(6x - g'(x))\,(3(g(x))^2 - x) - (3x^2 - g(x))\,(6g(x)\,g'(x) - 1)}{(3\,(g(x))^2 - x)^2}$$

D'où $g''(1) = -7$ (puisque $g(1) = 1$ et $g'(1) = -1$) ; $g(x)$ est *concave* en $x = 1$.

Notons qu'on peut calculer de la même façon les dérivées successives de g en $x = 1$ (évidemment, avec des calculs de plus en plus lourds).

Chapitre XIV

1. a) Les points candidats $(\overline{x}, \overline{y})$ doivent vérifier : $f'_x(\overline{x}, \overline{y}) = 0$ et $f'_y(\overline{x}, \overline{y}) = 0$. Soit, ici : $2a\overline{x} = 0$ et $2b\overline{y} = 0$. Il n'y a donc qu'un seul point candidat : (0, 0). Sa nature dépend du signe de a et de b :

(i) Si a et b sont strictement positifs, (0, 0) est un minimum (absolu) puisque pour tout $(x, y) \neq (0, 0)$ on a alors $f(x, y) > 0 = f(0, 0)$.

(ii) Si a et b sont strictement négatifs, (0, 0) est un maximum (absolu), puisque pour tout $(x, y) \neq (0, 0)$ on a alors $f(x, y) < 0 = f(0, 0)$.

(iii) Si a et b sont de signe opposé, (0, 0) n'est pas un extremum. En effet, supposons que $a > 0$ et $b < 0$ et posons $b' = -b > 0$. Alors, $f(x, y) = ax^2 - b'y^2 = (x\sqrt{a} - y\sqrt{b'})(x\sqrt{a} + y\sqrt{b'})$ expression qui sera strictement positive (si $x > 0, y > 0$) pour $x > y\sqrt{b'/a}$ et négative pour $x < y\sqrt{b'/a}$, avec x et y « aussi petits que l'on veut ». Autrement dit, $f(x, y) - f(0, 0)$ n'est pas du même signe pour tous les points (x, y) « proches » de (0, 0) : il n'y a pas extremum.

b) Les points candidats $(\overline{x}, \overline{y})$ doivent annuler les dérivées de $f(x, y)$. Ils doivent donc vérifier : $2\overline{x} - 3\overline{y} = 0$ et $2\overline{y} - 3\overline{x} = 0$. Un seul candidat : (0,0). Pour déterminer sa nature, on remarque que $f(x, y) = x^2 - 2xy + y^2 - xy = (x - y)^2 - xy$. Si on fait $x = y = h$, avec h « aussi petit que l'on veut » (mais non nul), $f(x, y)$ est strictement négatif ; il est strictement positif si $x = h$ et $y = -h$ $(h > 0)$. Autrement dit $f(x, y) - f(0, 0) = f(x, y) - 0$ n'est pas de signe constant pour tous les points « proches » de (0, 0) : il n'y a pas extremum.

c) Les points-candidats $(\overline{x}, \overline{y})$ doivent annuler les dérivées de $f(x, y)$. Soit :

$$\frac{1}{2}\overline{x}^{-1/2}\,\overline{y}^{1/3} - 1 = 0 \qquad \text{et} \qquad \frac{1}{3}\overline{x}^{1/2}\,\overline{y}^{-2/3} - 2 = 0.$$

En « passant dans le membre de droite » les constantes 1 et 2, et en faisant le rapport des expressions ainsi obtenues, on trouve $\overline{x} = 3\overline{y}$. En reportant dans la première équation, on a $\frac{1}{2}3^{-1/2}\,\overline{y}^{-1/6} = 1$. D'où $\overline{y} = \frac{1}{1728}$ et $\overline{x} = \frac{1}{576}$. On vérifie aisément, avec les courbes de niveau, par exemple, que $(\overline{x}, \overline{y})$ est un *maximum*.

Remarque : le premier terme de $f(x, y)$ peut s'interpréter ici comme une fonction de production (dite de Cobb-Douglas), le deuxième $(x + 2y)$ comme une dépense (aux prix 1 et 2 pour acheter les inputs x et y). Alors, $f(x, y)$ est le *profit concurrentiel*.

2. La contrainte s'écrivant $g(x, y) = 12 - 2x - 3y = 0$, le point-candidat $(\bar{x}, \bar{y})$ doit être tel que $U'_x(\bar{x}, \bar{y}) / U'_y(\bar{x}, \bar{y}) = g'_x(\bar{x}, \bar{y}) / g'_y(\bar{x}, \bar{y})$ (cf. cours). Soit, ici : $a\bar{x}^{a-1}\,\bar{y}^{a} / a\bar{x}^{a}\,\bar{y}^{a-1} = 2/3$, donc $\bar{y}/\bar{x} = 2/3$; en remplaçant dans la contrainte $2\bar{x} + 3\bar{y} = 12$, on obtient $\bar{x} = 3$ et $\bar{y} = 2$.

   Notons que ce résultat ne dépend pas de a, ce qui s'explique par le fait que $U(x, y)$ est homogène (et donc que le rapport de ses dérivées partielles est homogène de degré 0). Le point candidat (3, 2) est ici un *maximum* sous contrainte, comme le montre l'étude faite page 146.

3. La contrainte s'écrivant $g(x, y) = 5 - x^2 - y^2 = 0$, le point candidat $(\bar{x}, \bar{y})$ doit être tel que les rapports des dérivées partielles de f et de g soient égales. Soit : $2\bar{x}/1 = 2\bar{x}/2\bar{y}$, avec la contrainte $\bar{x}^2 + \bar{y}^2 = 5$. La première équation s'écrivant $\overline{xy} = \bar{x}$, elle a pour solution $\bar{x} = 0$ (à laquelle correspond $\bar{y} = \pm\sqrt{5}$) et $\bar{y} = 1$ (à laquelle correspond $\bar{x} = \pm 2$).

   Il y a donc quatre points-candidats : $(0, \sqrt{5})$, $(0, -\sqrt{5})$, $(-2, 1)$ et $(2, 1)$.

   Une étude graphique permet de déterminer leur nature. La contrainte est représentée par un cercle centré à l'origine et de rayon $\sqrt{5}$, les courbes de niveau étant des paraboles d'équation $y = -x^2 + k$. La parabole la plus « basse » tangente au cercle est celle passant par $(0, -\sqrt{5})$: minimum absolu ; la plus « haute » lui est tangente en $(-2, 1)$ et $(2, 1)$: tous deux sont des maximums absolus (non stricts). Enfin, $(0, \sqrt{5})$ est un minimum local.

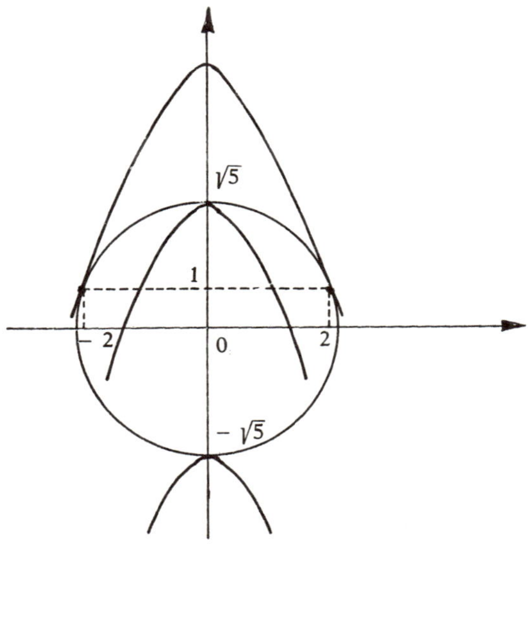

Chapitre XVI

1. Supposons qu'il y ait deux éléments neutres, $\vec{0}$ et $\vec{0}'$. Alors, comme $\vec{0}$ est un élément neutre, on a :

$$\vec{0}' + \vec{0} = \vec{0}'$$

et comme $\vec{0}'$ est un élément neutre :

$$\vec{0} + \vec{0}' = \vec{0}$$

il s'ensuit, (la somme étant commutative : $\vec{0}' + \vec{0} = \vec{0} + \vec{0}'$) que : $\vec{0} = \vec{0}'$. Donc l'élément neutre est unique.

Montrons l'unicité de l'opposé. Supposons que X, quelconque, ait deux opposés, notés, par exemple, V et W. Donc, par définition de l'opposé :

$$X + V = \vec{0}$$

En rajoutant W aux deux membres de cette égalité, on a :

$$W + X + V = W.$$

Mais comme W est un opposé de X, on doit avoir : $W + X = \vec{0}$; l'égalité précédente entraîne donc :

$$\vec{0} + V = W$$

soit : $V = W$.

L'opposé est donc unique. En général, on le note $-X$ (notation non ambiguë, puisque cet opposé est unique). Remarquons que comme :

$$X + (-X) = \vec{0}$$

et donc :

$$(-X) + X = \vec{0}$$

on en déduit que X est l'opposé de $-X$. Ce que l'on note :

$$X = -(-X).$$

2. a) Comme X a un opposé, $-X$, on le rajoute aux deux membres de $X + Y = X + Z$; soit :

$$-X + X + Y = -X + X + Z$$

d'où l'on déduit que :

$$Y = Z.$$

b) On part de l'égalité : $X + \vec{0} = X$, dont on multiplie les deux
membres par λ ; soit, en raison de la distributivité de l'homothétie par rapport à la somme :

$$\lambda X = \lambda (X + \vec{0}) = \lambda X + \lambda \vec{0}.$$

Soit, comme $\lambda X = \lambda X + \vec{0}$:

$$\lambda X + \lambda \vec{0} = \lambda X + \vec{0}$$

et il résulte du résultat précédent que : $\lambda \vec{0} = \vec{0}$.

Résultat qui apparaît comme « évident », mais qui découle des propriétés de la somme et de l'homothétie.

c) On a :

$$(0 + 0) X = 0X$$

et

$$(0 + 0) X = 0X + 0X$$

D'où :

$$0X = 0X + 0X$$

Comme $0X = 0X + \vec{0}$, il s'ensuit que :

$$0X + \vec{0} = 0X + 0X$$

et il découle de a) que : $0X = \vec{0}$; ce que l'on voulait montrer.

d) On a :

$$(1 - 1) X = 1X + (-1) X = X + (-1) X.$$

Mais, par ailleurs :

$$(1 - 1) X = 0X = \vec{0}.$$

D'où, en égalisant les membres de droite de ces égalités :

$$X + (-1) X = \vec{0}.$$

Donc, $(-1) X$ est l'opposé de X, dont nous avons montré (en 1.) l'unicité. Cet opposé étant noté $-X$, il s'ensuit que : $(-1) X = -X$.

3. On ne peut additionner ces deux vecteurs, *qui appartiennent à des espaces différents* ($\mathbb{R}^2$ pour le premier, $\mathbb{R}^3$ pour le second).

   L'opération « produit de deux vecteurs » n'ayant pas été définie, cette opération n'a pas de sens.

4. Étudions le cas de a).

   Soit $(x, y, z) \in A$ et $(x', y', z') \in A$.

   Montrons que leur somme est un élément de A. Cette somme est le vecteur :

$$(x + x', y + y', z + z').$$

   Or :

   (1) $2 (x + x') + (y + y') - (z + z') = (2x + y - z) + (2x' + y' - z').$

Comme $(x, y, z) \in A$, $2x + y - z = 0$
et
comme $(x', y', z') \in A$, $2x' + y' - z' = 0$

Donc (1) est égal à 0, ce qui prouve que la somme des deux vecteurs appartient à A (ses éléments vérifiant la relation caractérisant A).

De même pour $\lambda\,(x, y, z) = (\lambda\, x, \lambda\, y, \lambda\, z)$ puisque $2x + y - z = 0$ $\Rightarrow \lambda(2x + y - z) = 0 \Rightarrow 2\lambda x + \lambda y - \lambda z = 0 \Rightarrow (\lambda x, \lambda y, \lambda z) \in A$ $\Rightarrow \lambda\,(x, y, z) \in A$.

• B n'est pas un sous-espace vectoriel. En effet $(0,1,1,1) \in B$ (le produit de ses éléments est nul) de même que $(1,0,1,1)$. Or, leur somme, $(1,1,2,2)$, n'appartient pas à B (le produit de ses éléments est non nul).

• C est un sous-espace vectoriel : ses éléments étant des combinaisons linéaires de $(1,2,3,4)$ et de $(7,2,1,7)$, leurs sommes le seront également, ainsi que leurs produits par un scalaire quelconque.

Chapitre XVII

1. Soit $\{\vec{0}, X_1, ..., X_n\}$. On peut toujours écrire :

$$a\vec{0} + 0X_1 + ... + 0X_n = \vec{0}$$

Comme a peut être différent de 0, on a donc des coefficients non tous nuls d'une combinaison linéaire donnant le vecteur $\vec{0}$: par définition, les vecteurs sont liés.

2. Soient deux vecteurs X et Y. S'ils sont proportionnels, il existe α tel que $Y = \alpha\, X$; ce qui s'écrit aussi : $Y - \alpha\, X = \vec{0}$. C'est une combinaison linéaire ayant un coefficient non nul (celui de Y) : X et Y sont donc liés. Réciproquement : s'ils sont liés, il existe α_1 et α_2 non tous nuls tels que :

$$\alpha_1\, X + \alpha_2\, Y = \vec{0}$$

D'où, comme α_1, par exemple, est différent de 0, on a :

$$X = (-\alpha_2/\alpha_1)\, Y$$

et les vecteurs sont bien proportionnels.

3. Les vecteurs de S appartenant à un espace de dimension 3 ($\mathbb{R}^3$), on a forcément : rang $S \leq 3$. Les bases de $\mathbb{R}^3$ ayant trois éléments, et S en comportant quatre, il s'ensuit que *S ne peut être une base de $\mathbb{R}^3$.*

Les éléments de S, dont le nombre est supérieur à la dimension de l'espace, sont forcément liés. Pour chercher son rang, on peut en extraire 3 vecteurs quelconques et voir s'ils sont liés ; s'ils ne le sont pas, le rang est égal à 3 ; s'ils le sont, on « extrait » trois autres vecteurs, on regarde s'ils sont liés, etc. Comme cette démarche peut être longue, mieux vaut raisonner *directement* sur les quatre éléments de S, en posant :

(1) $\alpha_1\,(2,1,1) + \alpha_2\,(0,3,5) + \alpha_3\,(2,4,6) + \alpha_4\,(1,6,6) = (0,0,0).$

D'où le système d'équations linéaires (3 équations à 4 inconnues) :

$$\begin{aligned} 2\alpha_1 + \ 2\alpha_3 + \alpha_4 &= 0 \\ \alpha_1 + 3\alpha_2 + 4\alpha_3 + 6\alpha_4 &= 0 \\ \alpha_1 + 5\alpha_2 + 6\alpha_3 + 6\alpha_4 &= 0 \end{aligned}$$

Soit, en « faisant apparaître des 0 » à la place de α_1 dans les deuxième et troisième lignes (la première servant de « pivot ») :

$$(2)\qquad \begin{aligned} 2\alpha_1 + \ 2\alpha_3 + \alpha_4 &= 0 \\ 6\alpha_2 + 6\alpha_3 + 11\alpha_4 &= 0 \\ 10\alpha_2 + 10\alpha_3 + 11\alpha_4 &= 0 \end{aligned}$$

Si on fait, a priori, $\alpha_4 = 0$, cela revient à ne pas prendre en compte le 4e vecteur (comme on le voit dans (1)). Dans ce cas, les deux dernières lignes du système (2) ci-dessus sont proportionnelles (coefficient de proportionnalité : 6/10) ; par conséquent : les trois premiers vecteurs de S sont liés (si on résoud ce système, on obtient : $\alpha_2 = -\alpha_3$ et $\alpha_1 = -\alpha_3$, soit, en reportant dans (1), avec, toujours, $\alpha_4 = 0$: $-\alpha_3((2,1,1) + (0,3,5) - (2,4,6)) = (0,0,0)$; d'où le lien entre les vecteurs :

$$(2,4,6) = (2,1,1) + (0,3,5)).$$

Par contre, si on fait $\alpha_3 = 0$ dans (2), la seule solution du système restant est : $\alpha_1 = \alpha_2 = \alpha_4 = 0$; il s'ensuit que *le premier, le deuxième et le quatrième vecteur de S ne sont pas liés* et donc que : rang $S = 3$.

De même, en faisant $\alpha_2 = 0$ dans (2), on en déduit que *le premier, le troisième et le quatrième vecteur de S sont linéairement indépendants.* De même pour les deuxième, troisième et quatrième vecteurs de S.

Comme n'importe lequel de ces ensembles de vecteurs libres peut former une base de $\mathbb{R}^3$, il s'ensuit que *l'on peut extraire de S trois bases* de $\mathbb{R}^3$.

4. Les vecteurs de ce sous-espace vectoriel sont de la forme :

$$(x, y, z, x + y + z) \qquad \text{(puisque } x + y + z - t = 0\text{)}.$$

Soit, en séparant les éléments selon qu'ils contiennent x, y ou z :

$$(x, y, z, x + y + z) = x\,(1,0,0,1) + y\,(0,1,0,1) + z\,(0,0,1,1).$$

Donc, le sous-espace vectoriel est engendré par :

$$\{(1,0,0,1), (0,1,0,1), (0,0,1,1)\}.$$

On vérifie immédiatement que ces trois vecteurs sont linéairement indépendants ; ils forment donc une base du sous-espace vectoriel, dont la dimension est donc égale à 3.

Les 5 vecteurs donnés appartenant à ce sous-espace vectoriel (on vérifie immédiatement que leur quatrième élément est égal à la somme des trois précédents), le rang du système qu'ils forment ne peut être supérieur à 3. Il est égal à 3, car on vérifie aisément que les trois premiers vecteurs sont linéairement indépendants. En effet, soit :

$$\alpha_1\,(1,1,1,3) + \alpha_2\,(0,0,1,1) + \alpha_3\,(1,-1,1,1) = (0,0,0,0)$$

d'où

$$\begin{aligned} \alpha_1 \qquad + \alpha_3 &= 0 \\ \alpha_1 \qquad - \alpha_3 &= 0 \\ \alpha_1 + \alpha_2 + \alpha_3 &= 0 \\ 3\alpha_1 + \alpha_2 + \alpha_3 &= 0 \end{aligned}$$

Des deux premières équations, il découle que $\alpha_1 = \alpha_3 = 0$; en reportant dans la troisième, on obtient : $\alpha_2 = 0$. Comme $\alpha_{¿} = \alpha_2 = \alpha_{¥} = 0$ est la seule solution de ce système, ces trois vecteurs sont linéairement indépendants.

5. Les vecteurs du sous-espace vectoriel sont tels que leurs éléments x, y, z et t vérifient :

$$\begin{aligned} x + y + z &= 0 \\ y - z + 2t &= 0 \end{aligned}$$

Système de deux équations à quatre inconnues, dont une solution est $y = z - 2t$ (deuxième équation), $x = 2\,(t - z)$.

Donc, les vecteurs du sous-espace vectoriel sont de la forme :

$$(2\,(t - z), z - 2t, z, t)$$

ou, encore :

$$z\,(-2,1,1,0) + t\,(2,-2,0,1).$$

Donc, le sous-espace vectoriel est engendré par : $\{(-2,1,1,0), (2,-2,0,1)\}$, système dont les éléments sont linéairement indépendants. La dimension du sous-espace vectoriel est égale à 2.

6. a) Comme il y a trois vecteurs linéairement indépendants dans E, on peut dire que *la dimension de E est supérieure ou égale à 3.*

b) Recherchons les solutions du système :

$$\alpha_1\,(2X + Y - Z) + \alpha_2\,(X + 2Y + Z) + \alpha_3\,(3X + 3Y) = \vec{0}$$

En regroupant les termes en X, en Y et en Z, on a :

$$(2\alpha_1 + \alpha_2 + \alpha_3)\,X + (\alpha_1 + 2\alpha_2 + 3\alpha_3)\,Y + (-\alpha_1 + \alpha_2)\,Z = \vec{0}$$

Mais, comme on suppose que X, Y et Z sont linéairement indépendants, il découle de l'égalité précédente que l'on doit forcément avoir :

$$\begin{aligned} 2\alpha_1 + \alpha_2 + 3\alpha_3 &= 0 \\ \alpha_1 + 2\alpha_2 + 3\alpha_3 &= 0 \\ -\alpha_1 + \alpha_2 &= 0 \end{aligned}$$

système dont la solution est : $\alpha_1 = \alpha_2 = -\alpha_3$; donc : *les vecteurs sont liés.* Si on fait $\alpha_1 = 0$ dans le système ci-dessus, c'est-à-dire si on élimine le premier vecteur, on voit que l'on a $\alpha_2 = \alpha_3 = 0$, et donc que le deuxième et le troisième vecteurs sont linéairement indépendants. D'où : *le rang du système est égal à 2.*

Chapitre XVIII

1. Commençons par remarquer que f « va » d'un espace de dimension 3, $\mathbb{R}^3$, à un espace de dimension 4, $\mathbb{R}^4$.

   a) Comme rang $f \leq$ dimension espace de départ $= 3$, et comme dimension de l'espace d'arrivée $= 4 > 3$, *f ne peut être surjective* (la dimension de l'espace de départ étant inférieure à celle de l'espace d'arrivée).

   b) Pour savoir si f est injective, déterminons son noyau. C'est l'ensemble des vecteurs (x, y, z) tels que $f(x, y, z) = (0,0,0,0)$, donc tels que :

   $$\begin{aligned} x + y &= 0 \\ 2x + z &= 0 \\ x - z &= 0 \\ x + y + z &= 0 \end{aligned}$$

   Il résulte de la première et de la troisième équation que $x = z = -y$; en reportant dans la troisième (ou la deuxième) équation, on trouve que la seule solution est : $x = y = z = 0$.

   Le noyau se réduit au vecteur $(0,0,0)$: f est injective.

2. Ici, la dimension de l'espace de départ (4) est supérieure à celle de l'espace d'arrivée (3). Il résulte du théorème des dimensions, comme le rang est inférieur ou égal à 3 (dimension de l'image $\leq$ dimension de l'espace d'arrivée), que ;

   $$\dim \ker f = \dim \mathbb{R}^4 - \text{rang } f \geq 4 - 3 = 1$$

   donc que *f n'est pas injective.* C'est là un résultat général, découlant du théorème des dimensions : *si la dimension de l'espace de départ est strictement supérieure à celle de l'espace d'arrivée, alors une application linéaire faisant passer de l'un à l'autre ne peut être injective.*

Ces deux exercices nous montrent qu'avant de commencer les calculs, il est toujours bon de s'intéresser aux dimensions des espaces de départ et d'arrivée.

Reprenons l'exercice 2. On a répondu à a). Maintenant, abordons b).

On a : rang $f =$ rang {vecteurs-image de la base}
$= $ rang {(2,4,- 1), (0,1,2), (0,0,- 3), (2,2,0)}.

Posons :

(1) $\alpha_1 (2,4,-1) + \alpha_2 (0,1,2) + \alpha_3 (0,0,-3) + \alpha_4 (2,2,0) = \vec{0}$

soit

$$\begin{aligned} 2\alpha_1 &+ 2\alpha_4 = 0 \\ 4\alpha_1 + \alpha_2 &+ 2\alpha_4 = 0 \\ -\alpha_1 + 2\alpha_2 - 3\alpha_3 & = 0 \end{aligned}$$

« En prenant α_4 comme paramètre », on obtient :

$$\alpha_1 = -\alpha_4, \ \alpha_2 = 2\alpha_4, \ \alpha_3 = 5\alpha_4/3.$$

Solution non nulle : ce qui est naturel, puisque le rang de ce système de $\mathbb{R}^3$ ne peut être supérieur à 3 ; comme on a 4 vecteurs, ils doivent forcément être liés. Ceci étant, le système précédent permet de voir que ce rang est égal à 3 ; en effet, si on « enlève », par exemple, le dernier vecteur, ce qui revient à faire $\alpha_4 = 0$, on a : $\alpha_1 = \alpha_2 = \alpha_3 = 0$ et donc les trois premiers vecteurs sont linéairement indépendants.

Ce système permet aussi de déterminer le « lien » entre ces 4 vecteurs ; pour le voir, il suffit de prendre $\alpha_4 = 1$. Alors : $\alpha_1 = -1$, $\alpha_2 = 2$ et $\alpha_3 = 5/3$. Soit, en reportant dans (1) ci-dessus :

$$-(2,4,-1) + 2\,(0,1,2) + (5/3)\,(0,0,-3) + (2,2,0) = \vec{0}$$

ce qui nous donne la relation recherchée.

Grâce à elle, on peut déterminer le noyau de f. Pour cela, on se sert des égalités servant à caractériser f ; soit, en remplaçant dans l'égalité précédente :

$$-f\,(1,0,1,0) + 2f\,(0,1,0,0) + (5/3)\,f\,(0,0,1,1) + f\,(0,0,0,1) = \vec{0}$$

ou, ce qui est équivalent, puisque f est linéaire :

$$f\,(-1,2,2/3,8/3) = \vec{0}$$

Par conséquent : (- 1,2,2/3,8/3) appartient au noyau de f (son image est le vecteur $\vec{0}$). En fait, il l'engendre, puisque, comme rang $f = 3$ et dimension de l'espace de départ $= 4$, la dimension de ce noyau est : $4 - 3 = 1$, de par le théorème des dimensions. Donc :

$$\ker f = \{\alpha\,(-1,2,2/3,8/3\}\,;\ \alpha \in \mathbb{R}\}$$

Remarquons, avant de chercher $f(x, y, z, t)$, que nous avons pu déterminer les principales propriétés « qualitatives » de

f (injectivité, surjectivité, forme du noyau) *sans* connaître la forme explicite de cette fonction.

Pour déterminer cette dernière, on commence par chercher les coordonnées d'un vecteur quelconque (x, y, z, t) dans la base servant à définir f; soit :

$$(x, y, z, t) = a\,(1,0,1,0) + b\,(0,1,0,0) + c\,(0,0,1,1) + d\,(0,0,0,1)$$

D'où, on tire immédiatement (les vecteurs de base étant particulièrement simples) : $a = x$, $b = y$, $c = z - x$ et $d = t - z + x$.

Donc, en « appliquant » f, linéaire, aux deux membres de l'égalité ci-dessus, en y remplaçant a, b, c et d par les valeurs trouvées, on a : $f\,(x, y, z, t) = xf\,(1,0,1,0) + yf\,(0,1,0,0) + (z - x)\,f\,(0,0,1,1) + (t - z + x)\,f\,(0,0,0,1)$. Soit, en se servant des images des vecteurs de base, données dans l'énoncé de l'exercice :

$$\begin{aligned} & f\,(x, y, z, t) = \\ & x\,(2,4,-1) + y\,(0,1,2) + (z - x)\,(0,0,-3) + (t - z + x)\,(2,2,0) \\ & = (4x - 2z + 2t,\ 6x + y - 2z + 2t,\ 2x + 2y - 3z) \end{aligned}$$

On a donc obtenu l'image d'un vecteur quelconque de l'espace de départ. On vérifie, d'ailleurs, que l'on a bien : $f(-1,2,2/3,8/3) = 0$.

3. L'intérêt de cet exercice, c'est de ne pas forcément faire appel à des espaces vectoriels de type $\mathbb{R}^n$, comme cela a été le cas dans les exemples donnés précédemment.

   Commençons par noter que comme la base de l'espace de départ comporte 3 éléments, la dimension de cet espace est égale à 3.

   a) Par définition du rang d'une application linéaire :

   $$\text{rang } f = \text{rang } \{V_1,\ V_2,\ 2V_1 - V_2\}$$

   Comme le troisième vecteur est une combinaison linéaire des deux autres et comme ceux-ci sont supposés être linéairement indépendants, le rang de f est donc égal à 2 ; soit : rang $f = 2$.

   A priori, on ne peut pas savoir si f est surjective, puisqu'on ne connaît pas la dimension de l'espace d'arrivée. La seule chose que l'on peut affirmer, compte tenu du résultat précédent, c'est que :
   f est surjective si et seulement si la dimension de l'espace d'arrivée est égale à 2.

   b) La dimension de l'espace de départ étant égale à 3, et le rang à 2, il découle du théorème des dimensions que : dim ker $f = 3 - 2 = 1$ et donc que *f n'est pas injective.*

   Pour déterminer le noyau, on part du « lien » entre les vecteurs-image ; soit ;

$$f(B_3) = 2V_1 - V_2 = 2f(B_1) - f(B_2)$$

donc, comme f est linéaire :
$f(B_3 - 2B_1 + B_2) = \vec{0}$.
Par conséquent : le noyau de f est engendré par le vecteur $B_3 - 2B_1 + B_2$ (puisqu'on sait que la dimension de ce noyau est égale à 1).

c) Soit X un vecteur quelconque de l'espace de départ ; on peut l'écrire, dans la base donnée :

$$X = \alpha_1 B_1 + \alpha_2 B_2 + \alpha_3 B_3$$

En « appliquant » f, linéaire, aux deux membres de cette équation, on obtient :

$$\begin{aligned} f(X) &= \alpha_1 f(B_1) + \alpha_2 f(B_3) + \alpha_3 f(B_3) \\ &= \alpha_1 V_1 + \alpha_2 V_2 + \alpha_3 (2V_1 - V_2) = (\alpha_1 + 2\alpha_3) V_1 + (\alpha_2 - \alpha_3) V_2 \end{aligned}$$

ce que l'on recherchait.

Chapitre XIX

1. $\mathbf{M}^2 = \begin{pmatrix} 0 & 0 & ad & ae+bf \\ 0 & 0 & 0 & df \\ 0 & 0 & 0 & 0 \\ 0 & 0 & 0 & 0 \end{pmatrix}$, $\mathbf{M}^3 = \begin{pmatrix} 0 & 0 & 0 & 0 \\ 0 & 0 & 0 & 0 \\ 0 & 0 & 0 & 0 \\ 0 & 0 & 0 & 0 \end{pmatrix}$.

   Donc, $\mathbf{M}^n = \mathbf{0}$, si $n \geq 3$.

2. Pour que **AB** soit possible, il faut que $n = p$ (puisqu'on multiplie une matrice (m, n) par une matrice (p, q)).
   Pour que **BA** soit possible, il faut que $q = m$ (raison semblable).

3. $\mathbf{PQ} = \begin{pmatrix} 2 & 2 & -4 \\ 6 & -2 & -4 \\ 6 & 2 & -8 \end{pmatrix}$; $\mathbf{QP} = \begin{pmatrix} -4 & 0 \\ 0 & -4 \end{pmatrix} = -4 \begin{pmatrix} 1 & 0 \\ 0 & 1 \end{pmatrix} = -4\mathbf{I}$.

   Il résulte de cette dernière égalité que $(-1/4)\,\mathbf{Q}$ est une « inverse à gauche » de **P**, $(-1/4)\,\mathbf{P}$ étant une « inverse à droite » de **Q**.

4. $$\begin{aligned} (\mathbf{A}+\mathbf{B})^3 &= (\mathbf{A}+\mathbf{B})(\mathbf{A}+\mathbf{B})(\mathbf{A}+\mathbf{B}) = \\ &(\mathbf{A}^2 + \mathbf{AB} + \mathbf{BA} + \mathbf{B}^2)(\mathbf{A}+\mathbf{B}) \\ &= \mathbf{A}^3 + \mathbf{A}^2\mathbf{B} + \mathbf{ABA} + \mathbf{AB}^2 + \mathbf{BA}^2 + \mathbf{BAB} + \mathbf{B}^2\mathbf{A} + \mathbf{B}^3 \end{aligned}$$

   En général, on ne peut « simplifier » en regroupant des termes, comme cela est fait avec des nombres, le produit matriciel n'étant pas commutatif.

5. La première colonne de la matrice, $\begin{pmatrix} 2 \\ 1 \\ 6 \end{pmatrix}$, donne les coordonnées, dans la base d'arrivée, de l'image par f du premier vecteur de la base de départ, (1,2). Soit :

$f(1,2) = 2\,(2,1,1) + 1\,(1,4,2) + 6\,(1,2,3) = (11,18,22)$.

De même, si on considère la deuxième colonne de la matrice :

$f(1,0) = 4\,(2,1,1) + 1\,(1,4,2) + 5\,(1,2,3) = (14,18,21)$

Ainsi, nous connaissons les images par f des vecteurs d'une base de l'espace de départ : comme nous l'avons vu au chapitre précédent, on peut déterminer f. Pour cela on cherche les coordonnées dans cette base d'un vecteur quelconque (x, y), de $\mathbb{R}^2$; soit, comme on le voit facilement :

$$(x, y) = \frac{y}{2}\,(1,2) + \frac{2x - y}{2}\,(1,0).$$

D'où, puisque f est supposée linéaire :

$$\begin{aligned} f(x, y) &= \frac{y}{2}\, f(1,2) + \frac{2x - y}{2}\, f(1,0) \\ &= \frac{y}{2}\,(11,18,22) + \frac{2x - y}{2}\,(14,18,21) \\ &= \frac{1}{2}\,(28x - 3y,\ 36x,\ 42x + y). \end{aligned}$$

6. On cherche les vecteurs-colonne $\mathbf{P} = \begin{pmatrix} p_1 \\ p_2 \end{pmatrix}$ et les scalaires λ vérifiant :

$$\begin{pmatrix} 1 & 1 \\ 1/4 & 1 \end{pmatrix} \begin{pmatrix} p_1 \\ p_2 \end{pmatrix} = \lambda \begin{pmatrix} p_1 \\ p_2 \end{pmatrix}$$

donc le système d'équations linéaires :

$$\begin{aligned} (1 - \lambda)\, p_1 + p_2 &= 0 \\ (1/4)\, p_1 + (1 - \lambda)\, p_2 &= 0 \end{aligned}$$

Soit, en multipliant la première équation par 1/4 et la deuxième par $1 - \lambda$, et en les soustrayant :

$$\begin{aligned} (1 - \lambda)\, p_1 + p_2 &= 0 \\ ((1 - \lambda)\,(1 - \lambda) - 1/4)\, p_2 &= 0 \end{aligned}$$

Dans la deuxième équation, si on fait $p_2 = 0$, alors il découle du système que $p_1 = 0$: solution qui ne nous intéresse pas. Donc, si on veut un système libre, il faut que λ soit tel que :

$$(1 - \lambda)\,(1 - \lambda) - 1/4 = \lambda^2 - 2\lambda + 3/4 = 0$$

D'où les deux valeurs propres, racines de cette équation :

$$\lambda_1 = 3/2 \text{ et } \lambda_2 = 1/2.$$

En reportant dans le système initial, on obtient les vecteurs propres (à un facteur multiplicatif près) :

$$\mathbf{P}_1 = \begin{pmatrix} 1 \\ 1/2 \end{pmatrix} \qquad \mathbf{P}_2 = \begin{pmatrix} 1 \\ -1/2 \end{pmatrix}$$

La matrice qu'ils forment est :

$$\mathbf{P} = \begin{pmatrix} 1 & 1 \\ 1/2 & -1/2 \end{pmatrix}$$

Son inverse est :

$$\mathbf{P}^{-1} = \begin{pmatrix} 1/2 & 1 \\ 1/2 & -1 \end{pmatrix}$$

Par conséquent :

$$\mathbf{A}^n = \begin{pmatrix} 1 & 1 \\ 1/2 & 1/2 \end{pmatrix} \begin{pmatrix} (3/2)^n & 0 \\ 0 & (1/2)^n \end{pmatrix} \begin{pmatrix} 1/2 & 1 \\ 1/2 & -1 \end{pmatrix}$$

En faisant le produit, on obtient $\mathbf{A}^n$:

$$\mathbf{A}^n = \frac{1}{2^n} \begin{pmatrix} \dfrac{3^n + 1}{2} & 3^n - 1 \\[2ex] \dfrac{3^n + 1}{4} & \dfrac{3^n - 1}{2} \end{pmatrix}.$$

Index

A

Absolue, valeur : 27.
Accroissements finis, formule des : 137, 169.
Actuelle, valeur : 59.
Affine, fonction : 38.
Application linéaire : 225.
Associative, opération : 10, 204.

B

Base d'un espace vectoriel : 217 ; d'une exponentielle : 58.
Binôme de Newton : 24.
Borne supérieure : 17 ; inférieure : 18.
Budgétaire, contrainte : 41.

C

Candidat à un extremum : 180.
Canonique, base : 218, 228.
Capitalisation : 58 ; instantanée : 103.
Caractère : 261 ; qualitatif : 262 ; quantitatif : 263.
Choix optimal du consommateur : 185.
Coefficient budgétaire : 294.
Coefficient multiplicateur : 290.
Coefficient de régression : 306.
Combinaison linéaire : 206.
Commutative, opération : 10, 204.
Concave, fonction : 139.
Continue, fonction : 107.
Convexe, ensemble : 42 ; fonction : 140.
Corps : 15, 18, 206.
Correlation, coefficient de : 309, 328.
Courbe de niveau : 174, 182.
Courbe de régression : 323.
Coût, fonction de : 187 ; marginal : 119, 189.
Covariance : 307, 327.
Croissance, d'une fonction : 42 ; d'une suite : 88.

D

Décomposition de la variance : 315, 324, 329.
Densité de probabilité : 148, 332.
Demande, fonction de : 186.
Dérivation en chaîne : 171.
Dérivée : 120 ; d'une fonction de fonction : 127, 170 ; partielle : 166 ; seconde : 130.
Diagonalisation d'une matrice : 253.
Diagramme en bâton : 264.
Différentielle : 126.
Dimension, d'un espace vectoriel : 217 ; théorème de la : 221 ; théorème des : 231.
Discret, caractère : 203.
Dispersion, caractéristique de : 279.
Distance : 165 ; euclidienne : 165.
Distribution de probabilité : 331.
Distributive, opération : 11, 204.
Droite : 37 ; segment de : 42.

E

e : 94.
Écart absolu moyen : 281.

Écart interquartile : 280.
Écart-type : 282, 333.
Élasticité : 129, 167.
Équivalents : 107.
Espace vectoriel, structure : 81, 205.
Espérance mathématique : 332.
Estimation, d'un modèle : 303.
Étendue, d'une distribution : 280.
Extremum d'une fonction : 134, 179, sous contrainte.

F

Fischer Snedecor, test de : 341.
Format, d'une matrice : 241.
Fractions : 14.

H

Harmonique moyenne : 277.
Histogramme : 265.
Homogène (fonction) : 172.
Homothétie : 204.

I

Identités remarquables : 23.
Implicite, fonction : 174 ; théorème des fonctions : 176.
Indépendance linéaire : 214.
Indice élémentaire : 286 ; synthétique : 294.
Indifférence, courbe d' : 175.
Inégalités, propriétés des : 25.
Infiniment petit : 107.
Intégrale : 144 ; généralisée : 155.
Intégration, par changement de variance : 154 ; par parties : 153.
Intensité d'une contrainte : 186.
Interpolation : 272.
Intervalle : 27 ; de confiance : 336.
Isoquante : 175.

K

Kuhn et Tucker : 189.

L

Lagrangien : 185.
Laspeyres, indice de : 294 ; indice chaîne de : 297.
Leontieff, modèle de : 248.
Limite, d'une suite : 90 ; d'une fonction : 101, 105.
Logarithme (fonction) : 67.
Loi de composition, interne : 204 ; externe : 204.
Loi normale : 149, 333.

M

MacLaurin, formule de : 140.
Majoré : 15.
Matrice : 238 ; et application linéaire : 250.
Maximum d'une fonction : 134, 180.
Maximum de vraisemblance : 336.
Médiane : 271.
Mélange de populations : 275.
Minimum, d'une fonction : 134, 180.
Mode : 269.
Modèle, notion de : 301.
Moindres carrés : 304, 326.
Moyenne : 274 ; conditionnelle : 320 ; géométrique : 290 ; harmonique : 277 ; marginale : 318.
Multiplicateur, de Lagrange : 185 ; keynésien : 175.

N

Newton, binôme de : 24.
Nombre, entier : 11 ; naturel : 9 ; rationnel : 13 ; réels : 15.
Normale (loi) : 149, 333.
Noyau, d'une application linéaire : 230.

P

Paasche, indice de : 296.
Parabole : 45.
Parallélogramme, règle du : 20.
Pente, d'une droite : 37.
Perturbation, terme de : 303, 323.
Pivot, méthode du : 197.
Pouvoir d'achat : 288.
Primitive : 151.
Pouvoir d'achat : 288.
Productivité marginale : 167.
Profit maximum : 180.
Progression géométrique : 57, 92.
Puissance, fonction : 43 ; d'une matrice : 254.

Q

Quantité conjugée : 23.

R

Racine, fonction : 51.
Rang, d'un ensemble de vecteurs : 215 ; d'une fonction linéaire, 228 ; d'une matrice : 244.
Récurrence : 9, 88.
Réels : 15.
Régression, coefficient de : 306 ; courbe de : 323.
Relation d'exclusion : 188.
Répartition, marginale : 318 ; conditionnelle : 320.
Réversibilité d'un indice : 286.
Rolle, théorème de : 136.

S

Sans biais : 339.
Scalaire : 206.
Sous-espace vectoriel : 207.
Spécification, d'un modèle : 302.
Structure d'espace vectoriel : 276.
Student, loi de : 340.
Suite : 87 ; limite d'une : 90 ; croissance d'une : 88.

T

Tableau à double entrée : 310.
Taux de croissance : 58, 287 ; instantané : 128 ; moyen : 289.
Taux de variation : 287.
Taylor, formule de : 140 ; développement de : 141.
Terme de perturbation : 303, 323.
Transférabilité, d'un indice : 286.
Transposée, d'une matrice : 255.

U

Uniforme, répartition : 272.
Unité de consommation : 263.

V

Valeur centrale : 270.
Valeurs intermédiaires, théorème des : 110.
Valeur propre : 254.
Variance : 281, 333 ; conditionnelle : 321 ; marginale : 319.
Variation, taux de : 287.
Vecteur propre : 254.
Voisinage : 27, 164.
Vraisemblance d'un échantillon : 337.

Table des matières

PREMIÈRE PARTIE
Les nombres et leurs propriétés

Chapitre I. **Nombres et opérations** 9

Les nombres naturels. Opérations sur les naturels. Les nombres entiers. Les nombres rationnels. Opérations sur les fractions. Les nombres réels. Droite réelle et continuité.

Chapitre II. **Identités remarquables. Inégalités. Valeur absolue** 23

DEUXIÈME PARTIE
Les fonctions usuelles

Chapitre III. **Les fonctions linéaire et affine** 35

Chapitre IV. **La fonction puissance** 43

La fonction puissance deux.
Puissances paires et impaires. Puissance négative.
Puissance q-ième.

Chapitre V. **Progression géométrique et fonction exponentielle** 57

La « loi de Malthus ».
Intérêts et capitalisation.
Valeur actuelle d'un échéancier de recettes et de dépenses.
Somme des termes d''une progression géométrique.
Caractérisation de la fonction exponentielle.

Chapitre VI. **La fonction logarithme** 67

Retour à la capitalisation. Le logarithme base *a*.
La fonction logarithme, réciproque de la fonction exponentielle. Propriétés de la fonction logarithme.
Formule du changement de base.

TROISIÈME PARTIE
La notion de limite

Chapitre VII. **Intérêt de la notion de limite** 79

Mesure de la longueur d'un arc de courbe.
Mesure d'une aire. Tangente à une courbe.
Vitesse « instantanée » d'un objet.

Chapitre VIII. **Limite d'une suite** 87

Limite de u_n lorsque n tend vers l'infini.
Un critère de convergence. Application :
limite d'une suite et d'une série géométrique.
Limite de $a^{1/n}$. Opération sur les suites.
Comparaison de la croissance des fonctions puissance, exponentielle et logarithme.

Chapitre IX. **Limite et continuité d'une fonction** 101

Limite d'une fonction lorsque x tend vers l'infini ou vers un nombre quelconque. Capitalisation « instantanée ».
Continuité d'une fonction, en un point et sur un intervalle. Continuité des principales fonctions.
Propriétés fondamentales des fonctions continues.

QUATRIÈME PARTIE

Chapitre X. **Dérivée d'une fonction** 117

Dérivée et variation à la marge.
Dérivée d'une fonction en un point et sur un intervalle.
Dérivée d'une somme, d'un produit, d'un rapport.
Dérivée des fonctions habituelles. Différentielle en un point d'une fonction. Dérivée d'une fonction de fonction. Dérivée logarithmique et taux de croissance instantané. Élasticité d'une fonction en un point.
Dérivées d'ordre supérieur.

Chapitre XI. **Applications de la dérivée : sens de variation d'une fonction, extrema, accroissements finis et formule de Taylor** 133

Sens de variation d'une fonction et signe de sa dérivée. Extrema d'une fonction. Théorème de Rolle. La formule des accroissements finis. Formules de Taylor et Mac Laurin.

Chapitre XII. **Éléments sur l'intégration** 144

Le surplus du consommateur. La notion de densité de probabilité. Le théorème fondamental de l'intégration. Intégration par parties et par changement de variable. Intégrale généralisée.

CINQUIÈME PARTIE
Les fonctions de plusieurs variables

Chapitre XIII. **Introduction à l'étude des fonctions de plusieurs variables** 163

Voisinage d'un point de R^2. Distance et limite. Dérivées partielles d'une fonction. Variations à la marge et élasticité. Formule des accroissements finis. La dérivation en chaîne. Fonctions homogènes et formule d'Euler. Courbes de niveau et fonctions implicites.

Chapitre XIV. **Extrema d'une fonction de plusieurs variables** 179

Extrema avec des variables libres. Extrema sous contrainte. Contrainte et multiplicateur de Lagrange. Interprétation du multiplicateur de Lagrange. Inégalités et relation d'exclusion. Conditions du deuxième ordre.

SIXIÈME PARTIE
Algèbre linéaire

Chapitre XV. **Une méthode de résolution des systèmes d'équations linéaires** 197

Chapitre XVI. **Structure d'espace vectoriel** 203

Le cas de R^2. Un peu de géométrie... Structure d'espace vectoriel. Combinaisons linéaires de vecteurs. Sous-espaces vectoriels.

Chapitre XVII. **Dépendance et indépendance linéaire. Rang et dimension** 211

Systèmes de générateurs. Dépendance et indépendance linéaire. Rang d'un ensemble de vecteurs. Bases et et dimension d'un espace vectoriel. Coordonnées d'un vecteur dans une base.

Chapitre XVIII. **Les applications linéaires** 225

Définition. Image d'une base par une application linéaire. Rang d'une application linéaire. Le noyau. Le théorème des dimensions.

Chapitre XIX. **Matrices et calcul matriciel** 237

Un exemple simple. Caractéristiques du produit matriciel. Somme de matrices. Produit d'une matrice par un scalaire. Matrices et applications linéaires. Rang d'une matrice. Inversion d'une matrice. Calcul pratique de l'inverse d'une matrice. Le modèle de Léontieff. Diagonalisation d'une matrice carrée.

SEPTIÈME PARTIE
Statistique

Chapitre XX. **Population. Caractères. Modalités** 261

Populations. Caractères qualitatifs et quantitatifs. Diagramme en bâtons. Histogramme.

Chapitre XXI. **Caractéristiques de valeur centrale** 269

Mode. Médiane. Moyenne. Mélanges de population. Effets de structure.

Chapitre XXII. **Caractéristiques de dispersion** 279

L'étendue. L'écart interquartile. Variance et écart-type.

Chapitre XXIII. **Indices et taux de variation** 285

Indice élémentaire. Taux de variation. Taux de croissance moyen. Moyenne géométrique.

Chapitre XXIV. **Indices synthétiques** 293

Indices synthétiques des prix. Indices de Laspeyres et de Paasche. Inconvénients de ces indices. Indices de quantités.

Chapitre XXV. **Distributions à deux caractères. La notion de modèle** 301

Spécification d'un modèle. Estimation à partir d'observations. La méthode des moindres carrés. Le coefficient de corrélation linéaire. Avertissement sur l'interprétation de ce coefficient. Nuages de points et spécification du modèle.

Chapitre XXVI. **Les tableaux à double entrée** 317

Un exemple. Les répartitions marginales. Répartitions conditionnelles. Courbe de régression. Régression par les moindres carrés.

Chapitre XXVII. **Justification probabiliste des moindres carrés** 332

La notion de densité de probabilité. Espérance mathématique, variance et écart-type. La loi normale. Moindres carrés et maximum de vraisemblance. Intervalle de confiance pour le coefficient de régression. Test sur la validité de la régression.

Corrigé des exercices 343

Composé par Economica, 49, rue Héricart, 75015 PARIS
Imprimé en France. — JOUVE, 18, rue Saint-Denis, 75001 PARIS
N° 61341. — Dépôt légal : Février 1991